U0067706

● 學習 AI 一定要懂 ●

機器學習

STATISTICS

的 統 計 基 礎

深度學習背後的核心技術

感謝您購買旗標書，
記得到旗標網站
www.flag.com.tw

更多的加值內容等著您⋯

<請下載 QR Code App 來掃描>

● FB 官方粉絲專頁：旗標知識講堂

● 旗標「線上購買」專區：您不用出門就可選購旗標書！

● 如您對本書內容有不明瞭或建議改進之處，請連上
旗標網站，點選首頁的 ┌聯絡我們┐ 專區。

若需線上即時詢問問題，可點選旗標官方粉絲專頁
留言詢問，小編客服隨時待命，盡速回覆。

若是寄信聯絡旗標客服email，我們收到您的訊息後，
將由專業客服人員為您解答。

我們所提供的售後服務範圍僅限於書籍本身或內容
表達不清楚的地方，至於軟硬體的問題，請直接連
絡廠商。

學生團體　　訂購專線：(02)2396-3257 轉 362
　　　　　　傳真專線：(02)2321-2545

經銷商　　　服務專線：(02)2396-3257 轉 331
　　　　　　將派專人拜訪
　　　　　　傳真專線：(02)2321-2545

國家圖書館出版品預行編目資料

機器學習的統計基礎/黃志勝作.
-- 臺北市：旗標科技股份有限公司，2021.11　面；公分

ISBN 978-986-312-674-4 (平裝)

1.機器學習 2.統計

312.831　　　　　　　　　　　　110009370

作　　者／黃志勝

發 行 所／旗標科技股份有限公司

　　　　　台北市杭州南路一段15-1號19樓

電　　話／(02)2396-3257(代表號)

傳　　真／(02)2321-2545

劃撥帳號／1332727-9

帳　　戶／旗標科技股份有限公司

監　　督／陳彥發

執行編輯／孫立德

美術編輯／陳慧如

封面設計／陳慧如

校　　對／施威銘研究室

───────────────────

新台幣售價：　680 元

西元 2024 年 6 月初版 5 刷

行政院新聞局核准登記-局版台業字第 4512 號

ISBN 978-986-312-674-4
───────────────────

Copyright © 2021 Flag Technology Co., Ltd.
All rights reserved.

本著作未經授權不得將全部或局部內容以任何形
式重製、轉載、變更、散佈或以其他任何形式、
基於任何目的加以利用。

本書內容中所提及的公司名稱及產品名稱及引用
之商標或網頁，均為其所屬公司所有，特此聲明。

作者簡介
About the Author

　　黃志勝博士，高等教育經歷過管理學院 (統計資訊系)、理學院 (測驗統計研究所) 和工學院 (電控工程研究所)，擔任過交通大學博士後研究員，也先後任職過兩間醫療新創公司，目前任職於新竹上市半導體公司的 AI 演算法小主管，同時也在大專院校擔任合聘助理教授。平日樂於分享統計學、機器學習或是深度學習相關知識，讀者可於 Medium (Tommy Huang) 獲得更多相關的學習資源。

https://chih-sheng-huang821.medium.com/

本書補充資料

本書第 12 章供讀者體驗的 Python 程式檔，請連到下方網址，並依指示回答問題後即可下載：

https://www.flag.com.tw/bk/st/F1319

您亦可順便加入旗標會員，可取得旗標其他 AI、電腦類書籍的 Bonus 資料。

序
PREFACE

原本統計學與人工智慧是兩個完全不同的領域，然而兩者在近代都有了新的發展進而產生連結。在人工智慧中引入機率與統計的觀念，讓電腦具有自己找出數據之間的關聯性並試圖解決問題的能力，因而出現機器學習一詞，再加上電腦計算能力的大幅提升，解決多層類神經網路和大數據之間聯繫性的可能，進而衍生出現今最熱門的深度學習。

不過，大部分電腦科系出身的人員對統計並不熟悉，因此在更上一層樓的時候容易遇到障礙。有鑒於此，本書設計大量的範例來降低學習的難度，讓讀者更容易吸收。

本書從讀者於高中就學過的集合與機率論開始，帶您快速複習一遍，並將容易混淆之處舉例說明，將以前讀書時似懂非懂的機率觀念再講的更清楚。接下來就進入專有名詞特別多的統計學，這也是造成許多人暈頭轉向之處。當然本書不可能把完整的統計學全都搬進來，此處只介紹機器學習、深度學習需要用到的基礎知識，讀者以後遇到時不至於傻眼。

然後就進入機器學習的正題，從資料前處理到迴歸、分類模型的建立，以及當數據的特徵數過多時的 PCA、LDA 統計降維法。從類神經網路開始進入深度學習的範疇，包括梯度下降法與倒傳遞學習法的手算實作，幫助讀者一步步建立深度學習的演算邏輯，並利用參數常規化解決模型過擬合的問題。最後，導入模型評估，例如二元、多元分類模型評估指標、迴歸模型評估指標、4 種交叉驗證的方法，做為判斷模型好壞的參考依據。

相信讀者認真看完本書後，一定能建立起機器學習結合統計學的硬底子。不過這只是開端，後面的路還很長，期望讀者以此為基石繼續前行。筆者在 *medium.com/@chih-sheng-huang821* 會發表一些教學文章，有興趣的讀者可以來加入。若在學習本書時有甚麼疑問也可以在以下園地提出討論：

https://hackmd.io/@TommyHuang/book_statistics2ML

備份 *https://github.com/TommyHuang821/Book_Statistic2ML*

藉此書，我要感謝郭伯臣教授和李政軒學長的指導，讓我在機器學習和統計學習方法能有更紮實的基礎，也感謝旗標公司施威銘研究室協助此書的出版。

黃志勝
Tommy Huang

目錄
CONTENTS

第 1 章

機器與深度學習常用的數學基礎

第 2 章

機器學習相關機率論

第 3 章

機器學習常用的統計學 (一)

第 4 章

機器學習常用的統計學 (二)

第 5 章

機器學習常用的資料處理方式

第 6 章

機器與深度學習常用到的基礎理論

第 7 章

迴歸分析 *Regression*

第 8 章

分類 *Classification*

第 9 章

統計降維法 *Dimension Reduction*

第 10 章

類神經網路 *Artificial Neural Network*

第 11 章

梯度下降法 *Gradient Descent*

第 12 章

倒傳遞學習法 *Backpropagation*

第 13 章

參數常規化 *Parameter Regularization*

第 14 章

模型評估 *Model Validation*

機器與深度學習
常用的數學基礎

本章介紹一些統計學、機器學習與深度學習都會用到的基礎數學知識和線性代數，後續章節都會基於本章用的數學符號與運算規則。本章內容除了張量和矩陣分解之外，高中數學都學過了，並不會太困難。

 數學的領域很廣，本書重點在於機器學習用得到的線性代數與機率統計，至於其他的數學基礎以及微積分也很重要，讀者可另外參考《機器學習的數學基礎》一書（旗標科技出版）搭配本書閱讀。

1.1　數值資料表示方式

數值資料表示分別有純量 (*Scalar*)、向量 (*vector*)、矩陣 (*Matrix*)、張量 (*Tensor*)。

1.1.1　純量 (*scalar*)

純量只有大小關係，例如：質量 (*mass*)、長度 (*length*)、速率 (*speed*)。

假設有一個純量 $x \in \mathbb{R}$ (其中 $\mathbb{R}$ 代表實數空間，x 屬於實數)，這個純量 x 就只表示一個數值。例如下圖是一把尺上有兩個純量，分別為 $x = 9$ 和 $x = 1.5$，單位皆為公分 (*cm*)，這兩個純量可以比較大小 ($9cm > 1.5cm$)。

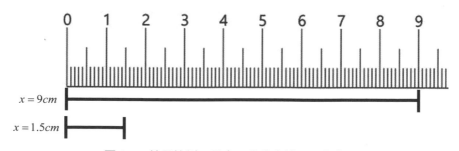

圖 1.1　純量範例，長度 9 公分大於 1.5 公分。

1.1.2　向量 (*vector*)

向量具有大小及方向性，例如：位移 (*displacement*)、速度 (*velocity*)、加速度 (*acceleration*)、力 (*force*) 等。

假設有一個向量 $\mathbf{x} \in \mathbb{R}^d$ (d 維的實數空間)，其數學向量表示法通常寫為

$$\mathbf{x} = \begin{bmatrix} x_1 \\ x_2 \\ \vdots \\ x_d \end{bmatrix}_{d \times 1} \in \mathbb{R}^d$$

注意！上式中的 d 為非 0 的正整數，代表有 d 維特徵數，$\mathbf{x}$ 則表示為一個 d 維的向量。向量一般會用小寫粗體字母來表示。

向量的方向性是原點到此點座標的方向，而向量的大小則是以此點座標到原點的歐幾里得距離 (*Euclidean Distance*) 來表示，數學符號為 $\|\mathbf{x}\|$，其值為

$$\|\mathbf{x}\| = \sqrt{\sum_i^d x_i^2}$$

以幾何空間來說，當 $d = 1$，$\mathbf{x} \in \mathbb{R}^1$ 為數線；當 $d = 2$，$\mathbf{x} \in \mathbb{R}^2$ 為平面；當 $d = 3$，$\mathbf{x} \in \mathbb{R}^3$ 則為 3D 空間；$d > 3$ 則為所謂的高維度空間，無法用畫圖的方式呈現。

在機器學習的資料集中，假設有兩個特徵值 (身高和體重) 組成的向量空間 $\mathbf{x} = \begin{bmatrix} 身高 \\ 體重 \end{bmatrix} \in \mathbb{R}^2$，其中有兩個特徵向量分別為 $\begin{bmatrix} 180 \\ 90 \end{bmatrix}, \begin{bmatrix} 170 \\ 60 \end{bmatrix}$，畫在平面上如下頁圖 1.2 所示：

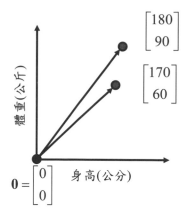

圖 1.2 兩個特徵值的向量，
大小為點座標到原點的長度。

此向量大小為：

$$\left\|\begin{bmatrix}180\\90\end{bmatrix}\right\| = \sqrt{180^2 + 90^2} \approx 201.2$$

$$\left\|\begin{bmatrix}170\\60\end{bmatrix}\right\| = \sqrt{170^2 + 60^2} \approx 180.3$$

假設有另一個向量空間是由三個特徵值(身高、體重、手臂長)組成的向量

$\mathbf{x} = \begin{bmatrix}身高\\體重\\手臂長\end{bmatrix} \in \mathbb{R}^3$，其中有兩個向量分別為 $\begin{bmatrix}180\\90\\35\end{bmatrix}, \begin{bmatrix}170\\60\\30\end{bmatrix}$，則特徵向量在空

間上如下圖：

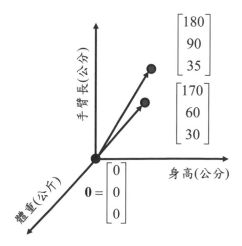

圖 1.3　三個特徵值的向量。

這兩個向量的大小為：

$$\left\| \begin{bmatrix} 180 \\ 90 \\ 35 \end{bmatrix} \right\| = \sqrt{180^2 + 90^2 + 35^2} \approx 204.3$$

$$\left\| \begin{bmatrix} 170 \\ 60 \\ 30 \end{bmatrix} \right\| = \sqrt{170^2 + 60^2 + 30^2} \approx 182.8$$

1.1.3　矩陣 (*matrix*)

矩陣可視為多個向量的組合，矩陣的符號通常用大寫字母表示，例如 $\mathbf{X} \in \mathbb{R}^{d \times m}$，$d$ 表示矩陣的列數 (*row*)，m 表示行數 (*column*)，$d \times m$ 表示 $\mathbf{X}$ 是 d 列 m 行的矩陣

$$\mathbf{X} = \begin{bmatrix} \mathbf{x}_1, \mathbf{x}_2, ..., \mathbf{x}_m \end{bmatrix} = \begin{bmatrix} x_{11} & x_{12} & \cdots & x_{1m} \\ x_{21} & x_{22} & \cdots & x_{2m} \\ \vdots & \vdots & \ddots & \vdots \\ x_{d1} & x_{d2} & \cdots & x_{dm} \end{bmatrix}_{d \times m}$$

其中 $\mathbf{x}_i$ 為第 i 個向量 (亦為 $d \times 1$ 的行向量)。

$$\mathbf{x}_i = \begin{bmatrix} x_{1i} \\ x_{2i} \\ \vdots \\ x_{di} \end{bmatrix} \in \mathbb{R}^d$$

這邊稍微說明矩陣在機器學習上的表示。假設有 5 個人的身高體重資料分別為 {(150,50), (160,60), (170,70), (180,80), (190,90)}，這時候可以將這 5 筆資料組成資料矩陣，如下：

$$\mathbf{X} = \begin{bmatrix} x_{1,身高} & x_{2,身高} & x_{3,身高} & x_{4,身高} & x_{5,身高} \\ x_{1,體重} & x_{2,體重} & x_{3,體重} & x_{4,體重} & x_{5,體重} \end{bmatrix} = \begin{bmatrix} 150 & 160 & 170 & 180 & 190 \\ 50 & 60 & 70 & 80 & 90 \end{bmatrix}$$

此即為一個 2×5 的矩陣。

轉置矩陣

假設 $\mathbf{X} \in \mathbb{R}^{d \times m}$，則 $\mathbf{X}^T \in \mathbb{R}^{m \times d}$ 為 $\mathbf{X}$ 的轉置矩陣 (*Matrix Transpose*)，就是矩陣中第 i 列 j 行的元素換到第 j 列 i 行，也就是 x_{ij} 與 x_{ji} 對調，原本的 $d \times m$ 矩陣會變成 $m \times d$ 矩陣

$$\mathbf{X} = \begin{bmatrix} x_{11} & x_{12} & \cdots & x_{1m} \\ x_{21} & x_{22} & \cdots & x_{2m} \\ \vdots & \vdots & \ddots & \vdots \\ x_{d1} & x_{d2} & \cdots & x_{dm} \end{bmatrix}_{d \times m} \Rightarrow \mathbf{X}^T = \begin{bmatrix} x_{11} & x_{21} & \cdots & x_{d1} \\ x_{12} & x_{22} & \cdots & x_{d2} \\ \vdots & \vdots & \ddots & \vdots \\ x_{1m} & x_{2m} & \cdots & x_{dm} \end{bmatrix}_{m \times d}$$

在機器學習的推導上經常用到轉置矩陣的運算，下面列出轉置矩陣常用到的特性：

1. 轉置矩陣再轉置一次，會回到原矩陣

$$\left(\mathbf{X}^T \right)^T = \mathbf{X} \quad (\mathbf{X} \in \mathbb{R}^{d \times m})$$

2. 方陣 (即行數等於列數，$d = m$) 轉置矩陣的行列式，會等於原方陣的行列式

$$\det\left(\mathbf{X}^T \right) = \det\left(\mathbf{X} \right) \quad (\mathbf{X} \in \mathbb{R}^{d \times d})$$

3. 兩個同階矩陣相加的轉置矩陣，會等於個別矩陣轉置相加

$$\left(\mathbf{X}+\mathbf{Y}\right)^{T} = \mathbf{X}^{T} + \mathbf{Y}^{T} \quad \left(\mathbf{X}, \mathbf{Y} \in \mathbb{R}^{d \times m}\right)$$

4. 兩個矩陣相乘後的轉置矩陣，會等於個別矩陣轉置後再前後對調相乘

$$\left(\mathbf{X}\mathbf{Y}\right)^{T} = \mathbf{Y}^{T}\mathbf{X}^{T} \quad \left(\mathbf{X} \in \mathbb{R}^{d \times m}, \mathbf{Y} \in \mathbb{R}^{m \times d}\right)$$

5. 矩陣乘以常數之後再經過轉置後，會等於常數乘上轉置矩陣

$$\left(a\mathbf{X}\right)^{T} = a\mathbf{X}^{T} \quad \left(\mathbf{X} \in \mathbb{R}^{d \times m}, a \in \mathbb{R}\right)$$

矩陣的秩

矩陣的秩 (*Rank*) 在統計／機器學習的推導上也是重要的參數。矩陣的秩指的是「行向量的線性獨立性→行秩)」或是「列向量的線性獨立性→列秩」，在統計／機器學習使用上通常計算的是方陣的秩，也就是 $\mathbf{X} \in \mathbb{R}^{d \times d}$，矩陣 $\mathbf{X}$ 的秩記為 $rank(\mathbf{X})$。

秩的概念可以用「描述矩陣最大的記憶空間」來想，也就是「行／列向量的線性獨立性」的個數為這個矩陣行／列的基底向量 (*basis vector*) 個數，行／列基底向量即為組成矩陣行／列空間的基礎。舉例如下：

$$\mathbf{X} = \begin{bmatrix} 1 & 2 & 3 \\ 2 & 4 & 6 \\ 5 & 7 & 1 \end{bmatrix}$$

先來看看此矩陣的**列秩** (也就是 3 個列向量有幾列是線性獨立的)，經由高斯消去法 (消去線性相依的列)：

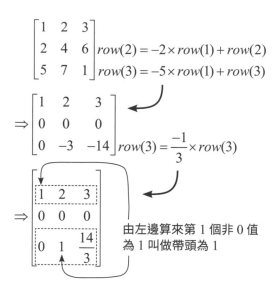

$$\begin{bmatrix} 1 & 2 & 3 \\ 2 & 4 & 6 \\ 5 & 7 & 1 \end{bmatrix} \begin{matrix} row(2) = -2 \times row(1) + row(2) \\ row(3) = -5 \times row(1) + row(3) \end{matrix}$$

$$\Rightarrow \begin{bmatrix} 1 & 2 & 3 \\ 0 & 0 & 0 \\ 0 & -3 & -14 \end{bmatrix} row(3) = \frac{-1}{3} \times row(3)$$

$$\Rightarrow \begin{bmatrix} 1 & 2 & 3 \\ 0 & 0 & 0 \\ 0 & 1 & \dfrac{14}{3} \end{bmatrix}$$

由左邊算來第 1 個非 0 值
為 1 叫做帶頭為 1

只有第一列和第三列有帶頭為 1 者，而第二列可以由第一列而來變成零向量，因此 **X** 的列基底向量為 $\begin{bmatrix} 1 & 2 & 3 \end{bmatrix}$ 和 $\begin{bmatrix} 5 & 7 & 1 \end{bmatrix}$，表示此矩陣雖然有 3 個列向量，但只有 2 個列向量是線性獨立，因此列秩 $rank_{row}(X) = 2$。

再看看此矩陣的**行秩**(也就是 3 個行向量有幾行是線性獨立的)，經由高斯消去法(消去線性相依的行)：

$$\begin{bmatrix} 1 & 2 & 3 \\ 2 & 4 & 6 \\ 5 & 7 & 1 \end{bmatrix} \begin{matrix} column(2) = -2 \times column(1) + column(2) \\ column(3) = -3 \times column(1) + column(3) \end{matrix}$$

$$\Rightarrow \begin{bmatrix} 1 & 0 & 0 \\ 2 & 0 & 0 \\ 5 & -3 & -14 \end{bmatrix} column(3) = -\frac{14}{3} \times column(2) + column(3)$$

$$\Rightarrow \begin{bmatrix} 1 & 0 & 0 \\ 2 & 0 & 0 \\ 5 & -3 & 0 \end{bmatrix} column(2) = -\frac{1}{3} \times column(2)$$

$$\Rightarrow \begin{bmatrix} 1 & 0 & 0 \\ 2 & 0 & 0 \\ 5 & 1 & 0 \end{bmatrix}$$

只有第一行和第二行有帶頭為 1 者，而第三行可以用前兩行組合出來變成

零向量，因此 **X** 的行基底向量為 $\begin{bmatrix} 1 \\ 2 \\ 5 \end{bmatrix}$ 和 $\begin{bmatrix} 2 \\ 4 \\ 7 \end{bmatrix}$，表示此矩陣雖然有 3 個行向

量，但只有 2 個行向量是線性獨立，因此行秩為 $rank_{column}(X) = 2$。

由上例可以發現方陣的列秩和行秩是相同的，事實上「列秩和行秩的確是相同的」，不是因為此範例剛好相等。因此我們通常只會記矩陣的秩，不會特別說是列秩或是行秩，本書不特別證明此敘述。在機器學習最常使用的特性為 $\mathbf{X} \in \mathbb{R}^{d \times d}$，$rank(\mathbf{X}) = d$ 則稱為**滿秩（*Full rank*）**，而當 $\mathbf{X} \in \mathbb{R}^{d \times d}$ 且滿秩，則矩陣 **X** 有逆矩陣（或稱反矩陣，見 1.2.5）。

1.1.4　張量（*Tensor*）

張量是多階陣列（*Multidimensional array*），可用來表示純量、向量與矩陣或是更高階的張量。0 階張量為純量（$x \in \mathbb{R}$），1 階張量為向量（$\mathbf{x} \in \mathbb{R}^d$），2 階張量為矩陣（$\mathbf{X} \in \mathbb{R}^{d \times m}$），$n$ 階表示 $\mathbb{R}$ 的上底有 n 個數字相乘。

一般數學通常只看到 2 階張量（即為矩陣型態），但是在深度學習中有更多階資料需要用來運算，所以常看到用張量的方式定義深度學習的資料型態，以下將根據常見的深度學習資料型態做張量的解釋。

張量範例一

假設有一張紅（R）綠（G）藍（B）三個顏色通道（*channel*）的圖片，且其長為 2，寬為 2，所以此資料包含三階分別為 1. 通道、2. 圖寬和 3. 圖高，需要用 $\mathbf{X} \in \mathbb{R}^{ch \times w \times h} = \mathbb{R}^{3 \times 2 \times 2}$ 的張量表示，如下

$$\mathbf{X}_{3 \times 2 \times 2} = \begin{bmatrix} R^{2 \times 2}, G^{2 \times 2}, B^{2 \times 2} \end{bmatrix} = \begin{bmatrix} \begin{bmatrix} r_{11} & r_{12} \\ r_{21} & r_{22} \end{bmatrix}, \begin{bmatrix} g_{11} & g_{12} \\ g_{21} & g_{22} \end{bmatrix}, \begin{bmatrix} b_{11} & b_{12} \\ b_{21} & b_{22} \end{bmatrix} \end{bmatrix}_{3 \times 2 \times 2}$$

$$\boxed{\text{張量範例二}}$$

假設一個批次量 $(batch)$ 有四張紅 (R) 綠 (G) 藍 (B) 三個顏色通道的圖，且其長皆為 2，寬皆為 2，所以此批次資料有四階，分別為圖的 1. 張數、2. 通道、3. 圖寬和 4. 圖高，因此需要用 $\mathbf{X} \in \mathbb{R}^{n \times ch \times w \times h} = \mathbb{R}^{4 \times 3 \times 2 \times 2}$ 的張量表示，如下

$$\mathbf{X}_{4 \times 3 \times 2 \times 2}$$

$$= \left[\left[R_1^{2 \times 2}, G_1^{2 \times 2}, B_1^{2 \times 2} \right], \left[R_2^{2 \times 2}, G_2^{2 \times 2}, B_2^{2 \times 2} \right], \left[R_3^{2 \times 2}, G_3^{2 \times 2}, B_3^{2 \times 2} \right], \left[R_4^{2 \times 2}, G_4^{2 \times 2}, B_4^{2 \times 2} \right] \right]$$

$$= \left[\begin{array}{l} \left[\begin{bmatrix} r_{11} & r_{12} \\ r_{21} & r_{22} \end{bmatrix}_1, \begin{bmatrix} g_{11} & g_{12} \\ g_{21} & g_{22} \end{bmatrix}_1, \begin{bmatrix} b_{11} & b_{12} \\ b_{21} & b_{22} \end{bmatrix}_1 \right]_{3 \times 2 \times 2}, \\ \left[\begin{bmatrix} r_{11} & r_{12} \\ r_{21} & r_{22} \end{bmatrix}_2, \begin{bmatrix} g_{11} & g_{12} \\ g_{21} & g_{22} \end{bmatrix}_2, \begin{bmatrix} b_{11} & b_{12} \\ b_{21} & b_{22} \end{bmatrix}_2 \right]_{3 \times 2 \times 2}, \\ \left[\begin{bmatrix} r_{11} & r_{12} \\ r_{21} & r_{22} \end{bmatrix}_3, \begin{bmatrix} g_{11} & g_{12} \\ g_{21} & g_{22} \end{bmatrix}_3, \begin{bmatrix} b_{11} & b_{12} \\ b_{21} & b_{22} \end{bmatrix}_3 \right]_{3 \times 2 \times 2}, \\ \left[\begin{bmatrix} r_{11} & r_{12} \\ r_{21} & r_{22} \end{bmatrix}_4, \begin{bmatrix} g_{11} & g_{12} \\ g_{21} & g_{22} \end{bmatrix}_4, \begin{bmatrix} b_{11} & b_{12} \\ b_{21} & b_{22} \end{bmatrix}_4 \right]_{3 \times 2 \times 2} \end{array} \right]_{4 \times 3 \times 2 \times 2}$$

在更多階資料，例如在遞迴神經網路 $(Recurrent\ Neural\ Networks)$ 內用的張量，除了圖的張數、通道、圖寬和圖高之外，還會多一個遞迴／時間訊息（這邊用 $order$ 表示），所用的張量就需要更多階來表示，如 $\mathbf{X} \in \mathbb{R}^{n \times order \times ch \times w \times h}$。

矩陣與張量運算在深度學習中會將資料集建成高階張量，並利用 $Python$ 套件與開發平台做運算，而其張量的基本結構就是上面所介紹的。

1.2 向量與矩陣運算

向量與矩陣運算在機器學習中經常用到，矩陣可以和矩陣或純量做運算，而向量為最簡單的矩陣，我們就從向量和純量相乘說起。

1.2.1 向量和純量相乘

向量和純量相乘，則向量的每個元素都會乘上該純量。

假設 $a \in \mathbb{R}, \mathbf{x} \in \mathbb{R}^d$，則

$$a\mathbf{x} = a\begin{bmatrix} x_1 \\ x_2 \\ \vdots \\ x_d \end{bmatrix} = \begin{bmatrix} ax_1 \\ ax_2 \\ \vdots \\ ax_d \end{bmatrix}$$

1.2.2 向量相乘

向量之間相乘的前提是前面(左側)向量的行數和後面(右側)向量的列數必須相等。假設 $\mathbf{x} \in \mathbb{R}^{d \times 1}, \mathbf{y} \in \mathbb{R}^{d \times 1}$，則 $\mathbf{x}\mathbf{y}^T \in \mathbb{R}^{d \times d}$ 和 $\mathbf{x}^T\mathbf{y} \in \mathbb{R}^{1 \times 1}$ 成立，但 $\mathbf{x}\mathbf{y}$ 和 $\mathbf{x}^T\mathbf{y}^T$ 皆不成立，

$$\mathbf{x}\mathbf{y}^T = \begin{bmatrix} x_1 \\ x_2 \\ \vdots \\ x_d \end{bmatrix}\begin{bmatrix} y_1 \\ y_2 \\ \vdots \\ y_d \end{bmatrix}^T = \begin{bmatrix} x_1y_1 & x_1y_2 & \cdots & x_1y_d \\ x_2y_1 & x_2y_2 & \cdots & x_2y_d \\ \vdots & \vdots & \ddots & \vdots \\ x_dy_1 & x_dy_2 & \cdots & x_dy_d \end{bmatrix}_{d \times d}$$

$$\mathbf{x}^T\mathbf{y} = \begin{bmatrix} x_1 \\ x_2 \\ \vdots \\ x_d \end{bmatrix}^T\begin{bmatrix} y_1 \\ y_2 \\ \vdots \\ y_d \end{bmatrix} = x_1y_1 + x_2y_2 + \ldots + x_dy_d = \sum_{i}^{d} x_iy_i$$

> 注意！$\mathbf{x}^T\mathbf{y}$ 相乘的結果是個純量，又稱為向量內積 (*inner product*)，在機器學習中也稱為點積 (*dot product*)，有時候也用 $\langle \mathbf{x}, \mathbf{y} \rangle$ 符號表示。

1.2.3　矩陣相乘

矩陣相乘和向量相乘類似，前面 (左側) 矩陣的行數和後面 (右側) 矩陣的列數必須相等。假設 $\mathbf{X} \in \mathbb{R}^{d \times m}, \mathbf{Y} \in \mathbb{R}^{m \times n}$，則 $\mathbf{XY} \in \mathbb{R}^{d \times n}$ 成立，但反過來 $\mathbf{YX}$ 相乘則不成立。

矩陣 $\mathbf{Z} = \mathbf{XY}$ 的運算如下：

$$
\mathbf{Z}_{d \times n} = \mathbf{X}_{d \times m} \mathbf{Y}_{m \times n} = \begin{bmatrix} z_{11} & z_{12} & \cdots & z_{1n} \\ z_{21} & z_{22} & \cdots & z_{2n} \\ \vdots & \vdots & \ddots & \vdots \\ z_{d1} & z_{d2} & \cdots & z_{dn} \end{bmatrix}_{d \times n} = \begin{bmatrix} x_{11} & x_{12} & \cdots & x_{1m} \\ x_{21} & x_{22} & \cdots & x_{2m} \\ \vdots & \vdots & \ddots & \vdots \\ x_{d1} & x_{d2} & \cdots & x_{dm} \end{bmatrix}_{d \times m} \begin{bmatrix} y_{11} & y_{12} & \cdots & y_{1n} \\ y_{21} & y_{22} & \cdots & y_{2n} \\ \vdots & \vdots & \ddots & \vdots \\ y_{m1} & y_{m2} & \cdots & y_{mn} \end{bmatrix}_{m \times n}
$$

其中矩陣 $\mathbf{Z}$ 內的每個元素計算公式：

$$
z_{ij} = \begin{bmatrix} x_{i1} & x_{i2} & \cdots & x_{im} \end{bmatrix} \begin{bmatrix} y_{1j} \\ y_{2j} \\ \vdots \\ y_{mj} \end{bmatrix} = \sum_{k=1}^{m} x_{ik} y_{kj}
$$

下圖呈現矩陣各元素的運算過程中的方式，

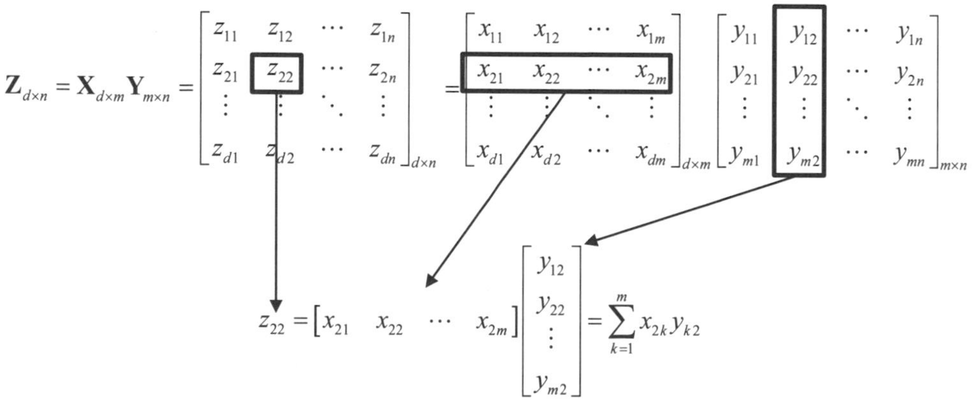

$$
\mathbf{Z}_{d \times n} = \mathbf{X}_{d \times m} \mathbf{Y}_{m \times n} = \begin{bmatrix} z_{11} & z_{12} & \cdots & z_{1n} \\ z_{21} & \boxed{z_{22}} & \cdots & z_{2n} \\ \vdots & \vdots & \ddots & \vdots \\ z_{d1} & z_{d2} & \cdots & z_{dn} \end{bmatrix}_{d \times n} = \begin{bmatrix} x_{11} & x_{12} & \cdots & x_{1m} \\ \boxed{x_{21} \quad x_{22} \quad \cdots \quad x_{2m}} \\ \vdots & \vdots & \ddots & \vdots \\ x_{d1} & x_{d2} & \cdots & x_{dm} \end{bmatrix}_{d \times m} \begin{bmatrix} y_{11} & \boxed{y_{12}} & \cdots & y_{1n} \\ y_{21} & y_{22} & \cdots & y_{2n} \\ \vdots & \vdots & \ddots & \vdots \\ y_{m1} & y_{m2} & \cdots & y_{mn} \end{bmatrix}_{m \times n}
$$

$$
z_{22} = \begin{bmatrix} x_{21} & x_{22} & \cdots & x_{2m} \end{bmatrix} \begin{bmatrix} y_{12} \\ y_{22} \\ \vdots \\ y_{m2} \end{bmatrix} = \sum_{k=1}^{m} x_{2k} y_{k2}
$$

圖 1.4　矩陣運算圖示。

$\boxed{\textbf{矩陣相乘範例一}}$

$$\mathbf{X}_{2\times2} = \begin{bmatrix} 1 & 2 \\ 3 & 4 \end{bmatrix}, \ \mathbf{Y}_{2\times1} = \begin{bmatrix} 5 \\ 6 \end{bmatrix}$$

$$\mathbf{Z}_{2\times1} = \mathbf{X}_{2\times2}\mathbf{Y}_{2\times1} = \begin{bmatrix} 1 & 2 \\ 3 & 4 \end{bmatrix}\begin{bmatrix} 5 \\ 6 \end{bmatrix} = \begin{bmatrix} 1\times5+2\times6 \\ 3\times5+4\times6 \end{bmatrix} = \begin{bmatrix} 17 \\ 39 \end{bmatrix}$$

$\boxed{\textbf{矩陣相乘範例二}}$

$$\mathbf{X}_{2\times3} = \begin{bmatrix} 1 & 2 & 3 \\ 4 & 5 & 6 \end{bmatrix}, \ \mathbf{Y}_{3\times2} = \begin{bmatrix} 1 & 2 \\ 3 & 4 \\ 5 & 6 \end{bmatrix}$$

$$\mathbf{Z}_{2\times2} = \mathbf{X}_{2\times3}\mathbf{Y}_{3\times2} = \begin{bmatrix} 1 & 2 & 3 \\ 4 & 5 & 6 \end{bmatrix}\begin{bmatrix} 1 & 2 \\ 3 & 4 \\ 5 & 6 \end{bmatrix} = \begin{bmatrix} 1\times1+2\times3+3\times5 & 1\times2+2\times4+3\times6 \\ 4\times1+5\times3+6\times5 & 4\times2+5\times4+6\times6 \end{bmatrix} = \begin{bmatrix} 22 & 28 \\ 49 & 64 \end{bmatrix}$$

1.2.4 *Hadamard* 乘積

Hadamard 乘積 (*Hadamard product*) 和 1.2.3 節介紹的矩陣相乘不一樣，矩陣相乘要前面矩陣的行數和後面矩陣的列數相等才行，而 *Hadamard* 乘積則需要兩個矩陣的大小一致，且 *Hadamard* 乘積是兩個矩陣點對點之間的元素相乘 (通常用⊙來表示)，也就是當 $\mathbf{X} \in \mathbb{R}^{m\times n}, \mathbf{Y} \in \mathbb{R}^{m\times n}$，*Hadamard* 乘積計算方式如下

$$\mathbf{Z}_{m\times n} = \mathbf{X}_{m\times n} \odot \mathbf{Y}_{m\times n} = \begin{bmatrix} x_{11} & x_{12} & \cdots & x_{1n} \\ x_{21} & x_{22} & \cdots & x_{2n} \\ \vdots & \vdots & \ddots & \vdots \\ x_{m1} & x_{m2} & \cdots & x_{mn} \end{bmatrix} \odot \begin{bmatrix} y_{11} & y_{12} & \cdots & y_{1n} \\ y_{21} & y_{22} & \cdots & y_{2n} \\ \vdots & \vdots & \ddots & \vdots \\ y_{m1} & y_{m2} & \cdots & y_{mn} \end{bmatrix} = \begin{bmatrix} x_{11}y_{11} & x_{12}y_{12} & \cdots & x_{1n}y_{1n} \\ x_{21}y_{21} & x_{22}y_{22} & \cdots & x_{2n}y_{2n} \\ \vdots & \vdots & \ddots & \vdots \\ x_{m1}y_{m1} & x_{m2}y_{m2} & \cdots & x_{mn}y_{mn} \end{bmatrix}$$

$\boxed{\textit{Hadamard 相乘範例一}}$

$$\mathbf{X}_{2\times1} = \begin{bmatrix} 1 \\ 2 \end{bmatrix} , \quad \mathbf{Y}_{2\times1} = \begin{bmatrix} 3 \\ 4 \end{bmatrix}$$

$$\mathbf{Z}_{2\times1} = \mathbf{X}_{2\times1} \odot \mathbf{Y}_{2\times1} = \begin{bmatrix} 1 \\ 2 \end{bmatrix} \odot \begin{bmatrix} 3 \\ 4 \end{bmatrix} = \begin{bmatrix} 1\times3 \\ 2\times4 \end{bmatrix} = \begin{bmatrix} 3 \\ 8 \end{bmatrix}$$

$\boxed{\textit{Hadamard 相乘範例二}}$

$$\mathbf{X}_{2\times3} = \begin{bmatrix} 1 & 2 & 3 \\ 4 & 5 & 6 \end{bmatrix} , \quad \mathbf{Y}_{2\times3} = \begin{bmatrix} 7 & 8 & 9 \\ 10 & 11 & 12 \end{bmatrix}$$

$$\mathbf{Z}_{2\times1} = \mathbf{X}_{2\times3} \odot \mathbf{Y}_{2\times3} = \begin{bmatrix} 1 & 2 & 3 \\ 4 & 5 & 6 \end{bmatrix} \odot \begin{bmatrix} 7 & 8 & 9 \\ 10 & 11 & 12 \end{bmatrix} = \begin{bmatrix} 1\times7 & 2\times8 & 3\times9 \\ 4\times10 & 5\times11 & 6\times12 \end{bmatrix} = \begin{bmatrix} 7 & 16 & 27 \\ 40 & 55 & 72 \end{bmatrix}$$

Hadamard 乘積在許多地方都會用到，像是影像卷積神經網路的專注力模組 (*Attention module*)，例如 *spatial attention module (SAM)*。

1.2.5　逆矩陣 (反矩陣)

矩陣須為方陣才能進行逆矩陣 (*Inverse matrix*，或稱為反矩陣) 的運算。逆矩陣的定義為：

有一任意方陣 $\mathbf{A} \in \mathbb{R}^{d\times d}$，若存在

$$\mathbf{A}\mathbf{A}^{-1} = \mathbf{A}^{-1}\mathbf{A} = \mathbf{I}$$

其中 $\mathbf{I} \in \mathbb{R}^{d\times d}$ 為單位矩陣，

$$\mathbf{I} = \begin{bmatrix} 1 & 0 & \cdots & 0 \\ 0 & 1 & \cdots & 0 \\ \vdots & \vdots & \ddots & 0 \\ 0 & 0 & \cdots & 1 \end{bmatrix}_{d\times d}$$

則稱 $\mathbf{A}^{-1}$ 為 $\mathbf{A}$ 的逆矩陣。

是否任意方陣皆具有逆矩陣？當方陣為滿秩 (見 1.1.3)，則此方陣可逆。最簡單的判斷方式就是方陣的行列式 (*determinant*) 不等於 0，則此方陣為可逆：

$$\det(\mathbf{A}) \neq 0 \text{ 若且為若 } \mathbf{A} \text{ 可逆}$$

也就是說，若行列式等於 0，則此方陣為不可逆矩陣 (*Not-Invertible Matrix*) 即 $\mathbf{A}$ 的逆矩陣 $\mathbf{A}^{-1}$ 不存在，這種矩陣稱為奇異矩陣 (*Singular Matrix*)。

二階矩陣的逆矩陣

以下用二階矩陣為例來說明如何求出逆矩陣。矩陣 $\mathbf{A} = \begin{bmatrix} a & b \\ c & d \end{bmatrix}$ 且 $\mathbf{A}$ 可逆，則

$$\mathbf{A}^{-1} = \frac{1}{\det(\mathbf{A})} \begin{bmatrix} d & -b \\ -c & a \end{bmatrix}$$

由上式可以發現，$\mathbf{A}$ 的逆矩陣需要求矩陣的行列式 $\det(\mathbf{A}) = ad - bc$，當 $\det(\mathbf{A}) = 0$，則 $\frac{1}{\det(\mathbf{A})} = \frac{1}{0} = \infty$，所以 $\mathbf{A}^{-1}$ 無法求得，因此若 $\det(\mathbf{A}) = 0$，$\mathbf{A}$ 就是不可逆矩陣；若 $\det(\mathbf{A}) \neq 0$，$\mathbf{A}$ 就是可逆矩陣。

我們來看看這個公式解是怎麼求得的，假設二階矩陣 $\mathbf{A} = \begin{bmatrix} a & b \\ c & d \end{bmatrix}$ 且 $\mathbf{A}$ 可逆，$\mathbf{A}$ 的逆矩陣假設為 $\mathbf{A}^{-1} = \begin{bmatrix} x_{11} & x_{12} \\ x_{21} & x_{22} \end{bmatrix}$，則可解聯立方程式找出它們的關係：

$$\mathbf{A}\mathbf{A}^{-1} = \begin{bmatrix} a & b \\ c & d \end{bmatrix} \begin{bmatrix} x_{11} & x_{12} \\ x_{21} & x_{22} \end{bmatrix} = \begin{bmatrix} 1 & 0 \\ 0 & 1 \end{bmatrix}$$

可得

$$\begin{cases} ax_{11} + bx_{21} = 1 \\ cx_{11} + dx_{21} = 0 \end{cases} \Rightarrow \begin{cases} ax_{11} + bx_{21} = 1 \Rightarrow \dfrac{-ad + bc}{c}x_{21} = 1 \\ \\ x_{11} = -\dfrac{d}{c}x_{21} \end{cases} \Rightarrow \begin{cases} x_{11} = \dfrac{-d}{bc - ad} \\ \\ x_{21} = \dfrac{c}{bc - ad} \end{cases}$$

$$\begin{cases} ax_{12} + bx_{22} = 0 \\ cx_{12} + dx_{22} = 1 \end{cases} \Rightarrow \begin{cases} x_{22} = -\dfrac{a}{b}x_{12} \\ \\ cx_{12} + dx_{22} = 1 \Rightarrow \dfrac{bc - ad}{b}x_{12} = 1 \end{cases} \Rightarrow \begin{cases} x_{12} = \dfrac{b}{bc - ad} \\ \\ x_{22} = \dfrac{-a}{bc - ad} \end{cases}$$

$$\mathbf{A}^{-1} = \begin{bmatrix} x_{11} & x_{12} \\ x_{21} & x_{22} \end{bmatrix} = \begin{bmatrix} \dfrac{-d}{bc - ad} & \dfrac{b}{bc - ad} \\ \dfrac{c}{bc - ad} & \dfrac{-a}{bc - ad} \end{bmatrix} = \dfrac{1}{ad - bc}\begin{bmatrix} d & -b \\ -c & a \end{bmatrix} = \dfrac{1}{\det(\mathbf{A})}\begin{bmatrix} d & -b \\ -c & a \end{bmatrix}$$

其中，$\det(\mathbf{A}) = ad - bc$ 為二階方陣的行列式。

二階逆矩陣範例

假設 $\mathbf{A} = \begin{bmatrix} 3 & 1 \\ 4 & 2 \end{bmatrix}$，求 $\mathbf{A}$ 的逆矩陣，

$$\mathbf{A}^{-1} = \dfrac{1}{\det(\mathbf{A})}\begin{bmatrix} d & -b \\ -c & a \end{bmatrix} = \dfrac{1}{2}\begin{bmatrix} 2 & -1 \\ -4 & 3 \end{bmatrix} = \begin{bmatrix} 1 & -0.5 \\ -2 & 1.5 \end{bmatrix}$$

我們來驗證一下，$\mathbf{A}$ 和 $\mathbf{A}^{-1}$ 的矩陣相乘是否為單位矩陣，

$$\mathbf{A}\mathbf{A}^{-1} = \begin{bmatrix} 3 & 1 \\ 4 & 2 \end{bmatrix}\begin{bmatrix} 1 & -0.5 \\ -2 & 1.5 \end{bmatrix} = \begin{bmatrix} 1 & 0 \\ 0 & 1 \end{bmatrix}$$

用伴隨矩陣與餘子矩陣得到逆矩陣公式

前面在推導二階矩陣的逆矩陣是直接解聯立方程式。不過當矩陣階數高的時候，解聯立方程式就比較麻煩了。其實在求逆矩陣的過程中，可以利用伴隨矩陣 (*adjugate matrix*) 來得到，矩陣 $\mathbf{A}$ 的伴隨矩陣通常記為 $adj(\mathbf{A})$。

如果矩陣 $\mathbf{A}$ 有逆矩陣，則其伴隨矩陣 $adj(\mathbf{A})$ 和逆矩陣 $\mathbf{A}^{-1}$ 只會差一個常數倍數，此常數是 $\dfrac{1}{\det(\mathbf{A})}$。由於找出伴隨矩陣的過程只需要做矩陣運算，不用解聯立方程式，是求逆矩陣比較好的方法。

因為伴隨矩陣為餘子矩陣 (*cofactor matrix*) 的轉置，我們就需要先求得餘子矩陣，再將餘子矩陣轉置之後就得到伴隨矩陣了。假設餘子矩陣為 $\mathbf{C}$，每個元素定義為

$$C_{ij} = (-1)^{i+j} M_{ij}$$

其中，M_{ij} 為矩陣 $\mathbf{A}$ 第 i 列第 j 行的餘子式 (*minor*)，所謂餘子式就是用矩陣 $\mathbf{A}$ 去掉第 i 列第 j 行後得到縮小一階矩陣 (列與行都各少一階) 的行列式 (也就是 M_{ij} 的值，請看下一頁)。因此餘子矩陣 $\mathbf{C}$ 就是

$$\mathbf{C} = \left[C_{ij} = (-1)^{i+j} M_{ij} \right], \forall i, j$$

矩陣 $\mathbf{A}$ 的伴隨矩陣 $adj(\mathbf{A})$ 則是矩陣 $\mathbf{A}$ 的餘子矩陣 $\mathbf{C}$ 的轉置矩陣

$$adj(\mathbf{A}) = \mathbf{C}^{T} \Rightarrow adj(\mathbf{A}_{ij}) = \mathbf{C}_{ji}, \forall i, j$$

求餘子矩陣的範例

下面說明餘子矩陣的每個元素如何計算。

假設 $\mathbf{A} = \begin{bmatrix} a_{11} & a_{12} & a_{13} \\ a_{21} & a_{22} & a_{23} \\ a_{31} & a_{32} & a_{33} \end{bmatrix}$,

M_{11}：第 1 列第 1 行的餘子式，也就是去掉矩陣 A 第 1 列第 1 行後得到的矩陣的行列式：

$$\mathbf{A} = \begin{bmatrix} a_{11} & a_{12} & a_{13} \\ a_{21} & a_{22} & a_{23} \\ a_{31} & a_{32} & a_{33} \end{bmatrix} \quad \Longrightarrow \quad M_{11} = \det(\begin{bmatrix} a_{22} & a_{23} \\ a_{32} & a_{33} \end{bmatrix})$$

M_{23}：第 2 列第 3 行的餘子式，也就是去掉矩陣 A 第 2 列第 3 行後得到的矩陣的行列式：

$$\mathbf{A} = \begin{bmatrix} a_{11} & a_{12} & a_{13} \\ a_{21} & a_{22} & a_{23} \\ a_{31} & a_{32} & a_{33} \end{bmatrix} \quad \Longrightarrow \quad M_{23} = \det(\begin{bmatrix} a_{11} & a_{12} \\ a_{31} & a_{32} \end{bmatrix})$$

n 階矩陣都適用的逆矩陣公式

如果 n 階矩陣 $\mathbf{A}$ 可逆，則 $\mathbf{A}$ 與伴隨矩陣 $adj(\mathbf{A})$ 相乘會等於

$$\mathbf{A} \cdot adj(\mathbf{A}) = \det(\mathbf{A})\mathbf{I}_n$$

等號兩邊乘上 $\mathbf{A}^{-1}$：

$$\mathbf{A}^{-1}\mathbf{A} \cdot adj(\mathbf{A}) = \mathbf{A}^{-1}\det(\mathbf{A})\mathbf{I}_n$$

$$\Rightarrow \mathbf{A}^{-1}\mathbf{I}_n = \frac{1}{\det(\mathbf{A})} adj(\mathbf{A})$$

$$\Rightarrow \mathbf{A}^{-1} = \frac{1}{\det(\mathbf{A})} adj(\mathbf{A})$$

這就是直接求逆矩陣的公式。

用伴隨矩陣求二階矩陣的逆矩陣

我們回到二階矩陣 $\mathbf{A} = \begin{bmatrix} a & b \\ c & d \end{bmatrix}$ 且 $\mathbf{A}$ 為可逆矩陣，利用上面的公式，則 $\mathbf{A}$ 的伴隨矩陣為

$$adj(\mathbf{A}) = \mathbf{C}^T = \begin{bmatrix} (-1)^{1+1} M_{11} & (-1)^{2+1} M_{21} \\ (-1)^{1+2} M_{12} & (-1)^{2+2} M_{22} \end{bmatrix} = \begin{bmatrix} d & -b \\ -c & a \end{bmatrix}$$

就能得到 $\mathbf{A}$ 的逆矩陣為

$$\mathbf{A}^{-1} = \frac{1}{\det(\mathbf{A})} adj(\mathbf{A}) = \frac{1}{\det(\mathbf{A})} \begin{bmatrix} d & -b \\ -c & a \end{bmatrix}$$

用伴隨矩陣求三階矩陣的逆矩陣

利用類似的方式，我們來求三階矩陣的逆矩陣，假設

三階矩陣 $\mathbf{A} = \begin{bmatrix} a_{11} & a_{12} & a_{13} \\ a_{21} & a_{22} & a_{23} \\ a_{31} & a_{32} & a_{33} \end{bmatrix}$ 且 $\mathbf{A}$ 可逆，則 $\mathbf{A}$ 的伴隨矩陣為

$$adj(\mathbf{A}) = \mathbf{C}^T$$
$$= \begin{bmatrix} (-1)^{1+1} M_{11} & (-1)^{2+1} M_{21} & (-1)^{3+1} M_{31} \\ (-1)^{1+2} M_{12} & (-1)^{2+2} M_{22} & (-1)^{3+2} M_{32} \\ (-1)^{1+3} M_{13} & (-1)^{2+3} M_{23} & (-1)^{3+3} M_{33} \end{bmatrix}$$
$$= \begin{bmatrix} \det\left(\begin{bmatrix} a_{22} & a_{23} \\ a_{32} & a_{33} \end{bmatrix}\right) & -\det\left(\begin{bmatrix} a_{12} & a_{13} \\ a_{32} & a_{33} \end{bmatrix}\right) & \det\left(\begin{bmatrix} a_{12} & a_{13} \\ a_{22} & a_{23} \end{bmatrix}\right) \\ -\det\left(\begin{bmatrix} a_{21} & a_{23} \\ a_{31} & a_{33} \end{bmatrix}\right) & \det\left(\begin{bmatrix} a_{11} & a_{13} \\ a_{31} & a_{33} \end{bmatrix}\right) & -\det\left(\begin{bmatrix} a_{11} & a_{13} \\ a_{21} & a_{23} \end{bmatrix}\right) \\ \det\left(\begin{bmatrix} a_{21} & a_{22} \\ a_{31} & a_{32} \end{bmatrix}\right) & -\det\left(\begin{bmatrix} a_{11} & a_{12} \\ a_{31} & a_{32} \end{bmatrix}\right) & \det\left(\begin{bmatrix} a_{11} & a_{12} \\ a_{31} & a_{22} \end{bmatrix}\right) \end{bmatrix}$$

得到 $\mathbf{A}$ 的逆矩陣為

$$\mathbf{A}^{-1} = \frac{1}{\det(\mathbf{A})} adj(\mathbf{A}) = \frac{1}{\det(\mathbf{A})} \begin{bmatrix} \det\left(\begin{bmatrix} a_{22} & a_{23} \\ a_{32} & a_{33} \end{bmatrix}\right) & -\det\left(\begin{bmatrix} a_{12} & a_{13} \\ a_{32} & a_{33} \end{bmatrix}\right) & \det\left(\begin{bmatrix} a_{12} & a_{13} \\ a_{22} & a_{23} \end{bmatrix}\right) \\ -\det\left(\begin{bmatrix} a_{21} & a_{23} \\ a_{31} & a_{33} \end{bmatrix}\right) & \det\left(\begin{bmatrix} a_{11} & a_{13} \\ a_{31} & a_{33} \end{bmatrix}\right) & -\det\left(\begin{bmatrix} a_{11} & a_{13} \\ a_{21} & a_{23} \end{bmatrix}\right) \\ \det\left(\begin{bmatrix} a_{21} & a_{22} \\ a_{31} & a_{32} \end{bmatrix}\right) & -\det\left(\begin{bmatrix} a_{11} & a_{12} \\ a_{31} & a_{32} \end{bmatrix}\right) & \det\left(\begin{bmatrix} a_{11} & a_{12} \\ a_{31} & a_{22} \end{bmatrix}\right) \end{bmatrix}$$

三階矩陣求逆矩陣範例

我們套用上面的方法實際做做看，假設 $\mathbf{A} = \begin{bmatrix} 1 & 1 & 2 \\ 2 & 1 & 3 \\ 1 & 3 & 3 \end{bmatrix}$，則 $\mathbf{A}$ 的逆矩陣為

$$\mathbf{A}^{-1} = \frac{1}{\det(\mathbf{A})} adj(\mathbf{A}) = \frac{1}{1} \begin{bmatrix} \det\left(\begin{bmatrix} 1 & 3 \\ 3 & 3 \end{bmatrix}\right) & -\det\left(\begin{bmatrix} 1 & 2 \\ 3 & 3 \end{bmatrix}\right) & \det\left(\begin{bmatrix} 1 & 2 \\ 1 & 3 \end{bmatrix}\right) \\ -\det\left(\begin{bmatrix} 2 & 3 \\ 1 & 3 \end{bmatrix}\right) & \det\left(\begin{bmatrix} 1 & 2 \\ 1 & 3 \end{bmatrix}\right) & -\det\left(\begin{bmatrix} 1 & 2 \\ 2 & 3 \end{bmatrix}\right) \\ \det\left(\begin{bmatrix} 2 & 1 \\ 1 & 3 \end{bmatrix}\right) & -\det\left(\begin{bmatrix} 1 & 1 \\ 1 & 3 \end{bmatrix}\right) & \det\left(\begin{bmatrix} 1 & 1 \\ 2 & 1 \end{bmatrix}\right) \end{bmatrix} = \begin{bmatrix} -6 & 3 & 1 \\ -3 & 1 & 1 \\ 5 & -2 & -1 \end{bmatrix}$$

我們來驗證看看，即可知道利用伴隨矩陣求出來的逆矩陣可以讓 $\mathbf{AA}^{-1}$ 為單位矩陣，

$$\mathbf{AA}^{-1} = \begin{bmatrix} 1 & 1 & 2 \\ 2 & 1 & 3 \\ 1 & 3 & 3 \end{bmatrix} \begin{bmatrix} -6 & 3 & 1 \\ -3 & 1 & 1 \\ 5 & -2 & -1 \end{bmatrix}$$

$$= \begin{bmatrix} 1 & 0 & 0 \\ 0 & 1 & 0 \\ 0 & 0 & 1 \end{bmatrix}$$

矩陣運算令人頭昏眼花，但我們只要瞭解其原理就好，一些程式語言或軟體套件有提供相關的函式，通常只需要一行程式就能計算出來，請大家不必擔心。

1.3　矩陣分解

矩陣分解（*Matrix decomposition/factorization*）是將矩陣拆解成數個矩陣相乘。為什麼要分解矩陣呢？因為矩陣分解可以讓我們更了解矩陣的構造及特性。此節我們介紹最常使用的**特徵分解**（*Eigenvalue decomposition*）和**奇異值分解**（*Singular value decomposition*）兩個方法。

1.3.1　特徵分解（*Eigenvalue decomposition*）

特徵分解是統計方法或機器學習最常用的矩陣分解方式，例如當資料特徵數過多也就是張量階數太高時，可以利用特徵分解的技巧合理降低階數以利計算，例如 9.3.2 節會介紹的主成分分析（*PCA*）就是在做特徵分解。

特徵分解中的矩陣必須為方陣。假設矩陣 $\mathbf{A}$ 為 $n \times n$ 的方陣，若存在一個 $n \times 1$ 的非零向量 $\mathbf{v}$ 與純量 λ，可使得

$$\mathbf{A}\mathbf{v} = \lambda \mathbf{v} \quad \text{或} \quad (\mathbf{A} - \lambda \mathbf{I})\mathbf{v} = \mathbf{0} \longrightarrow \begin{bmatrix} 0 \\ \vdots \\ 0 \end{bmatrix}_{n \times 1}$$

則 λ 為矩陣 $\mathbf{A}$ 的特徵值（*Eigenvalue*），$\mathbf{v}$ 為此特徵值 λ 對應的特徵向量（*Eigenvector*）。

特徵值與特徵向量解法

因為 $(\mathbf{A} - \lambda \mathbf{I})\mathbf{v} = 0$，且 $\mathbf{v}$ 必不為零向量，則表示 $(\mathbf{A} - \lambda \mathbf{I})$ 為奇異矩陣（*Singular matrix*），亦即 $(\mathbf{A} - \lambda \mathbf{I})$ 的行列式為 0，則求特徵解的方式即為假設一個特徵值 λ 的函數 $f(\lambda)$，

$$f(\lambda) = \det(\mathbf{A} - \lambda \mathbf{I}) = 0$$

也就是求矩陣 $\mathbf{A}$ 的特徵多項式 $f(\lambda) = 0$ 的解，因此

λ 為矩陣 $\mathbf{A}$ 的特徵值 若且唯若 $f(\lambda) = \det(\mathbf{A} - \lambda \mathbf{I}) = \mathbf{0}$

求特徵值與特徵矩陣範例

以下舉一個二階矩陣的例子，說明如何算出特徵值與特徵矩陣。假設 $\mathbf{A} = \begin{bmatrix} 2 & 1 \\ 5 & 6 \end{bmatrix}$，求矩陣 $\mathbf{A}$ 的特徵值與特徵值矩陣？

$$f(\lambda) = \det(\mathbf{A} - \lambda \mathbf{I}) = \mathbf{0}$$
$$\Rightarrow \det\left(\begin{bmatrix} 2-\lambda & 1 \\ 5 & 6-\lambda \end{bmatrix}\right) = 0$$
$$\Rightarrow \lambda^2 - 8\lambda + 7 = 0$$
$$\Rightarrow (\lambda - 7)(\lambda - 1) = 0$$
$$\Rightarrow \lambda = 1, 7$$

可得知符合特徵多項式 $f(\lambda)$ 的特徵值 λ 有兩個，分別是 1 和 7。

當 $\lambda = 1$，其特徵向量為

$$(\mathbf{A} - \lambda \mathbf{I})\mathbf{v} = 0$$
$$\Rightarrow \begin{bmatrix} 2-\lambda & 1 \\ 5 & 6-\lambda \end{bmatrix}\begin{bmatrix} v_1 \\ v_2 \end{bmatrix} = \begin{bmatrix} 0 \\ 0 \end{bmatrix} \quad \leftarrow \text{把 } \lambda = 1 \text{ 代入左式}$$
$$\Rightarrow \begin{cases} v_1 + v_2 = 0 \\ 5v_1 + 5v_2 = 0 \end{cases}$$
$$\Rightarrow v_1 = -v_2$$
$$\Rightarrow \mathbf{v} = \begin{bmatrix} 1 \\ -1 \end{bmatrix}$$

當 $\lambda = 7$，其特徵向量為

$$(\mathbf{A} - \lambda\mathbf{I})\mathbf{v} = 0$$

$$\Rightarrow \begin{bmatrix} 2-\lambda & 1 \\ 5 & 6-\lambda \end{bmatrix} \begin{bmatrix} v_1 \\ v_2 \end{bmatrix} = \begin{bmatrix} 0 \\ 0 \end{bmatrix} \quad \leftarrow \text{把 } \lambda = 7 \text{ 代入左式}$$

$$\Rightarrow \begin{cases} -5v_1 + v_2 = 0 \\ 5v_1 - v_2 = 0 \end{cases}$$

$$\Rightarrow v_2 = 5v_1$$

$$\Rightarrow \mathbf{v} = \begin{bmatrix} 1 \\ 5 \end{bmatrix}$$

可得到矩陣 $\mathbf{A}$ 的特徵值 $\lambda = 1$ 和 $\lambda = 7$，對應的特徵向量分別為 $\begin{bmatrix} 1 \\ -1 \end{bmatrix}$ 和 $\begin{bmatrix} 1 \\ 5 \end{bmatrix}$。

利用特徵值與特徵向量做矩陣分解

讀者看到這邊可能有點納悶，求得特徵值與特徵向量跟矩陣分解有什麼關係？如果我們將式子轉換成

$$\mathbf{AV} = \mathbf{V\Lambda}$$

$$\Rightarrow \mathbf{A} = \mathbf{V\Lambda V}^{-1}$$

其中 $\mathbf{\Lambda}$ 為特徵值構成的對角矩陣，$\mathbf{V}$ 為特徵向量組成的特徵矩陣，所以矩陣 $\mathbf{A}$ 由上式可以分解成 $\mathbf{V}$、$\mathbf{\Lambda}$ 和 $\mathbf{V}^{-1}$ 三個矩陣相乘，其中

$$\mathbf{\Lambda} = \begin{bmatrix} \lambda_1 & 0 & 0 & 0 \\ 0 & \lambda_2 & 0 & 0 \\ 0 & 0 & \ddots & 0 \\ 0 & 0 & 0 & \lambda_n \end{bmatrix}, \quad \mathbf{V} = \begin{bmatrix} \mathbf{v}_1 & \mathbf{v}_2 & \cdots & \mathbf{v}_n \end{bmatrix}, \mathbf{v}_i = \begin{bmatrix} v_{1i} \\ v_{2i} \\ \vdots \\ v_{ni} \end{bmatrix}, \quad i = 1, 2, \cdots, n$$

矩陣分解範例

接續前面的範例 $\mathbf{A} = \begin{bmatrix} 2 & 1 \\ 5 & 6 \end{bmatrix}$，基於特徵矩陣的解，可分解為

$$\mathbf{A} = \begin{bmatrix} 2 & 1 \\ 5 & 6 \end{bmatrix} = \mathbf{V}\mathbf{\Lambda}\mathbf{V}^{-1} = \begin{bmatrix} 1 & 1 \\ -1 & 5 \end{bmatrix}\begin{bmatrix} 1 & 0 \\ 0 & 7 \end{bmatrix}\begin{bmatrix} 1 & 1 \\ -1 & 5 \end{bmatrix}^{-1}$$

其中

$$\mathbf{\Lambda} = \begin{bmatrix} \lambda_1 & 0 \\ 0 & \lambda_2 \end{bmatrix} = \begin{bmatrix} 1 & 0 \\ 0 & 7 \end{bmatrix}, \quad \mathbf{V} = \begin{bmatrix} \mathbf{v}_{\lambda=1} & \mathbf{v}_{\lambda=7} \end{bmatrix} = \begin{bmatrix} 1 & 1 \\ -1 & 5 \end{bmatrix}$$

我們可以反過來驗證一下：

$$\mathbf{V}\mathbf{\Lambda}\mathbf{V}^{-1}$$

$$= \begin{bmatrix} 1 & 1 \\ -1 & 5 \end{bmatrix}\begin{bmatrix} 1 & 0 \\ 0 & 7 \end{bmatrix}\left(\begin{bmatrix} 1 & 1 \\ -1 & 5 \end{bmatrix}^{-1}\right)$$

$$= \frac{1}{6}\begin{bmatrix} 1 & 7 \\ -1 & 35 \end{bmatrix}\begin{bmatrix} 5 & -1 \\ 1 & 1 \end{bmatrix}$$

$$= \frac{1}{6}\begin{bmatrix} 12 & 6 \\ 30 & 36 \end{bmatrix}$$

$$= \begin{bmatrix} 2 & 1 \\ 5 & 6 \end{bmatrix}$$

$$= \mathbf{A}$$

用特徵分解求逆矩陣

此外，我們也可以透過特徵分解進行逆矩陣計算。當矩陣 $\mathbf{A}$ 可被特徵分解，且任一特徵值不為 0，則此矩陣 $\mathbf{A}$ 可逆，其逆矩陣為

$$\mathbf{A}^{-1} = \mathbf{V}\mathbf{\Lambda}^{-1}\mathbf{V}^{-1}$$

因為 $\mathbf{\Lambda}$ 為特徵值構成的對角矩陣
（假設有 λ_1、λ_2、…、λ_n 個特徵值），
因此其逆矩陣就是直接將對角元素
取倒數

$$\mathbf{\Lambda}^{-1} = \begin{bmatrix} \dfrac{1}{\lambda_1} & 0 & 0 & 0 \\ 0 & \dfrac{1}{\lambda_2} & 0 & 0 \\ 0 & 0 & \ddots & 0 \\ 0 & 0 & 0 & \dfrac{1}{\lambda_n} \end{bmatrix}$$

特徵分解求逆矩陣範例

我們要求 $\mathbf{A} = \begin{bmatrix} 2 & 1 \\ 5 & 6 \end{bmatrix}$ 的逆矩陣，可由特徵分解方式求得

$$\mathbf{A} = \mathbf{V}\mathbf{\Lambda}\mathbf{V}^{-1} \Rightarrow \begin{bmatrix} 2 & 1 \\ 5 & 6 \end{bmatrix} = \begin{bmatrix} 1 & 1 \\ -1 & 5 \end{bmatrix}\begin{bmatrix} 1 & 0 \\ 0 & 7 \end{bmatrix}\left(\begin{bmatrix} 1 & 1 \\ -1 & 5 \end{bmatrix}^{-1}\right)$$

$$\mathbf{A}^{-1} = \begin{bmatrix} 1 & 1 \\ -1 & 5 \end{bmatrix}\begin{bmatrix} \dfrac{1}{1} & 0 \\ 0 & \dfrac{1}{7} \end{bmatrix}\left(\begin{bmatrix} 1 & 1 \\ -1 & 5 \end{bmatrix}^{-1}\right) = \dfrac{1}{6}\begin{bmatrix} 1 & \dfrac{1}{7} \\ -1 & \dfrac{5}{7} \end{bmatrix}\begin{bmatrix} 5 & -1 \\ 1 & 1 \end{bmatrix} = \begin{bmatrix} \dfrac{6}{7} & -\dfrac{1}{7} \\ -\dfrac{5}{7} & \dfrac{2}{7} \end{bmatrix}$$

這個結果與利用公式解求 $\mathbf{A} = \begin{bmatrix} 2 & 1 \\ 5 & 6 \end{bmatrix}$ 的逆矩陣

$$\mathbf{A}^{-1} = \dfrac{1}{\det(\mathbf{A})}\begin{bmatrix} 6 & -1 \\ -5 & 2 \end{bmatrix} = \dfrac{1}{7}\begin{bmatrix} 6 & -1 \\ -5 & 2 \end{bmatrix}$$ 的解一致。

特徵分解是不是又眼花了一次？學習階段用紙筆算過一遍可以把基本的馬步紮穩，當寫程式呼叫函數執行時，才知道函數背後在做甚麼事。

1.3.2 奇異值分解（*SVD*）

特徵分解是對一個方陣進行矩陣分解，當矩陣非方陣時就要採用奇異值分解（*Singular Value Decomposition*，*SVD*），因此奇異值分解可以說是特徵分解更一般化的版本。

假設矩陣 $\mathbf{A}$ 為 $m \times n$ 的矩陣，奇異值分解可將矩陣 $\mathbf{A}$ 分解成

$$\mathbf{A} = \mathbf{U}\mathbf{\Lambda}\mathbf{V}^{\mathrm{T}}$$

$\mathbf{U}$ 為 $m \times m$ 的正交矩陣，$\mathbf{V}$ 為 $n \times n$ 的正交矩陣，$\mathbf{\Lambda}$ 為 $m \times n$ 的對角矩陣也稱為奇異值矩陣，因為 $\mathrm{rank}(\mathbf{A}) = r$，所以奇異值矩陣為下面這樣，

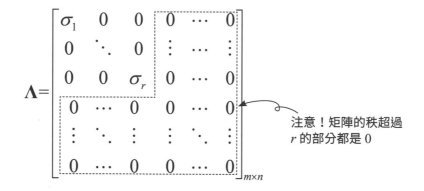

注意！矩陣的秩超過 r 的部分都是 0

主對角線的元素稱為奇異值（*singular value*），$\sigma_i > 0$，$i = 1, 2, ..., r$，大於 r 的對角線皆為 0，$\sigma_i = 0$，$i = r+1, r+2, ..., p$；$p = \min\{m, n\}$。

我們設 $\mathbf{U}$ 為 $m \times m$ 的正交矩陣、$\mathbf{V}$ 為 $n \times n$ 的正交矩陣（見下頁），來做後續的推導。

$$\mathbf{U}=\begin{bmatrix}\mathbf{u}_1 & \mathbf{u}_2 & \cdots & \mathbf{u}_m\end{bmatrix}, \mathbf{u}_i=\begin{bmatrix}u_{1i}\\u_{2i}\\\vdots\\u_{mi}\end{bmatrix}, \forall i=1,2,...,m$$

$$\Rightarrow \mathbf{U}=\begin{bmatrix}\mathbf{u}_1 & \mathbf{u}_2 & \cdots & \mathbf{u}_m\end{bmatrix}=\begin{bmatrix}u_{11} & u_{12} & & u_{1m}\\u_{21} & u_{22} & \cdots & u_{2m}\\\vdots & \vdots & & \vdots\\u_{m1} & u_{m2} & & u_{mm}\end{bmatrix}$$

$$\mathbf{V}=\begin{bmatrix}\mathbf{v}_1 & \mathbf{v}_2 & \cdots & \mathbf{v}_n\end{bmatrix}, \mathbf{v}_i=\begin{bmatrix}v_{1i}\\v_{2i}\\\vdots\\v_{ni}\end{bmatrix}, \forall i=1,2,...,n$$

$$\Rightarrow \mathbf{V}=\begin{bmatrix}\mathbf{v}_1 & \mathbf{v}_2 & \cdots & \mathbf{v}_n\end{bmatrix}=\begin{bmatrix}v_{11} & v_{12} & & v_{1n}\\v_{21} & v_{22} & \cdots & v_{2n}\\\vdots & \vdots & & \vdots\\v_{n1} & v_{n2} & & v_{nn}\end{bmatrix}$$

降低矩陣的大小

由奇異值矩陣可看出矩陣元素中有很多都是 0，我們來仔細看看

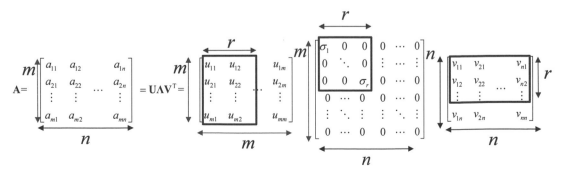

圖 1.5　矩陣的秩數小於矩陣大小，可以降為秩數大小

由上圖可得知，當奇異值只有 r 個（$r \le \min\{m,n\}$），這時候的矩陣 $\mathbf{U}$ 只有前 r 個行向量會有效被利用，其餘行向量可以忽略 (*truncate*)，也就是

$$\mathbf{U} \overset{\text{truncate}}{\Rightarrow} \mathbf{U}_r = \begin{bmatrix} u_1 & u_2 & \cdots & u_r \end{bmatrix}$$

而矩陣 $\mathbf{V}$ 同樣也只有前 r 個行向量有效，其餘可以忽略，也就是

$$\mathbf{V} \overset{\text{truncate}}{\Rightarrow} \mathbf{V}_r = \begin{bmatrix} v_1 & v_2 & \cdots & v_r \end{bmatrix}$$

這邊稍微注意一下，圖 1.5 矩陣運算最右邊的是矩陣 $\mathbf{V}$ 經過轉置後的 $\mathbf{V}^\mathrm{T}$，所以由圖上看是保留前 r 個列向量，實際上對 $\mathbf{V}$ 而言是行向量。

而奇異值矩陣則同樣縮減了階數

$$\mathbf{\Lambda} = \begin{bmatrix} \sigma_1 & 0 & 0 & 0 & \cdots & 0 \\ 0 & \ddots & 0 & \vdots & \cdots & \vdots \\ 0 & 0 & \sigma_r & 0 & \cdots & 0 \\ 0 & \cdots & 0 & 0 & \cdots & 0 \\ \vdots & \ddots & \vdots & \vdots & \ddots & \vdots \\ 0 & \cdots & 0 & 0 & \cdots & 0 \end{bmatrix} \Rightarrow \mathbf{\Lambda}_r = \begin{bmatrix} \sigma_1 & 0 & \cdots & 0 \\ 0 & \sigma_2 & \cdots & 0 \\ \vdots & \vdots & \ddots & \vdots \\ 0 & 0 & \cdots & \sigma_r \end{bmatrix}$$

所以實際上矩陣 $\mathbf{A}$ 只需要 $\mathbf{U}_r, \mathbf{\Lambda}_r, \mathbf{V}_r$ 三個比較小的矩陣就可以還原，

$$\mathbf{A} = \mathbf{U}\mathbf{\Lambda}\mathbf{V}^\mathrm{T} = \mathbf{U}_r \mathbf{\Lambda}_r \mathbf{V}_r^\mathrm{T} = \begin{bmatrix} u_{11} & u_{12} & & u_{1r} \\ u_{21} & u_{22} & \cdots & u_{2r} \\ \vdots & \vdots & & \vdots \\ u_{m1} & u_{m2} & & u_{mr} \end{bmatrix}_{m \times r} \begin{bmatrix} \sigma_1 & 0 & \cdots & 0 \\ 0 & \sigma_2 & \cdots & 0 \\ \vdots & \vdots & \ddots & \vdots \\ 0 & 0 & \cdots & \sigma_r \end{bmatrix}_{r \times r} \begin{bmatrix} v_{11} & v_{21} & & v_{n1} \\ v_{12} & v_{22} & \cdots & v_{n2} \\ \vdots & \vdots & & \vdots \\ v_{1r} & v_{2r} & & v_{nr} \end{bmatrix}_{r \times n}$$

也就是說，儲存矩陣 $\mathbf{A}$ 需要 $m \times n$ 大小的儲存空間，而奇異值分解後則只需要 $m \times r + r \times r + r \times n = r \times (m+n+r)$ 大小的儲存空間，所以當 r 遠小於 m 和 n，也就是當 $\dfrac{m \times n}{r \times (m+n+r)} << 1$，則採用奇異值分解可以省去更多的儲存

空間。假設矩陣 $\mathbf{A}$ 大小為 $1,000 \times 200 = 200,000$，經過奇異值分解後得知奇異值 r 為 50，則奇異值分解只需要 $50 \times (1,000 + 200 + 50) = 50 \times 1,250 = 62,500$ 的儲存空間。

奇異值分解的計算方式

矩陣 $\mathbf{A}$ 的奇異值分解為 $\mathbf{A} = \mathbf{U}\mathbf{\Lambda}\mathbf{V}^{\mathrm{T}}$，矩陣 $\mathbf{A}$ 轉置為 $\mathbf{A}^{\mathrm{T}} = \mathbf{V}\mathbf{\Lambda}^{\mathrm{T}}\mathbf{U}^{\mathrm{T}}$。

矩陣 $\mathbf{U}$ 的解法等價於找 $\mathbf{A}\mathbf{A}^{\mathrm{T}}$ 的特徵向量，亦即

$$
\begin{aligned}
\mathbf{A}\mathbf{A}^{\mathrm{T}} &= \left(\mathbf{U}\mathbf{\Lambda}\mathbf{V}^{\mathrm{T}}\right)\left(\mathbf{V}\mathbf{\Lambda}^{\mathrm{T}}\mathbf{U}^{\mathrm{T}}\right) \qquad \mathbf{V}^{\mathrm{T}}\mathbf{V} = \mathbf{I} \\
\Rightarrow \mathbf{A}\mathbf{A}^{\mathrm{T}} &= \mathbf{U}\left(\mathbf{\Lambda}\mathbf{\Lambda}^{\mathrm{T}}\right)\mathbf{U}^{\mathrm{T}} \\
\Rightarrow \left(\mathbf{A}\mathbf{A}^{\mathrm{T}}\right)\mathbf{U} &= \mathbf{U}\left(\underbrace{\mathbf{\Lambda}\mathbf{\Lambda}^{\mathrm{T}}}\right)
\end{aligned}
$$

兩邊乘上 $\mathbf{U}$，且 $\mathbf{U}^{\mathrm{T}}\mathbf{U} = \mathbf{I}$

$$
\left(\mathbf{A}\mathbf{A}^{\mathrm{T}}\right)\mathbf{u}_i = \sigma_i^2 \mathbf{u}_i, \forall i = 1, 2, \ldots, m
$$

$\mathbf{u}_i$ 即為 $\mathbf{A}\mathbf{A}^{\mathrm{T}}$ 的特徵向量

因為 $\mathbf{\Lambda}\mathbf{\Lambda}^{\mathrm{T}}$ 只有對角元素，因此相乘的值為 σ_i^2

矩陣 $\mathbf{V}$ 的解法等價於找 $\mathbf{A}^{\mathrm{T}}\mathbf{A}$ 的特徵向量，亦即

$$
\begin{aligned}
\mathbf{A}^{\mathrm{T}}\mathbf{A} &= \left(\mathbf{V}\mathbf{\Lambda}^{\mathrm{T}}\mathbf{U}^{\mathrm{T}}\right)\left(\mathbf{U}\mathbf{\Lambda}\mathbf{V}^{\mathrm{T}}\right) \qquad \mathbf{U}^{\mathrm{T}}\mathbf{U} = \mathbf{I} \\
\Rightarrow \mathbf{A}^{\mathrm{T}}\mathbf{A} &= \mathbf{V}\left(\mathbf{\Lambda}^{\mathrm{T}}\mathbf{\Lambda}\right)\mathbf{V}^{\mathrm{T}} \\
\Rightarrow \left(\mathbf{A}^{\mathrm{T}}\mathbf{A}\right)\mathbf{V} &= \mathbf{V}\left(\underbrace{\mathbf{\Lambda}^{\mathrm{T}}\mathbf{\Lambda}}\right)
\end{aligned}
$$

兩邊乘上 $\mathbf{V}$，且 $\mathbf{V}^{\mathrm{T}}\mathbf{V} = \mathbf{I}$

$$
\left(\mathbf{A}^{\mathrm{T}}\mathbf{A}\right)\mathbf{v}_i = \sigma_i^2 \mathbf{v}_i, \forall i = 1, 2, \ldots, n
$$

$\mathbf{v}_i$ 即為 $\mathbf{A}^{\mathrm{T}}\mathbf{A}$ 的特徵向量

因為 $\mathbf{\Lambda}^{\mathrm{T}}\mathbf{\Lambda}$ 只有對角元素，因此相乘的值為 σ_i^2

此處需要注意：

1. $\mathbf{V}$ 和 $\mathbf{U}$ 在前述推導過程中是假設矩陣為單位正交矩陣（也就是 $\mathbf{V}^T\mathbf{V}=\mathbf{I}$ 和 $\mathbf{U}^T\mathbf{U}=\mathbf{I}$），但在特徵分解過程中的特徵向量如果沒有進行單位化（即 *normalization* 使其長度為 1），則特徵矩陣並非單位正交矩陣，因此在解特徵分解後必須將特徵向量進行單位化。

2. $\mathbf{AA}^T$ 為 $m \times m$ 的方陣，$\mathbf{A}^T\mathbf{A}$ 為 $n \times n$ 的方陣，且 $\mathbf{AA}^T$ 和 $\mathbf{A}^T\mathbf{A}$ 皆為半正定矩陣（其特徵值必須大於等於 0），因此可利用特徵分解。但是透過特徵分解並無法求得奇異值矩陣 $\mathbf{\Lambda}$，求得的特徵矩陣為 $\left(\mathbf{\Lambda\Lambda}^T\right)_{m \times m}$ 和 $\left(\mathbf{\Lambda}^T\mathbf{\Lambda}\right)_{n \times n}$。

由前面介紹，讀者應該可知當矩陣 $\mathbf{A}$ 的 rank$(\mathbf{A}) = r$，則

$$\mathbf{A} = \mathbf{U}_r\mathbf{\Lambda}_r\mathbf{V}_r^T$$

因此藉由推導可以得到下列關係式，

$$\mathbf{A} = \mathbf{U}_r\mathbf{\Lambda}_r\mathbf{V}_r^T \Rightarrow \mathbf{AV}_r = \mathbf{U}_r\mathbf{\Lambda}_r$$

$$\mathbf{A}^T = \left(\mathbf{U}_r\mathbf{\Lambda}_r\mathbf{V}_r^T\right)^T = \mathbf{V}_r\mathbf{\Lambda}_r\mathbf{U}_r^T \Rightarrow \mathbf{A}^T\mathbf{U}_r = \mathbf{V}_r\mathbf{\Lambda}_r$$

$$\Rightarrow \begin{cases} \mathbf{AV}_r = \mathbf{U}_r\mathbf{\Lambda}_r \\ \mathbf{A}^T\mathbf{U}_r = \mathbf{V}_r\mathbf{\Lambda}_r \end{cases}$$

$$\Rightarrow \begin{cases} \mathbf{Av}_i = \sigma_i\mathbf{u}_i \\ \mathbf{A}^T\mathbf{u}_i = \sigma_i\mathbf{v}_i \end{cases}, \forall i = 1, 2, ..., r$$

因此解出 $\mathbf{U}$（或 $\mathbf{V}$）與對應的 $\sigma_i, \forall i = 1, 2, ..., r$，藉由特徵分解的結果，則可以很容易推出 $\mathbf{V}$（或 $\mathbf{U}$）。

奇異值分解範例

假設矩陣 $\mathbf{A} = \begin{bmatrix} 3 & 2 & 2 \\ 2 & 3 & -2 \end{bmatrix}$，請將矩陣 $\mathbf{A}$ 進行奇異值分解。提示：

$\mathbf{A} = \mathbf{U}\boldsymbol{\Lambda}\mathbf{V}^{\mathrm{T}}$，求 $\mathbf{U}$、$\mathbf{V}$ 和 $\boldsymbol{\Lambda}$。

$$\mathbf{U} = \begin{bmatrix} \mathbf{u}_1 & \mathbf{u}_2 \end{bmatrix}, \boldsymbol{\Lambda} = \begin{bmatrix} \sigma_1 & 0 & 0 \\ 0 & \sigma_2 & 0 \end{bmatrix}, \mathbf{V} = \begin{bmatrix} \mathbf{v}_1 & \mathbf{v}_2 & \mathbf{v}_3 \end{bmatrix}$$

***Step* 1.** 計算 $\mathbf{AA}^{\mathrm{T}}$

$$\mathbf{AA}^{\mathrm{T}} = \begin{bmatrix} 3 & 2 & 2 \\ 2 & 3 & -2 \end{bmatrix} \begin{bmatrix} 3 & 2 \\ 2 & 3 \\ 2 & -2 \end{bmatrix} = \begin{bmatrix} 17 & 8 \\ 8 & 17 \end{bmatrix}$$

***Step* 2.** 求 $\mathbf{AA}^{\mathrm{T}}$ 的特徵分解得到 $\boldsymbol{\Lambda}$

$$\det(\mathbf{AA}^{\mathrm{T}} - \lambda\mathbf{I}) = 0$$
$$\Rightarrow \det\left(\begin{bmatrix} 17 - \lambda & 8 \\ 8 & 17 - \lambda \end{bmatrix}\right) = 0$$
$$\Rightarrow \lambda^2 - 34\lambda + 255 = 0$$
$$\Rightarrow (\lambda - 25)(\lambda - 9) = 0$$
$$\Rightarrow \lambda = 25 \; or \; 9$$

因此特徵值大至小排序為 $\lambda_1 = 25, \lambda_2 = 9$，奇異值為非負正數：

$\sigma_1 = \sqrt{\lambda_1} = \sqrt{25} = 5, \sigma_2 = \sqrt{\lambda_2} = \sqrt{9} = 3$，則可得奇異值對角矩陣為

$$\boldsymbol{\Lambda} = \begin{bmatrix} \sigma_1 & 0 & 0 \\ 0 & \sigma_2 & 0 \end{bmatrix} = \begin{bmatrix} 5 & 0 & 0 \\ 0 & 3 & 0 \end{bmatrix}$$

Step 3. 由特徵值得到 U

當 $\sigma_1 = 5$，

$$\left(\mathbf{A}\mathbf{A}^\mathrm{T} - \sigma_1^2 \mathbf{I}\right)\mathbf{u}_1 = 0$$

$$\begin{bmatrix} 17-25 & 8 \\ 8 & 17-25 \end{bmatrix} \begin{bmatrix} u_{11} \\ u_{21} \end{bmatrix} = \begin{bmatrix} 0 \\ 0 \end{bmatrix}$$

$$\Rightarrow -8u_{11} + 8u_{21} = 0 \Rightarrow u_{11} = u_{21}$$

$$\Rightarrow \mathbf{u}_1 = \begin{bmatrix} u_{11} \\ u_{21} \end{bmatrix} = \begin{bmatrix} 1/\sqrt{2} \\ 1/\sqrt{2} \end{bmatrix} \quad \leftarrow \text{特徵向量經過單位化，長度為 1}$$

當 $\sigma_2 = 3$，

$$\left(\mathbf{A}\mathbf{A}^\mathrm{T} - \sigma_2^2 \mathbf{I}\right)\mathbf{u}_2 = 0$$

$$\begin{bmatrix} 17-9 & 8 \\ 8 & 17-9 \end{bmatrix} \begin{bmatrix} u_{12} \\ u_{22} \end{bmatrix} = \begin{bmatrix} 0 \\ 0 \end{bmatrix}$$

$$\Rightarrow 8u_{12} + 8u_{22} = 0 \Rightarrow u_{12} = -u_{22}$$

$$\Rightarrow \mathbf{u}_2 = \begin{bmatrix} u_{12} \\ u_{22} \end{bmatrix} = \begin{bmatrix} -1/\sqrt{2} \\ 1/\sqrt{2} \end{bmatrix} \quad \leftarrow \text{特徵向量經過單位化，長度為 1}$$

因此

$$\mathbf{U} = \begin{bmatrix} \mathbf{u}_1 & \mathbf{u}_2 \end{bmatrix} = \begin{bmatrix} u_{11} & u_{12} \\ u_{21} & u_{22} \end{bmatrix} = \begin{bmatrix} 1/\sqrt{2} & -1/\sqrt{2} \\ 1/\sqrt{2} & 1/\sqrt{2} \end{bmatrix} \quad \leftarrow \text{此為正交矩陣}$$

Step 4. 由特徵值得到 V

又因為

$$\mathbf{A}^T\mathbf{u}_i = \sigma_i\mathbf{v}_i \Rightarrow \mathbf{v}_i = \frac{1}{\sigma_i}\mathbf{A}^T\mathbf{u}_i, i = 1, 2$$

當 $\sigma_1 = 5$，

$$\mathbf{v}_1 = \frac{1}{\sigma_1}\mathbf{A}^T\mathbf{u}_1 \Rightarrow \begin{bmatrix} v_{11} \\ v_{21} \\ v_{31} \end{bmatrix} = \frac{1}{5}\begin{bmatrix} 3 & 2 \\ 2 & 3 \\ 2 & -2 \end{bmatrix}\begin{bmatrix} 1/\sqrt{2} \\ 1/\sqrt{2} \end{bmatrix} = \begin{bmatrix} 1/\sqrt{2} \\ 1/\sqrt{2} \\ 0 \end{bmatrix}$$

當 $\sigma_2 = 3$，

$$\mathbf{v}_2 = \frac{1}{\sigma_2}\mathbf{A}^T\mathbf{u}_2 \Rightarrow \begin{bmatrix} v_{12} \\ v_{22} \\ v_{32} \end{bmatrix} = \frac{1}{3}\begin{bmatrix} 3 & 2 \\ 2 & 3 \\ 2 & -2 \end{bmatrix}\begin{bmatrix} -1/\sqrt{2} \\ 1/\sqrt{2} \end{bmatrix} = \begin{bmatrix} -1/\sqrt{18} \\ 1/\sqrt{18} \\ -4/\sqrt{18} \end{bmatrix}$$

因為 V 是單位正交矩陣，所以

$$\mathbf{v}_1\mathbf{v}_3^T = 0 \Rightarrow 1/\sqrt{2}\, v_{13} + 1/\sqrt{2}\, v_{23} = 0 \Rightarrow v_{13} = -v_{23}$$

$$\mathbf{v}_2\mathbf{v}_3^T = 0 \Rightarrow -1/\sqrt{18}\, v_{13} + 1/\sqrt{18}\, v_{23} + -4/\sqrt{18}\, v_{33} = 0 \Rightarrow v_{33} = 0.5v_{23}$$

$$\mathbf{v}_3 = \begin{bmatrix} v_{13} \\ v_{23} \\ v_{33} \end{bmatrix} = \begin{bmatrix} -v_{23} \\ v_{23} \\ 0.5v_{23} \end{bmatrix}, \quad 單位化後\ \mathbf{v}_3 = \begin{bmatrix} -\dfrac{2}{3} \\ \dfrac{2}{3} \\ \dfrac{1}{3} \end{bmatrix}$$

因此

$$\mathbf{V} = \begin{bmatrix} v_1 & v_2 & v_3 \end{bmatrix} = \begin{bmatrix} v_{11} & v_{12} & v_{13} \\ v_{21} & v_{22} & v_{23} \\ v_{31} & v_{32} & v_{33} \end{bmatrix} = \begin{bmatrix} 1/\sqrt{2} & -1/\sqrt{18} & -\dfrac{2}{3} \\ 1/\sqrt{2} & 1/\sqrt{18} & \dfrac{2}{3} \\ 0 & -4/\sqrt{18} & \dfrac{1}{3} \end{bmatrix} \quad \leftarrow 此為正交矩陣$$

Step 5. 得到奇異值分解的結果

如此我們即已算出 **U**、**Λ**、**V**，將其代回去做驗算即可回到原本的 **A**。

$$\mathbf{A} = \mathbf{U}\mathbf{\Lambda}\mathbf{V}^{\mathrm{T}} = \begin{bmatrix} 1/\sqrt{2} & -1/\sqrt{2} \\ 1/\sqrt{2} & 1/\sqrt{2} \end{bmatrix} \begin{bmatrix} 5 & 0 & 0 \\ 0 & 3 & 0 \end{bmatrix} \begin{bmatrix} 1/\sqrt{2} & 1/\sqrt{2} & 0 \\ -1/\sqrt{18} & 1/\sqrt{18} & -4/\sqrt{18} \\ -\dfrac{2}{3} & \dfrac{2}{3} & \dfrac{1}{3} \end{bmatrix}$$

$$= \begin{bmatrix} 3 & 2 & 2 \\ 2 & 3 & -2 \end{bmatrix}$$

我們最後整理一下：

- 當矩陣為方陣時，可以利用特徵分解的方法，用特徵值與特徵向量將矩陣分解成 $\mathbf{A} = \mathbf{V}\mathbf{\Lambda}\mathbf{V}^{-1}$ 的矩陣相乘。

- 如果不是方陣時，則可利用奇異值分解將矩陣分解成 $\mathbf{A} = \mathbf{U}\mathbf{\Lambda}\mathbf{V}^{\mathrm{T}}$ 的矩陣相乘，其中 **U**、**V** 需為正交矩陣。

- 矩陣分解過程好像很繁雜，其實它在數學上或機器學習上都有許多用途，在本書的後續章節也會看到它們的應用。

機器學習相關機率論

機器學習的統計是建立在機率論之上，要如何從收集到的資料進行合理的推論，就必須了解機率的基本原理。機率是機器學習非常重要的基礎，機器學習的理論基礎都是基於機率衍生出來的。

2.1　集合

集合 (*set*) 是由一些有確定意義或是具有特定性質的事物組合而成，集合內的事物稱為元素 (*element*)，若 x 是集合 A 的元素，其數學寫法是 $x \in A$ (唸做 x 屬於 A)。

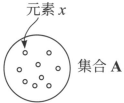

假設有三顆一樣大小但顏色不同的球，分別為紅球、白球和黑球，寫成集合就是 {紅球, 白球, 黑球}。

這三顆球都是集合 {紅球, 白球, 黑球} 的元素，也就是紅球 ∈ {紅球, 白球, 黑球}、白球 ∈ {紅球, 白球, 黑球}、黑球 ∈ {紅球, 白球, 黑球}。

不同的情況 (元素) 可以組合成不同的集合。例如從紅、白、黑三顆球中任取兩顆的情況會是紅白、紅黑、白黑，這三種情況組成的集合則為

取兩顆球的集合 = {紅白, 紅黑, 白黑}

集合中的各個元素沒有順序性，例如 {1, 2, 3}、{2, 3, 1}、{3, 1, 2} 都是相同的集合。而且集合中的每個元素都必須不同，例如兩顆相同的紅球、一顆黑球的集合是 {紅球, 黑球}，不能寫成 {紅球, 紅球, 黑球}，除非這兩顆紅球有區別出紅球 1 與紅球 2，則集合就會是 {紅球 1, 紅球 2, 黑球}。

相信讀者在高中就已學過集合的觀念，在此快速複習一下。下面是集合的邏輯運算定義，在後面都會用到：

- **宇集合 (*Universal set*)**：所有可能的元素組成的集合，記為 Ω 或 U。例如六面骰子所有可能出現的點數組成的集合可寫為 $\Omega=\{1,2,3,4,5,6\}$。

- **空集合 (*empty set*)**：集合內無任何一個元素稱為空集合，數學常以 $\emptyset$ 表示。

- **子集合 (*Subset*)**：若集合 A 之每一個元素皆為集合 B 的元素，則稱集合 A 為集合 B 的子集合，數學表示法為 $A \subset B$ (唸做 A 包含於 B)。

  子集合範例：$A=\{1,2,3,4\}$，$B=\{1,2,3,4,5,6\}$，則 $A \subset B$。

- **交集 (*Intersection set*)**：集合 A 與集合 B 所有共同擁有的元素所構成的集合稱為交集 (圖 2.1 (a))，數學表示法為 $A \bigcap B$。

  交集範例：$A=\{1,2,3,4\}$，$B=\{3,4,5,6,7\}$，則 $A \bigcap B=\{3,4\}$。

- **聯集 (*Union set*)**：集合 A 與集合 B 所有元素的集合稱為聯集 (圖 2.1 (b))，數學表示法為 $A \bigcup B$。

  聯集範例：$A=\{1,2,3,4\}$，$B=\{3,4,5,6,7\}$，
  則 $A \bigcup B=\{1,2,3,4,5,6,7\}$。

- **補集合 (*Complement*)**：若集合 A 為集合 B 的子集合，則將集合 B 排除集合 A 所有元素組成的集合稱為 A 的「相對補集合」(圖 2.1(c))，記為 $B \mid A$ 或 $B\text{-}A$。如果集合 B 就是宇集合 Ω，則 $\Omega \mid A$ 是 A 的「絕對補集合」，記為 $\overline{A}$。

  補集合範例：$A=\{1,2,3,4\}$，$B=\{1,2,3,4,5,6\}$，
  則 $A \subset B$，$B\text{-}A=\{5,6\}$。

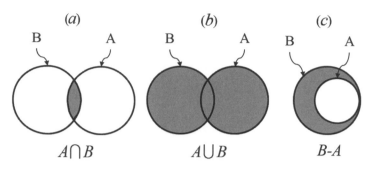

(a) (b) (c)

$A \bigcap B$ $A \bigcup B$ $B\text{-}A$

圖 2.1 (a) 交集、(b) 聯集、(c) 補集合

2.2　隨機試驗與樣本空間

隨機試驗 (*Random trial*) 是指無法在事前預知結果的試驗。隨機試驗的每種可能結果稱為**樣本點** (*Sample point*)，或稱**基本出象** (*Elementary outcome*)，所有可能樣本點的集合稱為**樣本空間** (*Sample space*)，用 Ω 表示。

2.2.1　隨機試驗範例

範例 1：一次抽一顆球

「一個公正的袋子裡面放了三顆一樣大小但顏色不同的球，分別為紅色 (R)、白色 (W) 和黑色 (B)，要從這個袋子抽出一顆球來」。從袋子抽出一顆球就是一個隨機試驗，此隨機試驗的所有可能結果是「紅球」、「白球」、「黑球」，所以從袋子抽出一顆球的隨機試驗的樣本空間就是

$$\Omega = \{R, W, B\}$$

範例 2：一次抽兩顆球

「一個公正的袋子裡面放了三顆一樣大小但顏色不同的球,分別為紅色 (R)、白色 (W) 和黑色 (B),要從這個袋子一次抽出兩顆球來」。從袋子一次抽出兩顆球來就是一個隨機試驗,此隨機試驗的樣本點就是抽出「紅球和白球」、「紅球和黑球」、「白球和黑球」,一次抽出兩顆球的樣本空間就是

$$\Omega = \{RW, RB, WB\}$$

由這兩個範例可以清楚知道,雖然都是紅、白、黑球,但因為隨機試驗的內容不同,樣本空間也不同。

公正的意思代表樣本點出現的次數趨於相同

我們在上面隨機試驗的範例中用到「公正」的袋子一詞,意思是指在「從袋子抽出一顆球」的隨機試驗中,袋子裡只會有紅球、白球和黑球各一顆,所以我們一開始並無法正確預測抽出的結果會是哪一個顏色的球,但當我們重複此隨機試驗 (抽出需放回),只要試驗次數夠多 (比如說一億、十億、一百億次),三個樣本點出現的次數 / 頻率在理論上會趨近於相同,也就是每顆球被抽出的「可能性」是一樣的,這就是我們說的公正,也稱為公平。

2.2.2　隨機試驗與公正與否

只要隨機試驗的次數夠多,樣本空間中每個樣本點出現的次數會趨於相同,真的是這樣嗎?答案是不一定!那是因為在高中課本為了簡化問題而「假設」骰子、硬幣都是公正的 (叫做**古典機率理論**)。然而,這種「理論上的假設」在真實世界中通常不成立,例如骰子、硬幣的各面結構不同,我

們不能百分百確定各面出現的機率相等，此時就要做大量的隨機試驗，記錄樣本空間中的各樣本點出現次數，例如擲了骰子 n 次，得到 1 點 k_1 次、2 點 k_2 次、…、6 點 k_6 次，當 n 夠大時，我們就推論這 6 個樣本出現的機率分別是 $\dfrac{k_1}{n}$、$\dfrac{k_2}{n}$、$\dfrac{k_3}{n}$、$\dfrac{k_4}{n}$、$\dfrac{k_5}{n}$、$\dfrac{k_6}{n}$，其中 $k_1 + k_2 + k_3 + k_4 + k_5 + k_6 = n$。這種以實驗觀察來決定樣本點出現機率的方式叫做**頻率理論**或**客觀機率理論**。本書為簡單起見，若未特別提及，皆以古典機率理論為原則，但請讀者小心注意其適用範圍。

範例：投擲一個（不確定是否公正）六面骰子一次

投擲一個六面骰子一次就是一個隨機試驗，此隨機試驗的樣本點就是點數 1、點數 2、點數 3、點數 4、點數 5 和點數 6，它的樣本空間就是

$$\Omega = \{點數1, 點數2, 點數3, 點數4, 點數5, 點數6\}。$$

" 當這個骰子為公正骰子 "，樣本點為點數 1、點數 2、點數 3、點數 4、點數 5、點數 6，投擲這個骰子 6 億次，統計樣本點出現的次數理論上是各 1 億次。但若這個骰子被灌鉛，這樣被灌鉛的那面比較重，輕的那面更容易朝上，也就是這個骰子已經不公正了，其樣本點一樣為點數 1、點數 2、點數 3、點數 4、點數 5、點數 6，即使經過 6 億次的隨機試驗後，點數出現的次數也不會一樣，這時就不能使用古典機率而要使用客觀機率理論了。

2.3 事件

在機率論中，事件 (event) 指的是隨機試驗中在某條件下發生的事情。

2.3.1 基本事件與複合事件

在隨機試驗中,我們將最基本的事件,也就是由單一個樣本點構成的事件稱為**基本事件 (*simple event*)**,也稱為單位事件或簡單事件;由多個樣本點組成的事件稱為**複合事件 (*complex event*)**。不管是單一樣本點或多樣本點都是樣本空間的子集合,因此**樣本空間的子集合都是事件,而任何一個事件都是樣本空間的一個子集**。因為事件是集合,所以 2.1 節的集合性質都適用於事件。

舉例來說,當我們的問題為「投擲公正骰子一次」,有點數 1、點數 2、點數 3、點數 4、點數 5、點數 6 這六個樣本點,則投擲公正骰子一次的樣本空間為 $\Omega=\{(1), (2), (3), (4), (5), (6)\}$。

投擲公正骰子一次會「出現點數 1」的事件為 $\{(1)\}$,這樣的事件稱為基本事件。而骰子「出現點數為奇數」的事件為 $\{(1), (3), (5)\}$,裡面包括 3 個基本事件,這樣的事件稱為複合事件。

這裡有個很重要的觀念就是:事件是一個條件,例如「出現點數 1」或「出現點數為奇數」等等。事件的條件會把樣本空間裡符合條件的樣本點撈出來,這些被撈出來的樣本點都是樣本空間的「子集合」。

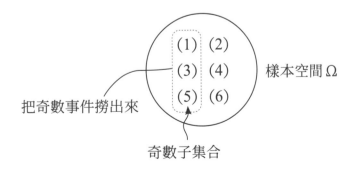

2.3.2 事件空間

在隨機試驗中可能發生的所有事件所構成的空間 (集合) 就稱為事件空間 (S)。這裡很容易和樣本空間搞混，**樣本空間是隨機試驗所有可能結果 (outcome) 的集合，而事件空間是在隨機試驗下所有事件組成的空間**。例如「投擲公正骰子一次」，這樣產生的樣本空間為

$$\Omega = \{(1), (2), (3), (4), (5), (6)\}$$

若「投擲公正骰子一次，點數大於 4 的事件」，則符合該事件條件的隨機試驗結果為：

$$\{(5), (6)\}$$

若「投擲公平骰子一次，點數為奇數的事件」，則符合該事件條件的隨機試驗結果為：

$$\{(1), (3), (5)\}$$

以上的 $\{(5), (6)\}$、$\{(1), (3),(5)\}$ 都是「投擲骰子一次」的樣本空間 6 個樣本點的子集合，因為每個樣本點皆有「發生」和「沒發生」兩種可能，所以可能的事件總數有 $2^6 = 64$ 個，此即為事件空間。我們前述的兩個事件就是這事件空間中的兩個。

表 2-1、投擲公正骰子一次的所有事件 (事件空間)

事件空間 ＼ 樣本點	點數 1	點數 2	點數 3	點數 4	點數 5	點數 6
事件 1 例如：點數 1~6 都不出現	X	X	X	X	X	X
事件 2 例如：出現點數 1	O	X	X	X	X	X
事件 3 例如：出現點數 2	X	O	X	X	X	X

事件 4 例如：出現點數 3	X	X	O	X	X	X
事件 5 例如：出現點數 4	X	X	X	O	X	X
事件 6 例如：出現點數 5	X	X	X	X	O	X
事件 7 例如：出現點數 6	X	X	X	X	X	O
事件 8 例如：出現點數小於 3	O	O	X	X	X	X
……						
事件 64 例如：出現點數 1~6 任一	O	O	O	O	O	O
O：樣本點發生，兩個或以上個 O 代表任一而且同時發生 X：樣本點沒發生						

一個集合的所有子集合所構成的集合稱為**冪集合**(*Power set*)，若該集合有 N 個元素，則冪集合元素的總數為 2^N。我們說事件是樣本空間的子集合，因此定義於某樣本空間的事件構成的集合就是該樣本空間的冪集合。以表 2-1 而言，樣本空間的樣本點有 6 個，所以可組出 2^6 個子集合，而子集合即事件，因此事件空間共有 $2^6 = 64$ 個事件。

在隨機試驗中，包含所有樣本點的事件稱為必然事件，或稱為**全事件**（也就是 Ω），表 2-1 的事件 64 就是必然事件。如果隨機試驗中事件空間裡不包含任何樣本點的事件 ($\emptyset$)，則稱為不可能事件，或稱為**空事件**，表 2-1 的事件 1 就是不可能事件。

將問題變得更難一些：「投擲公正骰子兩次的樣本空間為何？」，則樣本空間為：

$$\Omega = \begin{Bmatrix} (1, 1), (1, 2), (1, 3), (1, 4),(1, 5), (1, 6), \\ (2, 1), (2, 2), (2, 3), (2, 4),(2, 5), (2, 6), \\ (3, 1), (3, 2), (3, 3), (3, 4), (3, 5), (3, 6), \\ (4, 1), (4, 2), (4, 3), (4, 4), (4, 5), (4, 6), \\ (5, 1), (5, 2), (5, 3), (5, 4), (5, 5), (5, 6), \\ (6, 1), (6, 2), (6, 3), (6, 4), (6, 5), (6, 6), \end{Bmatrix}$$(第一次擲骰, 第二次擲骰)

投擲公正骰子一次的樣本點只有 6 個，分別為 (1)、(2)、(3)、(4)、(5)、(6)，但骰子投擲兩次的樣本點則有 $6 \times 6 = 36$ 個，分別為 (1, 1)、(1, 2)、…、(6, 6)，因此骰子投擲兩次所有可能的事件有 2^{36} 個 (即冪集合的元素總數)，這 2^{36} 個事件所組成的集合就是投擲 2 個骰子的事件空間 (*Event space*)。

例如：「投擲公正骰子兩次，點數和為 11」的事件為：

$$S = \{(5, 6), (6, 5)\}$$(第一次擲骰, 第二次擲骰)

再如，「投擲公正骰子兩次，點數皆為偶數」的事件為：

$$S = \{(2, 2), (2, 4), (2, 6), (4, 2), (4, 4), (4, 6), (6, 2), (6, 4), (6, 6)\}$$(第一次擲骰, 第二次擲骰)

這兩個例子都是屬於 2^{36} 個的其中之一。

2.4 事件的機率

事件的機率就是描述某個事件發生的可能性測度，值越大代表這個事件發生的可能性越大，反之亦然。

事件的發生機率的定義如下，假設在一個有限的樣本空間(Ω)下，對於某個事件發生的機率($p(S)$)定義為：

$$p(S) = \frac{n(S)}{n(\Omega)} \quad \text{..................................... (2.1)}$$

$n(S)$和$n(\Omega)$分別代表事件(S)和樣本空間(Ω)的樣本點個數（這裡是假設各樣本點發生的機率一樣，就像之前講的公正骰子。若各樣本點發生的機率不同，則是把各樣本點發生的機率加總做為事件發生的機率）。

例如前面提及「從公正的袋子(內含有黑色、紅色和白色球各一顆)中抽出一顆球」的範例，「隨機試驗」就是「從袋子中抽出一顆球」，樣本空間為

$$\Omega = \{B, W, R\}$$

如果事件為：

「抽出的這顆球為紅色(R)」的事件為$S_R = \{R\}$，則事件機率為

$$p(S_R) = \frac{n(S_R)}{n(\Omega)} = \frac{n(\{R\})}{n(\{B, W, R\})} = \frac{1}{3}$$

「抽出的這顆球為白色(W)」的事件為$S_W = \{W\}$，則事件機率為

$$p(S_W) = \frac{n(S_W)}{n(\Omega)} = \frac{n(\{W\})}{n(\{B, W, R\})} = \frac{1}{3}$$

「抽出的這顆球為黑色」的事件為$S_B = \{B\}$，則事件機率為

$$p(S_B) = \frac{n(S_B)}{n(\Omega)} = \frac{n(\{B\})}{n(\{B, W, R\})} = \frac{1}{3}$$

在我們重複試驗 3 萬次，經由累計可以得到不同顏色的球出現的次數，理論上：

紅色球出現的事件次數為

$$30000 \times p\left(S_R\right) = \frac{1}{3} \times 30000 = 10000$$

白色球出現的事件次數為

$$30000 \times p\left(S_W\right) = \frac{1}{3} \times 30000 = 10000$$

黑色球出現的事件次數為

$$30000 \times p\left(S_B\right) = \frac{1}{3} \times 30000 = 10000$$

2.4.1 事件機率三大公理

必然事件 $(S = \Omega)$ 的機率依據上述公式可得到：

$$p\left(S = \Omega\right) = \frac{n\left(S = \Omega\right)}{n\left(\Omega\right)} = \frac{n\left(\Omega\right)}{n\left(\Omega\right)} = 1$$

不可能事件 $(S = \emptyset)$ 的機率則為：

$$p\left(S = \emptyset\right) = \frac{n\left(S = \emptyset\right)}{n\left(\Omega\right)} = \frac{0}{n\left(\Omega\right)} = 0$$

因此所有事件的機率範圍為：

$$0 = p(\emptyset) \le p(S) \le p(\Omega) = 1$$

當事件發生的機率為 1（100%），則代表這個事件為必然事件，必定發生；當事件發生的機率為 0，則代表這個事件為不可能事件，必定不會發生；因此任何事件發生的機率會介於 0～1 之間。因為事件是 Ω 的子集合，我們可由集合的性質得到，對於任何 A、B 兩事件，$p(A \cup B) = p(A) + P(B) - p(A \cap B)$，詳見 2.4.4 節公式 (2.2)。若 A 和 B 無交集 (不相交事件)，則 $p(A \cap B) = 0$，因此 $p(A \cup B) = p(A) + P(B)$。

以上，我們可以得到事件機率的三大公理：

第一公理(非負性質)： 機率必須大於等於 0，對任意一個事件 x，$p(x) \ge 0$。

第二公理(全機率為 1)： Ω 為所有可能結果的集合，稱為樣本空間，其樣本空間的總集合機率為 1，$p(\Omega) = 1$。注意此公理會廣泛被用在機器學習和深度學習中，例如深度學習常用的 *softmax* 函數就是為了達到機率第一和第二公理。

第三公理 (機率的可加性)： 任意兩兩不相交事件 ($E_1, E_2, ...$) 滿足 $p(\bigcup_{i=1}^{\infty} E_i) = \sum_{i=1}^{\infty} p(E_i)$。

2.4.2　事件機率相同的例子

範例 1： 有一公正六面骰子，六面的點數分別為點數 1、點數 2、點數 3、點數 4、點數 5、點數 6，投擲一次骰子出現點數 2 的機率為何？

此問題為「投擲一次骰子」，其樣本空間 (Ω) 為

$$\Omega = \{1,\ 2,\ 3,\ 4,\ 5,\ 6\}$$

「投擲一次骰子出現點數 2」的事件為

$$S = \{2\}$$

如此一來，此事件機率為

$$p(S) = \frac{n(S)}{n(\Omega)} = \frac{1}{6}$$

同理也可推出「投擲一次骰子出現點數 1」、「投擲一次骰子出現點數 3」、⋯、「投擲一次骰子出現點數 6」事件的機率皆為 $\frac{1}{6}$。

範例 2： 有一個公正袋子內有黑球 (B)、紅球 (R) 和白球 (W) 各一顆，從袋子隨機抽出一顆球兩次，被抽出的球在下一次抽球前需放回袋子內，則

(1) 出現一次紅球一次白球的機率為何？

(2) 出現兩次都為黑球的機率為何？

「袋子隨機抽出一個球兩次」的樣本空間 (Ω) 為：

$$\Omega = \begin{cases} (R,\ R),\ (R,\ W),\ (R,\ B), \\ (W,\ R),\ (W,\ W),\ (W,\ B), \\ (B,\ R),\ (B,\ W),\ (B,\ B) \end{cases}$$ (第一次抽球, 第二次抽球)

(1) 「從袋子隨機抽出一個球兩次，出現一次紅球與一次白球」事件 (S) 為：

$$S = \{(R,\ W),\ (W,\ R)\}$$ (第一次抽球, 第二次抽球)

此事件機率為：

$$p(S) = \frac{n(S)}{n(\Omega)} = \frac{2}{9}$$

(2)「從袋子隨機抽出一個球兩次，兩次都為黑球」事件（S）為：

$$S = \{(B, B)\}_{\text{(第一次抽球, 第二次抽球)}}$$

此事件機率為：

$$p(S) = \frac{n(S)}{n(\Omega)} = \frac{1}{9}$$

範例 3：承範例 1 的公正骰子，投擲這個公正骰子兩次，點數和的所有可能的機率分別為何？

在 2.3.2 節我們已經介紹過，投擲公正骰子兩次的樣本空間為：

$$\Omega = \begin{cases} (1, 1), (1, 2), (1, 3), (1, 4), (1, 5), (1, 6), \\ (2, 1), (2, 2), (2, 3), (2, 4), (2, 5), (2, 6), \\ (3, 1), (3, 2), (3, 3), (3, 4), (3, 5), (3, 6), \\ (4, 1), (4, 2), (4, 3), (4, 4), (4, 5), (4, 6), \\ (5, 1), (5, 2), (5, 3), (5, 4), (5, 5), (5, 6), \\ (6, 1), (6, 2), (6, 3), (6, 4), (6, 5), (6, 6), \end{cases}_{\text{(第一次擲骰, 第二次擲骰)}}$$

點數和的所有可能結果分別為 2、3、4、…、12，所有可能發生事件的集合為：

$$S = \{S_1, S_2, S_3, S_4, S_5, S_6, S_7, S_8, S_9, S_{10}, S_{11}\}$$

投擲公正骰子兩次 點數和為 x	事件 (S_i)	$n(S_i)$	$p(S_i) = \dfrac{n(S_i)}{n(\Omega)}$
$x=2$	$S_1 = \{(1,1)\}$	1	$\dfrac{1}{36}$
$x=3$	$S_2 = \{(1,2),(2,1)\}$	2	$\dfrac{2}{36}$
$x=4$	$S_3 = \{(1,3),(2,2),(3,1)\}$	3	$\dfrac{3}{36}$
$x=5$	$S_4 = \{(1,4),(2,3),(3,2),(4,1)\}$	4	$\dfrac{4}{36}$
$x=6$	$S_5 = \{(1,5),(2,4),(3,3),(4,2),(5,1)\}$	5	$\dfrac{5}{36}$
$x=7$	$S_6 = \{(1,6),(2,5),(3,4),(4,3),(5,2),(6,1)\}$	6	$\dfrac{6}{36}$
$x=8$	$S_7 = \{(2,6),(3,5),(4,4),(5,3),(6,2)\}$	5	$\dfrac{5}{36}$
$x=9$	$S_8 = \{(3,6),(4,5),(5,4),(6,3)\}$	4	$\dfrac{4}{36}$
$x=10$	$S_9 = \{(4,6),(5,5),(6,4)\}$	3	$\dfrac{3}{36}$
$x=11$	$S_{10} = \{(5,6),(6,5)\}$	2	$\dfrac{2}{36}$
$x=12$	$S_{11} = \{(6,6)\}$	1	$\dfrac{1}{36}$

所以「點數和的所有可能的事件」的機率和，就是全機率：

$$\frac{1}{36} + \frac{2}{36} + \frac{3}{36} + \frac{4}{36} + \frac{5}{36} + \frac{6}{36} + \frac{5}{36} + \frac{4}{36} + \frac{3}{36} + \frac{2}{36} + \frac{1}{36} = 1$$

從事件的角度來看全機率：

$$p\left(S_1(\text{點數和為}2)\right)+p\left(S_2(\text{點數和為}3)\right)+...+p\left(S_{11}(\text{點數和為}12)\right)$$

$$=\frac{n(S_1)}{n(\Omega)}+\frac{n(S_2)}{n(\Omega)}+...+\frac{n(S_{12})}{n(\Omega)}=\frac{\sum_{i=1}^{11}n(S_i)}{n(\Omega)}$$

$$=\frac{n\left(\{(1,1)\}\right)+n\left(\{(1,2),(2,1)\}\right)+...+n\left(\{(6,6)\}\right)}{n(\Omega)}=\frac{n(S)}{n(\Omega)}=\frac{n(\Omega)}{n(\Omega)}=1$$

這裡 S 和 Ω 都是全機率事件，只不過 S 是投擲 2 顆骰子點數和的隨機試驗的樣本空間，而 Ω 則是分別觀察 2 顆骰子點數的隨機試驗的樣本空間。你也可以把 S 看成是 Ω 的分割 (partition)，見 2.4.4 節第 2-23 頁。請注意！全機率事件指的是樣本空間 Ω，但除了全機率事件，事件空間還包含 Ω 的各個子集合，例如：點數和大於 7 的事件、點數和為奇數的事件、…、不可能事件等等，共有 $2^6=64$ 種不同的事件，請勿混淆。

2.4.3　事件機率不同的例子

範例：有一個袋子內有黑球 1 顆（B）、紅球 2 顆（R_1, R_2）和白球 3 顆（W_1, W_2, W_3），從袋子隨機抽出一顆球，請問

(1) 出現黑球的事件機率為何？

(2) 出現紅球的事件機率為何？

(3) 出現白球的事件機率為何？

(4) 出現不是紅球的事件機率為何？

此例的樣本空間為「從袋子抽出一顆球」的結果：

$$\Omega=\{B, R_1, R_2, W_1, W_2, W_3\}$$

則

(1)「從袋子抽出一顆球且出現黑球」事件（S）為：

$$S = \{B\}$$

出現黑球的機率為：

$$p(S) = \frac{n(S)}{n(\Omega)} = \frac{1}{6}$$

(2)「從袋子抽出一顆球且出現紅球」事件（S）為：

$$S = \{R_1, R_2\}$$

出現紅球的機率為：

$$p(S) = \frac{n(S)}{n(\Omega)} = \frac{2}{6} = \frac{1}{3}$$

(3)從袋子抽出一顆球且出現白球」事件（S）為：

$$S = \{W_1, W_2, W_3\}$$

出現白球的機率為：

$$p(S) = \frac{n(S)}{n(\Omega)} = \frac{3}{6} = \frac{1}{2}$$

(4)「從袋子抽出一顆球且出現不是紅球」事件（S）為：

$$S = \{B, W_1, W_2, W_3\}$$

出現不是紅球機率為：

$$p(S) = \frac{n(S)}{n(\Omega)} = \frac{4}{6} = \frac{2}{3}$$

2.4.4　事件機率運算規則

若事件 A 和事件 B 都包含於樣本空間內
（ $A, B \subset \Omega$ ），同時發生事件 A 和事件 B
的事件稱為**交事件**（*intersection event*，或
稱為**積事件**），見右圖，記作 $A \cap B$。而交
事件的機率（ $p(A \cap B)$ ）則稱為事件 A 和
事件 B 的**聯合機率**（*joint probability*）。

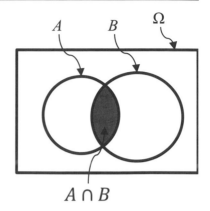

圖 2.2　兩事件同時發生的事件
稱為交事件

事件 A 和事件 B 的聯集稱為**和事件**（*sum
event*），見右圖，即事件 A 和事件 B 至少
有一事件會發生的事件，記作 $A \cup B$。

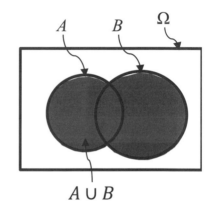

圖 2.3　兩事件至少一件會發生的
事件稱為和事件

事件 $A \subset \Omega$，不在事件 A 中的事件稱為
餘事件（*complement event*），通常用 A^c
表示，事件 A 與 A^c 互斥，如右圖：

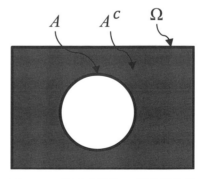

圖 2.4　A^c 為不會發生 A 事件的事件

若事件 A 和事件 B 都包含於樣本空間內（$A, B \subset \Omega$），則：

$$p(A \cup B) = p(A) + p(B) - p(A \cap B) \quad \cdots\cdots\cdots\cdots\cdots\cdots\cdots \text{(2.2)}$$

範例 1：設有一公正六面骰子如下圖，

圖 2.5 此六面骰子的點數 1,4 為灰色，點數 2,3,5,6 為黑色

事件 A 為投擲出點數小於 4，事件 B 為出現點數為灰色，請問投擲這個骰子一次，發生點數小於 4 或點數為灰色的機率為何？

$$\Omega = \{1,\ 2,\ 3,\ 4,\ 5,\ 6\} \ , \ A = \{1,\ 2,\ 3\} \ , \ B = \{1,\ 4\}$$

$$A \cap B = \{1,\ 2,\ 3\} \cap \{1,\ 4\} = \{1\}$$

A 和 B 都有 $\{1\}$，必須扣掉一個以免重複計算

所以

$$p(A) = \frac{n(A)}{n(\Omega)} = \frac{3}{6} = \frac{1}{2}$$

$$p(B) = \frac{n(B)}{n(\Omega)} = \frac{2}{6} = \frac{1}{3}$$

$$p(A \cap B) = \frac{n(A \cap B)}{n(\Omega)} = \frac{1}{6}$$

如果利用機率加法法則進行運算，發生點數小於 4 或點數為灰色的機率為：

$$p(A \cup B) = p(A) + p(B) - p(A \cap B) = \frac{1}{2} + \frac{1}{3} - \frac{1}{6} = \frac{2}{3}$$

我們同樣利用前面的事件機率來計算可得：

$$A \cup B = \{1, \ 2, \ 3\} \cup \{1, \ 4\} = \{1, \ 2, \ 3, \ 4\}$$

$$p(A \cup B) = \frac{n(A \cup B)}{n(\Omega)} = \frac{4}{6} = \frac{2}{3}$$

兩種算法的結果是一樣的。

範例 2：承前例，事件 A 為出現點數小於 2，事件 B 為出現點數為偶數，請問投擲這個骰子一次，發生點數小於 2 或點數為偶數的機率為何？

$$A = \{1\} \ , \ B = \{2, \ 4, \ 6\}$$

$$A \cap B = \{1\} \cap \{2, \ 4, \ 5\} = \emptyset$$

所以

$$p(A) = \frac{n(A)}{n(\Omega)} = \frac{1}{6} \quad \longleftarrow \text{事件 } A \text{ 的機率}$$

$$p(B) = \frac{n(B)}{n(\Omega)} = \frac{3}{6} = \frac{1}{2} \quad \longleftarrow \text{事件 } B \text{ 的機率}$$

$$p(A \cap B) = \frac{n(\emptyset)}{n(\Omega)} = 0 \quad \longleftarrow \text{交集的機率}$$

利用機率加法法則進行運算，發生點數小於 2 或點數為偶數的機率為：

$$p\left(A\bigcup B\right)=p\left(A\right)+p\left(B\right)-p\left(A\bigcap B\right)=\frac{1}{6}+\frac{1}{2}-0=\frac{2}{3}$$

由上例可以得知，若事件 A 和事件 B 為互斥事件 (如下圖)，則 $A\bigcap B=\emptyset$，所以：

$$p\left(A\bigcup B\right)=p\left(A\right)+p\left(B\right)$$

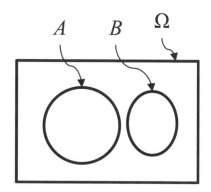

圖 2.6 互斥事件的機率為個別事件的機率相加

機率餘事件法則

事件 A 與 A 的餘事件互斥，且 $A\bigcup A^c=\Omega$，基於機率加法法則：

$$p\left(A\bigcup A^c\right)=p\left(\Omega\right)=1=p\left(A\right)+p\left(A^c\right)$$

所以

$$p\left(A^c\right)=1-p\left(A\right) \quad\cdots\cdots\cdots\cdots\cdots\cdots\cdots\cdots\cdots\cdots\cdots\cdots (2.3)$$

這就是機率餘事件法則。

全機率定理 (*Theorem of Total Probability*)

假設事件 x_1、事件 x_2、$\cdots$、事件 x_n 為樣本空間 Ω 中任意的 n 個事件，且事件彼此之間都互斥，也就是兩兩的交事件為空集合：

$$x_i \bigcap x_j = \emptyset , i \neq j, \forall i, j$$

且

$$\left(x_1 \bigcup x_2 \cdots \bigcup x_n \right) = \Omega$$

這也表示樣本空間 Ω 剛好被分成 n 個不互相重疊的區塊。我們稱這樣的每個事件 x_1、事件 x_2、$\cdots$、事件 x_n 的集合為樣本空間的一組**分割** (*partition*)。例如 2.4.2 節範例 3 的 S_1、S_2、$\cdots\cdots$、S_{12} 事件的集合就是樣本空間中的一組 (或稱一個) 分割。

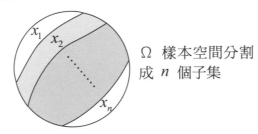

Ω　樣本空間分割
成　n　個子集

假設有一任一事件 y，且 $p(y) > 0$，$p(x_i) > 0$，$i = 1, 2, ..., n$，則：

$$p(y) = \sum_{i=1}^{n} p(x_i) p(y \mid x_i)$$，其中 x_i 的集合為樣本空間的一個分割。

證明：

因為事件 x_1、事件 x_2、$\cdots$、事件 x_n 為樣本空間的一個分割，所以：

$$y = y \bigcap \Omega = y \bigcap \left(x_1 \bigcup x_2 \cdots \bigcup x_n \right)$$
$$= (y \bigcap x_1) \bigcup (y \bigcap x_2) \cdots \bigcup (y \bigcap x_n)$$

因為事件 x_1、事件 x_2、$\cdots$、事件 x_n 彼此互斥，可知兩兩交集為空集合 (沒有重疊的部分)：

$$\left(y\bigcap x_i\right)\bigcap\left(y\bigcap x_j\right)=\emptyset\,,i\neq j,\forall i,j$$

所以事件 y 的機率可以寫成：

$$\begin{aligned}p\left(y\right)&=p\left(\left(y\bigcap x_1\right)\bigcup\left(y\bigcap x_2\right)\cdots\bigcup\left(y\bigcap x_n\right)\right)\\&=p\left(y\bigcap x_1\right)+p\left(y\bigcap x_2\right)+...+p\left(y\bigcap x_n\right)\\&=\sum_{i=1}^{n}p\left(y\bigcap x_i\right)\\&=\sum_{i=1}^{n}p\left(y,x_i\right)\\&=\sum_{i=1}^{n}p(x_i)p(y\,|\,x_i)\end{aligned}$$

2.5 條件機率與貝氏定理

條件機率 (*conditional probability*) 為貝氏機率 (*Bayesian probability*) 的基礎，而貝氏機率為機器學習的技術發展基礎，被廣泛使用在強化式學習 (*Reinforcement Learning*) 上。前面內容已經提過機率是什麼，但我們若是問「當第一次已經投擲骰子為點數 1 的條件下，第二次投擲骰子點數為 3 的機率為何？」，這類有前提條件的問題就必須利用條件機率的方法來描述問題。

2.5.1 條件機率

條件機率的定義：

當事件 x 和事件 y 為樣本空間的兩個事件，且 $y \neq \emptyset \Rightarrow p(y) \neq 0$，則給定事件 y 發生的條件下，發生事件 x 的機率稱為條件機率，數學定義為：

$$p(x \mid y) = \frac{p(x \bigcap y)}{p(y)}$$ ⋯⋯⋯⋯⋯⋯⋯⋯ (2.4)

舉個例來說明條件機率。某大學經由課程調查得知，70% 學生從來不翹課，從調查資料發現 90% 不翹課的學生會通過考試，而只有 40% 翹過課的學生會通過考試，「那如果有個學生通過考試，他不翹課的機率為何？」

我們將問題 (「學生通過考試，他不翹課的機率」) 換成條件機率的說法 (「在給定通過考試 (y) 的條件之下，他不翹課 (x) 的機率」)，寫成數學式子為：

$$p(x = 不翹課 \mid y = 通過)$$

這時候的事件有：$x = \{翹課, 不翹課\}$，$y = \{通過, 沒通過\}$。

我們利用上述條件機率的公式轉換一下：

$$p(x = 不翹課 \mid y = 通過) = \frac{p(x = 不翹課 \bigcap y = 通過)}{p(y = 通過)}$$

所以上式可以分為兩部分：分子項的 $p(x = 不翹課 \bigcap y = 通過)$ 和分母項的 $p(y = 通過)$。

分子項 $p(x = 不翹課 \bigcap y = 通過)$ 為不翹課且通過的交集，下頁圖 2.7 (b) (灰色底) 即是呈現「不翹課」和「通過課程」的路線，所以可以發現

$$p(x = 不翹課 \bigcap y = 通過)$$
$$= p(x = 不翹課) p(y = 通過 \mid x = 不翹課)$$
$$= 0.7 \times 0.9 = 0.63$$

分母項的 $p(y=通過)$ 稍微複雜一點,參考圖 $2.7(c)$ 的路線(灰色底),$p(y=通過)$ 為通過課程的狀況下,翹課和不翹課的機率和,

$p(y=通過)$
$= p(x=不翹課)p(y=通過|x=不翹課)+p(x=翹課)p(y=通過|x=翹課)$
$= 0.7 \times 0.9 + 0.3 \times 0.4 = 0.75$

所以「如果有個學生通過考試,他不翹課的機率」為

$$p(x=不翹課\,|\,y=通過) = \frac{p(x=不翹課 \bigcap y=通過)}{p(y=通過)} = \frac{0.63}{0.75} = 0.84 = 84\%$$

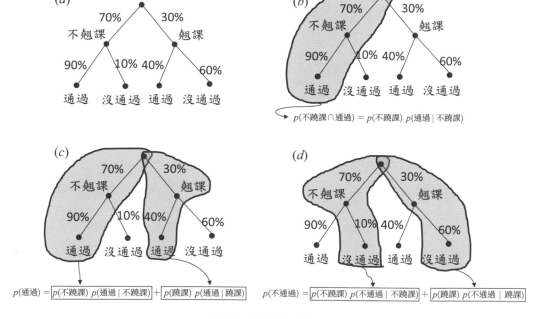

圖 2.7 範例事件樹狀圖

通過剛剛的範例說明和上圖,讀者應該很清楚條件機率的計算方式,且清楚了解這個問題的所有可能集合為 {(不翹課,通過),(不翹課,沒通過),(翹課,通過)},(翹課,沒通過)} 四種。

剛剛的範例是 $p(x=$不翹課$|y=$通過$)=84\%$，我們將條件互換改成 $p(y=$通過$|x=$不翹課$)$ 看一下計算結果，

$$p(y=通過|x=不翹課)=\frac{p(不翹課\cap 通過)}{p(不翹課)}=\frac{0.63}{0.7}=0.9=90\%$$

由上面計算的兩個條件機率的結果，發現 $p(x=$不翹課$|y=$通過$)=84\%$ 不等於 $p(y=$通過$|x=$不翹課$)=90\%$，這時候讀者應該會好奇同樣都是「不翹課」、「通過考試」，怎麼會算出來不同？這就是條件機率中前提條件不同的差異，我們回到這兩個條件機率的白話說法：

● $p(x=$不翹課$|y=$通過$)$：「我們確定這個學生通過考試情況下，他不翹課的機率」。

● $p(y=$通過$|x=$不翹課$)$：「我們確定這個學生都不翹課情況下，他通過考試的機率」。

這時候有看出差異了嗎？我們再來看數學式子，

$$p(x\mid y)=\frac{p(x,y)}{p(y)}\;,\;\;p(y\mid x)=\frac{p(x,y)}{p(x)}\qquad \begin{array}{l}p(x\cap y)\text{ 通常}\\ \text{會寫成 }p(x,y)\end{array}$$

$p(x\mid y)$ 和 $p(y\mid x)$ 這兩個式子差在分母項，所以算出來的結果會不同。注意！後續為了方便撰寫 $p(x\cap y)$，會改用 $p(x,y)$ 方式來寫。

範例：「當第一次已經投擲骰子為點數 1 的條件下，第二次投擲骰子點數為 3 的機率為何？」可以寫成

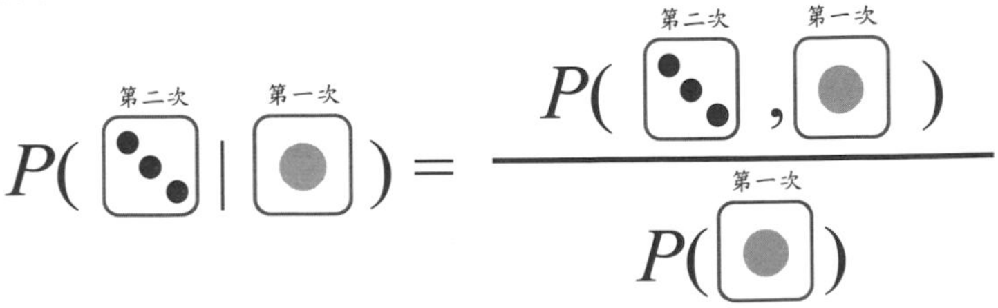

圖 2.8 擲骰子兩次的條件機率示意圖

當第一次已經投擲骰子為點數 1，第二次投擲骰子點數為 3 的事件只有 1 個樣本點（$\{(1,3)\}$）；而第一次點數為 1 點的樣本點有 6 個（$\{(1,1),(1,2),(1,3),(1,4),(1,5),(1,6)\}$）；投擲骰子兩次的樣本空間一共有 36 個樣本點，所以「當第一次已經投擲骰子為點數 1 的條件下，第二次投擲骰子點數為 3 的機率」為

$$\frac{1/36}{6/36} = \frac{1/36}{1/6} = \frac{1}{6}$$

2.5.2　貝氏定理

貝氏定理是樣本空間的任意兩事件 x 和 y 的條件機率，若 $p(x) > 0, p(y) > 0$，則

$$p(x \mid y) = \frac{p(x,y)}{p(y)}$$

貝氏定理從公式來看，和前面介紹條件機率是一樣的，但貝氏定理主要是在後續衍生部分，如下：

$$p(x \mid y) = \frac{p(x,y)}{p(y)} = \frac{p(x)p(y \mid x)}{p(y)} \quad \text{.....................} \quad (2.5)$$

原本定義「給定在事件 y 下，事件 x 發生的機率」，可以變成「給定在事件 x 下，事件 y 發生的機率」、「事件 x 發生的機率」和「事件 y 發生的機率」三者的關係。

後驗機率與先驗機率

在貝氏定理上，「給定在事件 y 下，事件 x 發生的機率」 $p(x \mid y)$ **稱為事件 x 的後驗機率**（*posterior probability*），或稱事後機率；而「事件 x 發生的

機率」$p(x)$ **稱為事件 x 的先驗機率** (*prior probability*)，也稱為事前機率或邊際機率 (*marginal probability*)；「事件 y 發生的機率」$p(y)$ **稱為事件 y 的先驗機率或邊際機率。**

貝氏定理的分母 $p(y)$ 可由前面介紹的全機率定理展開，可得：

$$p(x_i \mid y) = \frac{p(x_i, y)}{p(y)} = \frac{p(x_i)\,p(y \mid x_i)}{\sum_{j=1}^{n} p(x_j)\,p(y \mid x_j)} \quad \cdots\cdots\cdots\cdots (2.6)$$

在第 6 章會有貝氏定理在機器學習上使用的詳細介紹。

範例：用貝氏定理算出是否得到流感的條件機率

假設從資料調查發現目前每 10 萬人有 1 萬人得過流感，也就是隨機選一個人且他得流感的機率為 0.1 (稱為盛行率 *prevalence rate*)。對健康的人，流感快篩檢查正確率為 0.99 (此處的正確率是指健康者篩檢結果確實沒得流感，在統計上的名稱是特異度或真陰性率，14.1 節會詳細說明)。對得流感的人，流感快篩檢查正確率為 0.95 (此處的正確率是指得流感者篩檢結果確實有得流感，在統計上的名稱是靈敏度或真陽性率)。如果要做流感快篩檢查，我們要問以下三個問題：

問題 (1)：隨機抽樣一個人，檢查結果為沒有得流感的機率為何？

問題 (2)：檢查結果為有得流感，但實際上沒得流感的機率為何？(偽陽性率或稱誤診率)

問題 (3)：檢查結果為有得流感，且實際上得流感的機率為何？(真陽性率或稱靈敏度)

首先，我們要做以下分析：

假設事件 x 表示為實際得流感，x^c 為實際沒得流感事件，所以事件 x 和事件 x^c 各為樣本空間 (Ω_x，實際是否得流感) 的一個分割 ($x \bigcup x^c = \Omega_x$)：

$$p(x \bigcup x^c) = p(x) + p(x^c) = p(\Omega_x) = 1$$

我們由前文知道目前流感的盛行率 $p(x) = 0.1$，所以 $p(x^c) = 1 - p(x) = 0.9$。

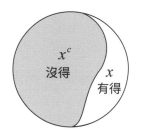

圖 2.9 實際有得與沒得流感

假設事件 y 表示快篩檢查為得到流感，y^c 為快篩檢查沒得流感，所以事件 y 和事件 y^c 為樣本空間 (Ω_y，快篩檢查) 的一個分割 ($y \bigcup y^c = \Omega_y$)。

圖 2.10 快篩有得與沒得流感

「對健康的人，在流感快篩檢查下正確檢出沒得流感的機率為 0.99」，代表在沒得流感 (x^c) 的條件下，快篩檢查沒得流感 (y^c) 的機率為

$$p(y^c \mid x^c) = 0.99 \text{ (真陰性率)}$$

因此「對健康的人，在流感快篩檢查下不正確的機率」，也就是代表沒得流感（x^c）下，但快篩檢查為得流感（y）的機率為

$$p(y|x^c) = \frac{p(y \bigcap x^c)}{p(x^c)} \quad \because p(x^c) = p(y \bigcap x^c) + p(y^c \bigcap x^c)$$

$$= \frac{p(x^c) - p(y^c \bigcap x^c)}{p(x^c)}$$

$$= 1 - p(y^c|x^c)$$

$$= 1 - 0.99 = 0.01 \quad \text{(假陽性率)}$$

「對得流感的人，在流感快篩檢查正確檢出的機率為 0.95」，代表在得流感（x）的條件下，且快篩檢查得流感（y）的機率為

$$p(y|x) = 0.95 \quad \text{(真陽性率)}$$

因此「對得流感的人，在流感快篩檢查不正確的機率」，也就是代表在得流感（x）下，但快篩檢查為沒得流感（y^c）的機率為

$$p(y^c|x) = \frac{p(y^c \bigcap x)}{p(x)} \quad \because p(x) = p(y \bigcap x) + p(y^c \bigcap x)$$

$$= \frac{p(x) - p(y \bigcap x)}{p(x)}$$

$$= 1 - p(y|x)$$

$$= 1 - 0.95 = 0.05 \quad \text{(假陰性率)}$$

我們用樹狀圖畫出來，會更好理解整個問題的脈絡：

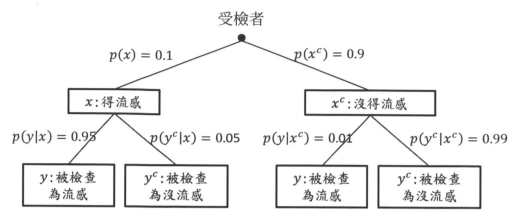

受檢者

$p(x) = 0.1$ $p(x^c) = 0.9$

x:得流感 x^c:沒得流感

$p(y|x) = 0.95$ $p(y^c|x) = 0.05$ $p(y|x^c) = 0.01$ $p(y^c|x^c) = 0.99$

y:被檢查為流感 y^c:被檢查為沒流感 y:被檢查為流感 y^c:被檢查為沒流感

圖 2.11 實際有無得流感，與檢查有無得流感的樹狀圖

上圖也常整理成：

檢驗結果		真實狀況		
		生病	健康	
	陽性	真陽性數 a	假陽性數 b	$a+b$
	陰性	假陰性數 c	真陰性數 d	$c+d$
		$a+c$	$b+d$	

真陽性率：$\dfrac{a}{a+c}$，又稱為靈敏度

假陽性率：$\dfrac{b}{b+d}$，又稱為誤診率 (型 I 錯誤)

真陰性率：$\dfrac{d}{b+d}$，又稱為特異度

假陰性率：$\dfrac{c}{a+c}$，又稱為漏診率 (型 II 錯誤)

經過如此的分析，然後我們就能回答前面的三個問題：

問題 (1)：檢查結果為沒有得流感（y^c）的機率（$p(y^c)$）為：「得流感的人被檢測為沒流感的機率（$p(x \cap y^c)$）」+「沒得流感的人被檢測為沒流感的機率（$p(x^c \cap y^c)$）」：

$$\begin{aligned} p(y^c) &= p(x \cap y^c) + p(x^c \cap y^c) \\ &= p(x)p(y^c|x) + p(x^c)p(y^c|x^c) \\ &= 0.1 \times 0.05 + 0.9 \times 0.99 \\ &= 0.896 \end{aligned}$$

問題 (2)：檢查結果為有得流感（y），但實際上沒得流感（x^c）的機率（$p(x^c|y)$）為：

$$p(x^c|y) = \frac{p(x^c \cap y)}{p(y)} = \frac{p(x^c)p(y|x^c)}{p(x \cap y) + p(x^c \cap y)}$$

$$= \frac{p(x^c)p(y|x^c)}{p(x)p(y|x) + p(x^c)p(y|x^c)}$$

$$= \frac{0.9 \times 0.01}{0.1 \times 0.95 + 0.9 \times 0.01} = 0.0865 \quad \text{（假陽性率）}$$

問題 (3)：檢查結果為有得流感（y），且實際上確實是得了流感（x）的機率（$p(x|y)$）為：

$$p(x|y) = \frac{p(x \cap y)}{p(y)} = \frac{p(x)p(y|x)}{p(x)p(y|x) + p(x^c)p(y|x^c)}$$

$$= \frac{0.1 \times 0.95}{0.1 \times 0.95 + 0.9 \times 0.01} = 0.9135 \quad \text{（真陽性率）}$$

上面的問題 (2) 與 (3) 都是基於「先檢查出得到流感」之後才去推估判斷實際上有沒有得流感的機率，這呼應了前面提到 $p(x|y)$ 稱為事件 x 的後驗機率（事後機率）。此例中的 $p(x|y)$ 為實際上有得流感（x）的後驗機率，$p(x^c|y)$ 為實際上沒得流感（x^c）的後驗機率。

讀者可以試著把流感換成 *Covid*-19，把台灣在各階段 (2020 年 2 月、8 月、2021 年 5 月、8 月) 的盛行率數據套進來試算，然後分別用快篩試劑、*PCR* 篩檢的靈敏度和特異度做普篩以及熱區篩檢各別會有甚麼情況？以科學的方法去看看專家會議的研判依據。其中很重要的是先驗機率 $p(x)$，也就是盛行率是影響偽陽性、偽陰性的重要因素。

2.5.3 統計獨立

「統計獨立 (*statistically independent*)」在機器學習、深度學習或是資料科學上都是很重要的觀念，統計獨立在方法推論中很常被使用，例如馬可夫鏈 (*Markov chain*)，所以讀者需要特別注意統計獨立的意義和定義。

統計獨立也稱為事件獨立，事件獨立是指這件事的發生不會影響到另外一件事的發生，比如說事件「機車闖紅燈」和「飛機成功飛上天」這兩件事情是完全不相關的，也就是兩個事件發生的機率是獨立的。另一個常見的範例是骰子投擲兩次，在沒有作弊的狀況下，第一次投骰子出現的點數和第二次投骰子出現的點數是不相關的，後面範例會解釋。

統計獨立定義：

兩個事件 A 和 B 是統計獨立，若且唯若 (*if and only if*) $p(A \bigcap B) = p(A)p(B)$。

> **編註：** $p(A \cap B)$ 一般會寫成 $p(A, B)$，我們接下來會用後者來表示。

我們進一步將條件機率和統計獨立性放在一起看看貝氏定理的衍生應用。假設 x 和 y 統計獨立 (也就是 $p(x, y) = p(x)p(y)$)，那在給定 y 的狀況下 x 發生的機率為：

$$p(x \mid y) = \frac{p(x, y)}{p(y)} = \frac{p(x)p(y)}{p(y)} = p(x)$$

所以統計獨立性用條件機率來解釋，就是不論 y 的事件如何，都不會影響到事件 x。例如事件 x 為「飛機起飛」，事件 y 為「機車是否闖紅燈」，假設事件 x 和事件 y 兩者事件獨立，則 $p(x \mid y) = p(x)$，表示「機車是否闖紅燈」都不會影響「飛機起飛」。

範例：假設我們擲一個公正六面骰子兩次，事件 x 為第一次擲出點數 2，事件 y 為第二次擲出點數 3，如果我們沒有作弊，可以認為連續兩次擲骰子得到的點數結果是相互獨立，我們從統計獨立的定義來看：

事件 x 的可能結果為：

$$S_x = \{(2, 1), (2, 2), (2, 3), (2, 4), (2, 5), (2, 6)\}$$

則事件 x 發生的機率為：

$$p(x) = \frac{6}{36} = \frac{1}{6}$$

事件 y 的可能結果為：

$$S_y = \{(1, 3), (2, 3), (3, 3), (4, 3), (5, 3), (6, 3)\}$$

則事件 y 發生的機率為：

$$p(y) = \frac{6}{36} = \frac{1}{6}$$

事件 x 和事件 y 同時發生的可能結果為：

$$S_{x \cap y} = \{(2, 3)\}$$

則事件 x 和事件 y 同時發生的機率為

$$p(x, y) = \frac{1}{36}$$

因為

$$p(x)p(y) = \frac{6}{36} \times \frac{6}{36} = \frac{1}{36}$$

可得

$$p(x, y) = p(x)p(y)$$

所以事件 x 和事件 y 是**事件獨立**或稱**統計獨立**。

之前提到的隨機試驗,其實可以再進一步來檢視。例如:要調查大一新生的身高,這時樣本空間 Ω 的元素 ω 是所有大學一年級的新生而不是身高,但我們要取得的卻是身高,因此必須把 A 生、B 生、C 生、D 生、… 的身高 h_A、h_B、h_C、h_D、… 記錄下來才能得到所要的調查結果。通常樣本空間 Ω 的元素 ω 是像 A 生、B 生、C 生、D 生、… 這種無法做數學運算的元素,因此需要轉換成身高 h_A、h_B、h_C、h_D、… 這種可運算或做比較的數值。所以統計學上會用一個函數來把非屬數值性的 Ω 轉換成可運算的實數 $\mathbb{R}$,這個轉換函數就稱為隨機變數 (*random variable*):

$$X := \Omega \to \mathbb{R}$$

> 隨機變數實際上是一個將樣本點對應到數值的函數,但為什麼不稱為隨機函數而要稱隨機變數呢?因為隨機變數對應到的所有數值可以用分布函數來描述,也就是說隨機變數這個函數本身又可以是其他函數的變數,因此用隨機變數稱之。

例如:我們想觀察「投擲 n 個公正骰子會出現 6」的隨機試驗。這時樣本空間為:

$$\Omega = \left\{ w_0, w_1, \cdots\cdots, w_n \right\}$$

其中,w_0 表示出現 0 個 6 的事件 (簡單事件),w_1 表示出現 1 個 6 的事件,依此類推到 w_n 表示出現 n 個 6 的事件。但 w_0、w_1、… 是一個一個事件,並不能運算,所以我們定義一個函數 X:

而函數 X 表示為:

:= 符號表示將 X 定義為右側的描述

$$X := 骰子點數為 6 的個數$$

個數是非負整數,屬於實數

如此一來，函數 X 就可以將每個樣本點對應到一個實數，以方便我們處理，如下：

$$X(w_0) = 0：出現 0 個 6$$

$$X(w_1) = 1：出現 1 個 6$$

......

$$X(w_n) = n：出現 n 個 6$$

樣本點　　　　　實數

也就是說，函數 X 會從樣本空間 (定義域) 對應 (mapping) 到 $0, 1, 2, ..., n$ 實數值 (值域)，此函數稱為**隨機變數**。我們一般會用大寫字母例如 X 來表示隨機變數，而隨機變數的值則用小寫字母例如 x 表示。不同的隨機變數值，例如 $X = x$，我們將其機率寫為 $p(X = x)$。

例如，我們想要擲 n 個骰子出現 2 個 6 的機率，也就是算出 $p(X = 2)$。由公式 (2.1) 我們先算出 $X = 2$ 的個數有幾個：

$$n(X = 2) = C_2^n \cdot 1^2 \cdot C_{n-2}^{n-2} \cdot 5^{n-2} = \frac{n!}{2!(n-2)!} \cdot \frac{(n-2)!}{0!(n-2)!} 5^{n-2} = \frac{n(n-1)}{2} \cdot 5^{n-2}$$

而且我們知道 $n(\Omega) = 6^n$，如此即可算出 $p(X = 2)$：

$$p(X = 2) = \frac{n(X = 2)}{n(\Omega)} = \left(\frac{n(n-1)}{2} \cdot 5^{n-2} \right) / 6^n$$

我們來驗證一下前面投擲兩顆骰子都出現點數 6 的例子，也就是將 $n = 2$ 帶入上式，即可得：

$$p(X = 2) = \left(\frac{2(2-1)}{2} \cdot 5^{2-2} \right) / 6^2 = \frac{1}{36}$$

範例：我們回到前面投擲 10 顆骰子出現幾個 6 的機率問題？利用上面隨機變數的觀念，令隨機變數 X 表示投擲 10 顆骰子會出現幾個 6 的對應關係，於是我們就可以算出來出現 0～10 個 6 的機率，如下表 (最後一欄的機率加總會等於 1)：

隨機變數 X 的值		隨機變數值 x 相應的機率
投擲 10 顆公正骰子 出現 6 的個數為 x	$n(X=x)$	$p(X=x)=\dfrac{n(X=x)}{n(\Omega)}$
$x=0$	$C_0^{10} \cdot 1^0 \cdot C_{10}^{10} \cdot 5^{10} = 5^{10}$	0.1615055829
$x=1$	$C_1^{10} \cdot 1^1 \cdot C_9^9 \cdot 5^9 = 2 \cdot 5^{10}$	0.3230111658
$x=2$	$C_2^{10} \cdot 1^2 \cdot C_8^8 \cdot 5^8 = 9 \cdot 5^9$	0.2907100491
$x=3$	$C_3^{10} \cdot 1^3 \cdot C_7^7 \cdot 5^7 = 24 \cdot 5^8$	0.1550453596
$x=4$	$C_4^{10} \cdot 1^4 \cdot C_6^6 \cdot 5^6 = 42 \cdot 5^7$	0.0542658759
$x=5$	$C_5^{10} \cdot 1^5 \cdot C_5^5 \cdot 5^5 = 252 \cdot 5^5$	0.0130238102
$x=6$	$C_6^{10} \cdot 1^6 \cdot C_4^4 \cdot 5^4 = 42 \cdot 5^5$	0.0021706350
$x=7$	$C_7^{10} \cdot 1^7 \cdot C_3^3 \cdot 5^3 = 24 \cdot 5^4$	0.0002480726
$x=8$	$C_8^{10} \cdot 1^8 \cdot C_2^2 \cdot 5^2 = 9 \cdot 5^3$	0.0000186054
$x=9$	$C_9^{10} \cdot 1^9 \cdot C_1^1 \cdot 5^1 = 2 \cdot 5^2$	0.0000008269
$x=10$	$C_{10}^{10} \cdot 1^{10} = 1$	0.0000000165

2.6.1 隨機變數的類型

隨機變數的類型有離散型和連續型兩類。離散型隨機變數對應的數值是離散的數字，此數字為可數集合或是可數無限個，例如投擲骰子 2 次，用 x

表示出現點數 1 的次數，也就是在兩次投擲骰子後，出現點數 1 的次數只有 0 次、1 次、2 次三種。離散型隨機變數通常會用直方圖來呈現，每個隨機變數都會有對應的數值。

而連續型隨機變數對應的數值是連續的，其中任何一段區間內都有無限多個數值，無法一一窮舉出來，屬不可數集合。連續型隨機變數的機率分布會用連續函數來呈現，例如常態分布 (見 2.8.4)。連續型隨機變數的機率分布是機率密度函數 (*density function*)，在橫軸上的隨機變數任取一點的機率都是零，必須計算一個隨機變數區間的面積才會有值。

2.6.2 多維隨機變數

前面舉的例子是一維隨機變數，本節會介紹一維隨機變數和多維隨機變數的差異。譬如下雨的機率就可能受到濕度、氣溫和雲層厚度等因素的影響，所以在推估下雨機率模型時，就需要考慮濕度的百分比、氣溫的狀況和雲層的厚度等三個隨機變數 (三維隨機變數)。

多維隨機變數就是指有多個變數，在機器學習上通常用向量 X 表示多個隨機變數，假設有兩個隨機變數 X_1 和 X_2，則數學表示法為：

$$X = \begin{bmatrix} X_1 \\ X_2 \end{bmatrix}$$

為了方便起見，多維隨機變數會以二維做範例，更高維度隨機變數只是二維的延伸，

$$X = \begin{bmatrix} X_1 \\ X_2 \\ \vdots \\ X_d \end{bmatrix} \leftarrow d \text{ 維}$$

我們的範例為投擲兩個骰子，其「骰子點數和」當作隨機變數 (X_1)，而「骰子和為奇數 (odd) 或偶數 (even)」當作隨機變數 (X_2)

$$x_1 \in \{2,3,4,5,6,7,8,9,10,11,12\} \ (11 \ 種)$$

$$x_2 \in \{\text{odd, even}\} \ (2 \ 種)$$

所以我們將投擲兩顆骰子可能發生的事件組合成

$$(x_1, x_2) \in \left\{ \begin{array}{l} (2,even), \ (4,even), \ (6,even), (8,even),(10,even),(12,even) \\ (3,odd), \ (5,odd), \ (7,odd), (9,odd), (11,odd) \end{array} \right\}$$

從上面的範例可以得知，多維隨機變數 X 是用來描述多個事件同時發生的事件，而其可以用函數來對應多維隨機變數發生的機率。由前面範例可以得知事件同時發生的組合是交集，因此多維隨機變數在機率的呈現必須用交集來表示，也就是後續 2.7.4 節要介紹的**聯合機率**（*joint probability*）。

2.7 隨機變數的機率分布與機率密度函數

前面的章節已經介紹過事件空間、樣本空間、機率和隨機變數等，例如：投擲公正骰子兩次，共有 36 種組合方式。假設我們今天要觀察的隨機試驗是這兩顆骰子的點數和，用隨機變數（X）表示，其值 x 有下面幾種可能：

$$x=2, 3, 4, 5, 6, 7, 8, 9, 10, 11, 12$$

隨機變數 $X = x$ 的發生次數分布圖如下，

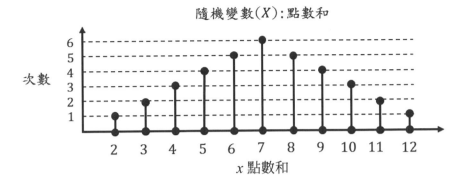

圖 2.12 兩顆骰子點數和的次數分布圖

2.7.1 隨機變數的機率分布

事件空間中每個事件機率的求得方式，是將全部樣本數作為分母，事件發生的樣本數作為分子 (見 2.4 節 (2.1) 式)，所以此例隨機變數 X 的每個事件的機率 $f(x)$ 可寫為

$$f(x) = \frac{n(x)}{n(\Omega)}$$

因此不同事件發生的機率可以用各事件發生次數除以全部樣本數，即可得到下面的機率分布圖

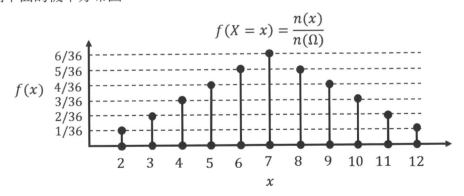

圖 2.13 兩顆骰子點數和的發生機率分布圖

因為隨機變數的函數輸出值必須服從機率定理，因此：

(1) $f(x) \geq 0$，每個輸出值必大於或等於 0。

(2) $f(\Omega) = \sum_{x=2}^{12} f(X=x) = \frac{1}{36} + \frac{2}{36} + \frac{3}{36} + \frac{4}{36} + \frac{5}{36} + \frac{6}{36} + \frac{5}{36}$ 36 36 36 36
$+ \frac{4}{36} + \frac{3}{36} + \frac{2}{36} + \frac{1}{36} = 1$ ，機率加總需等於 1。

(3) 不相交 (互斥) 事件的機率可相加。

此函數我們稱為機率密度函數 ($p(x) = f(x)$)，此函數對應的輸入和輸出則稱為機率分布，見下圖：

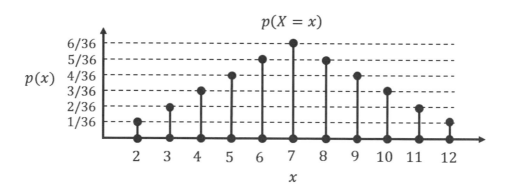

圖 2.14 改用隨機變數與機率密度函數來表示機率分布圖

讀者從上面範例介紹可以知道，機率分布是用來定義隨機變數的機率性質。

 樣本空間為機率論的用語，在統計用語上稱作母體。

我們研究隨機變數最主要就是要找出它的機率分布。不同的隨機來源 (隨機試驗) 它的隨機性質會不一樣，因此隨機變數所對應的機率分布就不一樣，

例如：燈泡的壽命、人均所得、氣體分子的運動方向…，這些隨機變數所對應的機率分布都不一樣。但是請記住！每個隨機變數都有一個機率分布，不論這個分布是否可以用數學公式寫出來。

至此介紹的範例都可以完整描述所有樣本空間 (母體)，而統計學最主要的目的是在母體中抽取一部分的樣本資料，利用樣本資料來推論母體特性 (即母體參數或稱為母數)，因為現實生活中的母體通常是未知的，統計學會採用抽樣的方式產生出機率分布來推論母體的分布。

例如台灣人身高的分布，假設全體台灣人的身高是介於 100~250 公分，如果隨機挑一人出來，他身高為 180 公分的機率為何？類似這樣的問題，因為無法將母體中所有人的資料都收集齊全，所以統計學會利用抽樣方法從母體中抽取出有代表性的樣本 (這需要抽樣的專業技術了)，然後利用這些樣本資料來建立資料分布以推論出機率密度函數。若機率密度函數可以被建立 / 推論出來，就可以估算出隨機挑中身高 180 公分的機率了。

2.7.2　數位化都是離散型的隨機變數

前面章節有講過離散型和連續型隨機變數，這邊再提一下：連續型的是用機率密度函數 (*probability density function, pdf*)；離散型的是用機率質量函數 (*probability mass function, pmf*)，不過在實際應用上，幾乎所有的變數都被數位化 (非連續型) 也就都是離散型的隨機變數。

例如生活中的類比訊號 (*analog signal*) 本身是連續訊號，但數位處理會將類比轉換成數位 (*digital*) 成為離散時間資料進行存取 (圖 2.15 (*a*))，因此連續型類比資料在電腦端實際上已是離散資料在處理。一般數位相機擷取出的圖片儲存在電腦端也已經是數位型態，而取樣頻率的高低則會反應在呈現圖片 / 訊號還原的真實度上，如圖 2.15 (*b*) 的範例，取樣率越高則圖像越清晰，這也是數位相機不斷追求高解析度的原因之一。

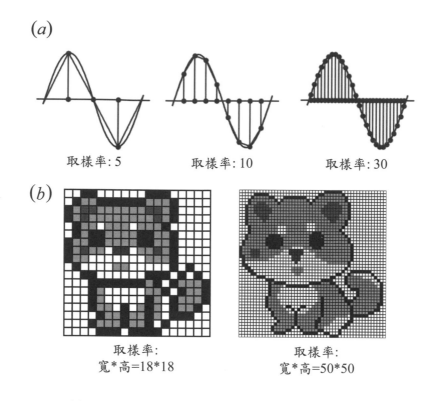

取樣率:5　　　　取樣率:10　　　　取樣率:30

取樣率:
寬*高=18*18

取樣率:
寬*高=50*50

圖 2.15 (*a*) 從連續訊號中做數位取樣會變成離散資料，(*b*) 圖片取樣。

2.7.3　一維機率密度函數

機率密度(質量)函數是用來描述連續(離散)隨機變數的數學函數，而這個數學函數必須符合前面提到的機率三大公理(見 2.4 節)。一般在工程上(甚至一些學術論文)已經很少人會像統計學者區分「連續型機率密度函數(*pdf*)」和「離散型機率質量函數(*pmf*)」，幾乎都只用機率密度函數(*pdf*)來表示連續型和離散型的機率密度函數。為了方便讀者了解機率模型運作，因此本書所述的機率密度函數都是在描述離散型隨機變數。

機率密度函數是指隨機變數的機率分布，也就是說，一個隨機變數的機率分布是藉由機率密度函數來敘述。

一維機率密度函數的定義

若有一隨機變數 X 的 $f(x)$ 滿足以下條件：

$$0 \le f(x) \le 1, \sum_{x=-\infty}^{\infty} f(x) = 1, \forall x \in \mathbb{R}$$

則此函數 f 稱為隨機變數 X 的機率密度函數，且 $f(x)$ 表示 $X = x$ 出現的機率，即 $f(x) = P(X = x)$。

範例：在此用「投擲一次公正的六面骰子」隨機試驗來說明機率密度函數。其隨機變數 $X \in \{1, 2, 3, 4, 5, 6\}$ 之機率密度函數 $f(x)$ 為

$$f(x) = \begin{cases} \frac{1}{6} & x = 1 \\ \frac{1}{6} & x = 2 \\ \frac{1}{6} & x = 3 \\ \frac{1}{6} & x = 4 \\ \frac{1}{6} & x = 5 \\ \frac{1}{6} & x = 6 \end{cases}$$

$$\sum_{x=1}^{6} f(x) = \frac{1}{6} + \frac{1}{6} + \frac{1}{6} + \frac{1}{6} + \frac{1}{6} + \frac{1}{6} = 1$$

多維機率密度函數 (聯合機率密度函數)

多維隨機變數是探討兩個或兩個以上的變數，其機率要以聯合機率來呈現，原因在於多維隨機變數是在探討多個隨機變數同時發生的機率，例如 X、Y 兩個隨機變數的機率密度函數，在數學上會以 $f(x,y) = P(X=x, Y=y)$ 表示，稱為**聯合機率密度函數** (*joint probability density function*)。

多維機率密度函數的定義

假設有個二維隨機變數 (X, Y)，若有函數 $f(x,y)$ 滿足

$$0 \le f(x,y) \le 1, \sum_{x=-\infty}^{\infty} \sum_{y=-\infty}^{\infty} f(x,y) = 1 \ \forall x, y \in \mathbb{R}$$

則此函數 $f(x,y)$ 稱為隨機變數 X 和隨機變數 Y 的聯合機率密度函數，且 $f(X=x, Y=y)$ 表示 $X=x$ 和 $Y=y$ 同時出現的機率，即：

$$f(x,y) = f(X=x, Y=y) = P(X=x, Y=y)。$$

範例：投擲兩顆骰子，其「骰子絕對差值」(|骰子 1- 骰子 2|) 當作隨機變數 (X)，而「骰子相加和」(骰子 1+ 骰子 2) 當作隨機變數 (Y)，則隨機變數 (X) 和隨機變數 (Y) 的樣本空間為：

$$x \in \Omega = \{0,1,2,3,4,5\} \ , \ y \in \Omega = \{2,3,4,5,6,7,8,9,10,11,12\}$$

我們將兩顆骰子絕對差值(X)所有可能發生的事件組合列出如下表：

骰子絕對差值(X)		骰子 1					
		1	2	3	4	5	6
骰子 2	1	0	1	2	3	4	5
	2	1	0	1	2	3	4
	3	2	1	0	1	2	3
	4	3	2	1	0	1	2
	5	4	3	2	1	0	1
	6	5	4	3	2	1	0

將骰子絕對差值(X)，整理成事件表格和對應發生的次數，並除上所有的可能組合數得到機率，如下表：

x (絕對差值)	0	1	2	3	4	5
發生次數	6	10	8	6	4	2
機率 $f(x)$	6/36	10/36	8/36	6/36	4/36	2/36

同樣的，我們將兩個骰子相加和(Y)所有可能發生的事件組合列出如下表：

骰子相加和(Y)		骰子 1					
		1	2	3	4	5	6
骰子 2	1	2	3	4	5	6	7
	2	3	4	5	6	7	8
	3	4	5	6	7	8	9
	4	5	6	7	8	9	10
	5	6	7	8	9	10	11
	6	7	8	9	10	11	12

將骰子相加和（Y）集合整理成事件表格和對應發生的次數，並除上所有的可能組合數得到機率，如下表：

y	2	3	4	5	6	7	8	9	10	11	12
發生次數	1	2	3	4	5	6	5	4	3	2	1
機率 $f(y)$	1/36	2/36	3/36	4/36	5/36	6/36	5/36	4/36	2/36	2/36	1/36

投擲兩顆骰子，其「骰子絕對差值」和「骰子相加和」所組合的聯合事件表格如下：

X \ Y	2	3	4	5	6	7	8	9	10	11	12
0	1	0	1	0	1	0	1	0	1	0	1
1	0	2	0	2	0	2	0	2	0	2	0
2	0	0	2	0	2	0	2	0	2	0	0
3	0	0	0	2	0	2	0	2	0	0	0
4	0	0	0	0	2	0	2	0	0	0	0
5	0	0	0	0	0	2	0	0	0	0	0

將聯合事件表除上所有的可能組合數得到聯合機率密度分布表：

X \ Y	2	3	4	5	6	7	8	9	10	11	12	$f(x)$
0	1/36	0	1/36	0	1/36	0	1/36	0	1/36	0	1/36	6/36
1	0	2/36	0	2/36	0	2/36	0	2/36	0	2/36	0	10/36
2	0	0	2/36	0	2/36	0	2/36	0	2/36	0	0	8/36
3	0	0	0	2/36	0	2/36	0	2/36	0	0	0	6/36
4	0	0	0	0	2/36	0	2/36	0	0	0	0	4/36
5	0	0	0	0	0	2/36	0	0	0	0	0	2/36
$f(y)$	1/36	2/36	3/36	4/36	5/36	6/36	5/36	4/36	3/36	2/36	1/36	1

2.7.5 　邊際機率密度函數

上表的聯合機率密度分布的表格還多出了最右邊一欄 $f(x)$ 和最下面一列 $f(y)$ ，多出來的欄和列就是**邊際機率密度函數**（*marginal probability density function*）。

我們將上面範例的表格一般化：

X ＼ Y	y_1	y_2	$\cdots$	y_j	$\cdots$	y_n	$f_x(x_i)$
x_1	$f(x_1,y_1)$	$f(x_1,y_2)$	$\cdots$	$f(x_1,y_j)$	$\cdots$	$f(x_1,y_n)$	$f_x(x_1)$
x_2	$f(x_2,y_1)$	$f(x_2,y_2)$	$\cdots$	$f(x_2,y_j)$	$\cdots$	$f(x_2,y_n)$	$f_x(x_2)$
$\vdots$	$\vdots$	$\vdots$	$\ddots$	$\vdots$	$\ddots$	$\vdots$	$\vdots$
x_i	$f(x_i,y_1)$	$f(x_i,y_2)$	$\cdots$	$f(x_i,y_j)$	$\cdots$	$f(x_i,y_n)$	$f_x(x_i)$
$\vdots$	$\vdots$	$\vdots$	$\ddots$	$\vdots$	$\ddots$	$\vdots$	$\vdots$
x_m	$f(x_m,y_1)$	$f(x_m,y_2)$	$\cdots$	$f(x_m,y_j)$	$\cdots$	$f(x_m,y_n)$	$f_x(x_m)$
$f_y(y_j)$	$f_y(y_1)$	$f_y(y_2)$	$\cdots$	$f_y(y_j)$	$\cdots$	$f_y(y_n)$	1

隨機變數 X 和隨機變數 Y 的聯合機率密度函數為：

$$f(x_i,y_j) = f(X=x_i, Y=y_j)$$

隨機變數 X 的邊際機率密度函數為：

$$f_x(x_i) = \sum_{j=1}^{n} f(x_i,y_j) \text{，也可以簡寫成 } f(x) = \sum_y f(x,y) \quad \cdots\cdots (2.7a)$$

隨機變數 Y 的邊際機率密度函數為：

$$f_y(y_j) = \sum_{i=1}^{m} f(x_i,y_j) \text{，也可以簡寫成 } f(y) = \sum_x f(x,y) \quad \cdots\cdots (2.7b)$$

聰明的讀者們應該能發現到，二維隨機變數的邊際機率密度函數等於一維隨機變數的機率密度函數，也就是說如果我們只看隨機變數 X 的邊際機率密度函數時 (也就是包括所有隨機變數 Y)，就等於只觀察隨機變數 X 的一維隨機變數的機率密度函數。

邊際機率密度函數的用意是當我們只能觀察到「兩個隨機變數聯合機率密度函數」和只知道其中「一個隨機變數的機率密度函數」的狀況下，我們是否能知道另一個隨機變數的機率密度函數。

這個邊際機率密度函數的轉換技巧，在機器學習和深度學習方法的理論推論很常用到，但通常我們不會特別去提這個叫做邊際機率密度函數，而是直接採用這個技巧。

前面介紹的條件機率範例 (見 2.5.1)：「某大學經由課程調查得知，70% 學生從來不翹課，從調查資料發現 90% 不翹課的學生會通過考試，而只有 40% 翹過課的學生會通過考試」，隨機變數有「翹過課」($X \in \{yes, no\}$) 和「通過考試」($Y \in \{pass, fail\}$)，我們整理此範例成聯合機率分布表：

X \ Y		考試		$f(x)$
		通過 (*Pass*)	不通過 (*fail*)	
翹過課	*yes*	$40\% \times (100-70)\%$ $=12\%$	$(100-40)\% \times (100-70)\%$ $=18\%$	30%
	no	$90\% \times 70\%$ $=63\%$	$(100-90)\% \times 70\%$ $=7\%$	70%
$f(y)$		75%	25%	100%

之前範例的問題是通過考試的學生不翹課的機率為何？

$$p(x = 不翹課 \mid y = 通過) = \frac{p(x = 不翹過, y = 通過)}{\not{p}(y = 通過)} = \frac{63\%}{75\%} = 84\%$$

上式中通過考試的邊際機率，也就是 $p(y = 通過)$ 會是

$$p(y = 通過) = \sum_{x=\{翹課、不翹課\}} p(x, y = 通過)$$
$$= p(x = 不翹課, y = 通過) + p(x = 翹課, y = 通過)$$
$$= 0.63 + 0.12 = 0.75$$

2.8　機器學習常用到的統計機率分布模型

統計學上的機率分布有很多種，此節只針對機器學習和深度學習在實務上較常採用的四種機率分布進行介紹。

2.8.1　伯努利分布 (Bernoulli Distribution)

伯努利試驗 (Bernoulli trial) 是指在單次的隨機試驗中結果只有兩種可能，如同擲一個銅板硬幣，只會出現正面和反面兩種結果；或是在抽獎的時候只有中獎和沒中獎兩種結果，這類的隨機試驗都稱為伯努利試驗。

伯努利分布的機率密度函數則是基於伯努利試驗來定義，假設伯努利試驗結果將成功的機率訂為 p，不成功的機率即為 $1-p$，隨機變數 X 服從伯努利分布 ($X \sim Bernoulli(p)$) 的機率密度函數為

$$f(x) = p^x(1-p)^{1-x} = \begin{cases} p & x = 1 \\ 1-p & x = 0 \end{cases} \quad \text{................................} \quad (2.8)$$

統計學上將符號～讀做「服從」，分布名稱後面括號內的變數稱為參數 (*parameter*)，也就是統計學上要從樣本來估計母體的未知參數。上例 X～ *Bernoulli*(p) 常簡寫為 X～$B(p)$，表示隨機變數 X 服從伯努力分布，此分布的參數為 p。

假設我們在一個袋子內有紅球和白球各 50000 個，隨機試驗是抽出白球的機率（p），在實驗抽取 100 個球出來發現白球有 40 個，所以推估白球的機率參數 p 為 $p = 40/100 = 0.4$，而紅球的機率為 $1 - p = 0.6$，由這個抽樣的過程來推算白球的比例就是在進行參數 (抽出白球的機率) 估計，這時候從袋子抽「一顆球」的機率密度函數為：

$$f(x) = p^x(1-p)^{1-x} = 0.4^x \times 0.6^{1-x} = \begin{cases} 0.4 & x = 1, 白球 \\ 0.6 & x = 0, 紅球 \end{cases}$$

2.8.2　二項分布（*Binomial Distribution*）

伯努利分布是在一次伯努利試驗中得到的機率分布，而在重複 n 次伯努利試驗，每個伯努利試驗結果彼此是獨立，而且每次成功的機率都是 p，令隨機變數 X 為成功的次數，得到的機率分布就是二項分布。因此當 $n = 1$ 的二項分布即是伯努利分布，所以二項分布是伯努利分布的普適化 (*generalization*) 版本。

隨機變數 X 服從參數是 n 和 p 的二項分布 (X～*Binomial*(n, p))，

$$f(x) = P(X = k) = C_k^n p^k (1-p)^{n-k} \quad \text{……………………} (2.9)$$

k 為 n 次伯努利試驗中的成功次數（$0 \le k \le n$，k 為整數），失敗的次數即是 $n - k$。$C_k^n = \dfrac{n!}{k!(n-k)!}$，讀做 C n 取 k。

假設 $n = 3, k = 2$ (實驗 3 次、成功 2 次)，$C_2^3 = \dfrac{3!}{2!(3-2)!} = \dfrac{3 \times 2 \times 1}{2 \times 1 \times 1} = 3$

$C_2^3 = 3$ 範例	第一次	第二次	第三次
第一種	1	1	0
第二種	1	0	1
第三種	0	1	1

假設 $n = 4, k = 2$ (實驗 4 次、成功 2 次)，$C_2^4 = \dfrac{4!}{2!(4-2)!} = \dfrac{4 \times 3 \times 2 \times 1}{2 \times 1 \times 2 \times 1} = 6$

$C_2^4 = 6$ 範例	第一次	第二次	第三次	第四次
第一種	1	1	0	0
第二種	1	0	1	0
第三種	1	0	0	1
第四種	0	1	1	0
第五種	0	1	0	1
第六種	0	0	1	1

我們換個角度來說明二項分布，1 次伯努利試驗的機率為 $p^x(1-p)^{1-x}$，在 n 次伯努利試驗代表有 n 個隨機變數 ($X_i, i = 1, 2, ..., n$) 都服從伯努利分布 ($X_i \overset{iid}{\sim} Bernoulli(p), i = 1, 2, ..., n$)，iid 為 $Independent\ and\ identically$ $distributed$ 縮寫，表示隨機變數之間獨立且同分布。n 個服從伯努利分布的隨機變數 ($X_i, i = 1, 2, ..., n$) 且有 k 次成功次數的聯合機率密度函數為：

$$f(X_1, X_2, ..., X_n) = f(X_1)f(X_2)...f(X_n)$$
$$= \prod_i^n (p^{x_i}(1-p)^{1-x_i}) = p^k(1-p)^{n-k}$$

k 為實驗成功 k 次，也就是 $k = x_1 + x_2 + ... + x_n$，因為：

$$x_i = \begin{cases} 1 & 成功 \\ 0 & 失敗 \end{cases}, \forall i = 1, 2, ..., n \text{。}$$

n 個服從伯努利分布隨機變數的聯合機率分布，並沒有順序性的概念，也就是第一次試驗成功其他都失敗 ($f(X_1 = 1, X_2 = 0,..., X_n = 0) = p^1(1-p)^{n-1}$)，和第二次試驗成功其他都失敗 ($f(X_1 = 0, X_2 = 1,..., X_n = 0) = p^1(1-p)^{n-1}$) 的結果都要算進來，所以我們需要將所有可能發生的組合都加起來。所以在 n 次試驗有 k 次成功次數的組合為 C_k^n，所以 n 次伯努利試驗的 k 次成功次數的聯合機率分布加上次序關係，則為二項分布機率密度函數：

$$C_k^n p^k (1-p)^{n-k}$$

$X \sim B(n, p)$ 代表隨機變數 X 服從二項分布，此分布的參數為 n 和 p。

2.8.3　均勻分布 (*Uniform Distribution*)

均勻分布為最廣泛使用且最為簡單的一種分布，其意義為隨機變數中每一個事件出現的機率是相等的。前面一直採用的「投擲一個公平骰子一次」即是一種均勻分布的型態。

假設有一隨機變數服從均勻分布 $X \sim U[a, b]$，a, b 為均勻分布的參數，皆為整數，且 $a < b$，這個 a 和 b 代表均勻分布的下限和上限，也就是說隨機變數 X 出現的最大值為 b、最小值為 a。

其機率密度函數：

$$f(x) = \begin{cases} \dfrac{1}{b-a+1} & x = a, a+1,..., b \\ 0 & O.W. \end{cases} \quad \cdots\cdots\cdots\cdots (2.10)$$

O.W. (*otherwise*) 是指 x 在 $a \sim b$ 的範圍以外

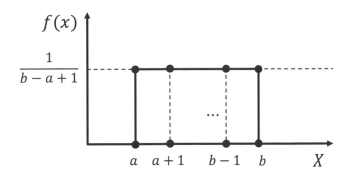

圖 2.16　均勻分布機率密度函數

令隨機變數 X 為投擲一個公正骰子一次出現之點數（均勻分布（$X \sim U[1,6]$）），則出現每一種點數的機率為 $\dfrac{1}{b-a+1}=\dfrac{1}{6-1+1}=\dfrac{1}{6}$，投擲一個公正骰子一次的機率分配為：

$$f(x)=\begin{cases}\dfrac{1}{6} & x=1,2,3,4,5,6 \\ 0 & O.W.\end{cases}$$

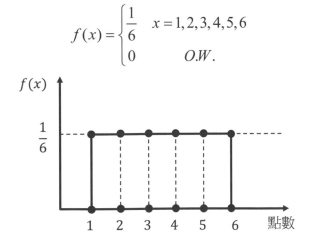

圖 2.17 投擲一個公平骰子的均勻分布機率密度函數

一般工程師在寫程式時會用到亂數產生器產生 0~1 之間的數字，如果沒有特別指定，基本上就是在均勻分布中去隨機產生亂數出來。

2.8.4　常態分布（*Normal Distribution*）

常態分布不管在任何領域都是最常被拿出來使用也是最重要的一種機率分布。常態分布的機率密度函數平均數為 μ、變異數為 σ^2（σ 稱為標準差），常態分布又稱為高斯分布（*Gaussian distribution*）。

假設有一隨機變數服從平均數 μ、變異數 σ^2 的常態分布（$X \sim N(\mu, \sigma^2)$），μ 和 σ 為此常態分布的參數，其機率密度函數（也稱為高斯機率密度函數）為：

$$f(x; \mu, \sigma^2) = \frac{1}{\sigma\sqrt{2\pi}} e^{-\frac{1}{2}\left(\frac{x-\mu}{\sigma}\right)^2} \quad \cdots\cdots\cdots\cdots (2.11)$$

平均數為 0，變異數為 1 的常態分布（$N(0,1)$）我們稱為標準常態分布（*Standard normal distribution*）。

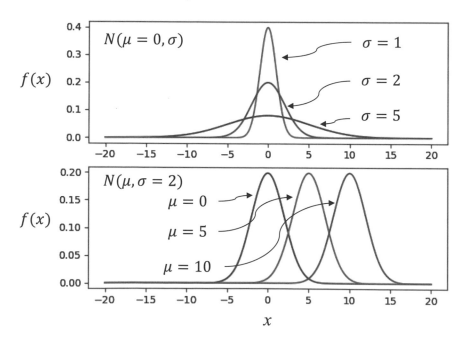

圖 2.18　常態分布在不同參數下的機率密度函數的差異。上圖為 μ 固定下，σ 在 1、2 和 5 下的差異；下圖為 σ 固定下，μ 在 0、5 和 10 下的差異。

由圖 2.18 的常態機率密度函數上可以發現當 σ 固定下，平均數的改變會影響資料分布的水平位置，也就是如果我們希望資料的平均數在 0 這個位置，我們只需要對資料做一個平均數平移 $(x-\mu)$；而當平均數 μ 固定下，σ 的變化會影響的是資料分布的寬度，也就是當變異數越大的時候資料散布的範圍就越大，而當變異數越小則資料越集中。若希望資料分布可以集中，則只需要對資料除上一個常數 $(\dfrac{x}{a}$，a 為常數$)$。由此可知藉由平均數平移和改變變異數的大小可改變資料分布的特性，而在統計學上最有名的方式即稱為 *z-score*：

$$z\text{-}score = \frac{x-\mu}{\sigma} \quad\text{...............................}\quad (2.12)$$

藉由 *z-score* 可以將任何服從 $X \sim N(\mu, \sigma^2)$ 的資料分布變成標準常態分佈 $(X \sim N(0,1))$，見下圖。在實務上 *z-score* 也是常用來做正規化 (*Standardization / Normalization*) 的一種技巧，藉由 *z-score* 的手法可以免去理論推論上的麻煩，以及避免不同變數資料之間的變異數差異過大造成建模的影響。

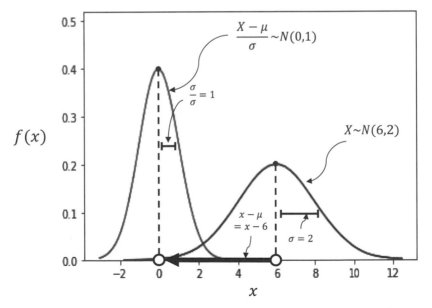

圖 2.19　藉由 *z-score* 的操作可以將常態分布 $(X \sim N(\mu, \sigma^2))$
轉換成標準常態分布 $(Z \sim N(0,1))$。

以下整理常態分佈的特性：

1. 平均數為正中線，形成左右對稱單峰的鐘形曲線分布。

2. 隨機變數的範圍為負無窮大到正無窮大，亦即 $X \in (-\infty, \infty)$。

3. 常態分布的平均數、中位數和眾數都是一樣的值。

4. 標準化之後的隨機變數 Z 所對應的是標準常態分布 $N(0,1)$。

Chapter

3

機器學習常用的
統計學 (一)

統計學研究的課題在於樣本資料的蒐集、整理、呈現、分析和解釋,藉由分析過程得到客觀的決策結果,依據內容又可將統計分成**敘述統計**(*descriptive statistics*)和**推論統計**(*inferential statistics*,也稱為統計推論)兩類。敘述統計包含樣本資料的蒐集和整理,然後用量化後的數字、整理成表格和圖表來描述研究的課題內容;統計推論則是針對研究課題,利用收集的樣本資料加以分析做出合理的估計和推測。

統計學一直是許多讀者的痛處,但其實具有資訊背景的讀者在基礎數學的課程或多或少都學習過一些概念,但因為專有名詞的關係讓人卻步,本章會介紹在機器學習或深度學習基本上會用到的相關統計學知識。

3.1 資料結構分類

任何研究課題最重要(甚至比建立學習模型還重要)的就是資料。「垃圾進,垃圾出(*Garbage in, garbage out*)」這句話不論在任何領域都適用,在統計學、機器學習和深度學習上更是如此。在分析前,資料品質和資料與研究課題的相關度都非常重要。好的資料和正確的資料如同是鑽石原礦一樣,經由正確的分析後就可以研磨得到有用又珍貴的訊息;但如果給予品質不好或不正確的資料,即使採取最強大的演算法或更複雜的模型,都不太可能得到好的分析模型來進行合理的估計和推測。

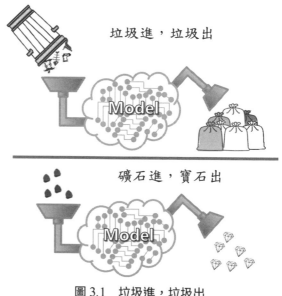

圖 3.1 垃圾進,垃圾出

3.1.1　「正確的資料」與「好品質的資料」

要得到「正確的資料」和「好品質的資料」，研究者在研究課題開始前就必須先琢磨資料蒐集方法與過程，雖然現今是大數據的時代，但數據多並不一定意味著數據正確和可靠，想要得到準確的分析和優良的模型，首先需要準確且可靠的數據。

「正確的資料」也就是和研究課題較相關的資料，例如要讓電腦學習分辨出「貓」和「狗」的差異，若資料蒐集了一堆汽車和機車的照片，就算用上最強的方法都沒有辦法讓電腦學習出「貓」和「狗」的差異，所以首先要能先定義出符合研究課題的資料。

而「好品質的資料」就是在蒐集到「正確的資料」後，還要找出是否有瑕疵的資料，確認收集資料是否完整，並排除因為外在因素造成的資料錯誤。例如問卷調查是 1~5 分級距的調查，結果填寫人員寫 10，或是根本沒有填寫而造成遺漏資料 (*missing data*)，這類因為人為造成的錯漏常常發生，即使有檢查機制都未必能百分之百正確，因此資料正確蒐集後的**資料清理**變得非常重要，資料經過清理後的可靠度才會比較高。

3.1.2　結構化資料

依據資料的屬性可將資料分為結構化、半結構化與非結構化資料。

結構化資料為整理好的資料表格，有定義好的欄位 (特徵)，已經可以拿來做數據分析，例如下表列出不同人的特徵資料：

ID	身高 (*cm*)	體重 (*kg*)	膚色	頭髮顏色	性別
1	180	80	*Yellow*	*Black*	*Male*
2	170	40	*Yellow*	*Brown*	*Female*
3	162	60	*Yellow*	*Black*	*Male*
4	172	50	*Yellow*	*Brown*	*Female*

一般機器學習會用的 *UCI* 資料庫 (由美國加州大學爾灣分校建立) 內的鳶尾花資料 (*Iris database*) 就屬於結構化資料。鳶尾花資料包括三種類別 (*Iris-setosa*、*Iris-versicolor* 和 *Iris-virginica*) 的花，並且有四種屬性包括萼片長度、萼片寬度、花瓣長度與花瓣寬度，這些屬性都已經量化 (數值化) 如下表，我們可以直接利用這些屬性來進行統計建模，這四個屬性也稱為特徵資料 (*feature data*)，在統計學上稱為隨機變數。鳶尾花資料庫每一類的樣本各有 50 筆資料，藉由每一類 50 筆隨機變數的樣本，進而推論出屬於每一個類別的機率函數。

萼片長度 (*cm*)	萼片寬度 (*cm*)	花瓣長度 (*cm*)	花瓣寬度 (*cm*)	類別
5.1	3.5	1.4	0.2	*Iris-setosa*
4.9	3	1.4	0.2	*Iris-setosa*
…	…	…	…	…
7	3.2	4.7	1.4	*Iris-versicolor*
6.4	3.2	4.5	1.5	*Iris-versicolor*
…	…	…	…	…
6.3	3.3	6	2.5	*Iris-virginica*
5.8	2.7	5.1	1.9	*Iris-virginica*
…	…	…	…	…

3.1.3 非結構化資料

非結構化資料泛指的是未經整理過的資料，也就是資料的原始樣貌，例如圖片、影片、網頁或是一串長度不一的文字等都屬於非結構化資料。

UCI 資料庫內的 *SMS* 垃圾郵件收集資料集 (*SMS Spam Collection Dataset*) 就屬於文字類型的非結構化資料，其資料庫內容為類別 (*spam*：垃圾訊息／

ham：有效訊息)，以及對應的 *SMS* 訊息 (字串)，簡單說就是給你一串 *SMS* 字串，然後要判斷這串文字是不是垃圾訊息，請看下圖：

text (原始資料)	Class (類別)
Go until jurong point, crazy.. Available only in bugis n great world la e buffet... Cine there got amore wat...	ham
Ok lar... Joking wif u oni...	ham
Free entry in 2 a wkly comp to win FA Cup final tkts 21st May 2005. Text FA to 87121 to receive entry question(std txt rate)T&C's apply 08452810075over18's	spam
U dun say so early hor... U c already then say...	ham
Nah I don't think he goes to usf, he lives around here though	ham
FreeMsg Hey there darling it's been 3 week's now and no word back! I'd like some fun you up for it still? Tb ok! XxX std chgs to send, 1.50 to rcv	spm

圖 3.2　*SMS* 字串內容

再舉一個常見的非結構化資料就是深度學習範例常用到的 *MNIST* 手寫數字辨識資料集，此資料集是由六萬筆訓練資料和一萬筆測試資料組成。*MNIST* 資料集裡的每一筆資料皆由數字的影像 (下圖) 與類別 (每張圖對應的真實數字) 所組成。

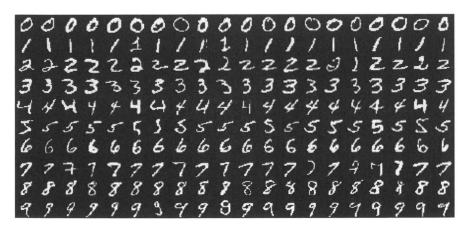

圖 3.3　*MNIST* 手寫辨識資料集的部分影像

3.1.4　半結構化資料

半結構化資料顧名思義就是介於結構化和非結構化之間，例如類似結構化資料有標準欄位制定，但卻有遺漏值或是欄位有一串長度不一的文字，類似下表：

ID	身高 (cm)	體重 (kg)	膚色	地址
1	180	80	Yellow	新竹市 O 區 O 路 O 號 O 樓
2		40	Yellow	新北市 X 區 X 路 X 號 X 樓
3	162		Yellow	台中市 OX 區 OX 路
4	172	50	Yellow	高雄市 XO 區 XO 路 XO 號

不同的資料型態在統計學、機器學習或是深度學習都有不同的處理方式。在統計學和機器學習需要將非結構和半結構的資料透過資料特性進行資料的轉換，也就是將非結構部分的資料做量化得到結構化資料，例如前面提及的 UCI 資料庫內的 SMS 垃圾郵件資料集。

SMS 內容為一串文字 (非結構資料)，我們怎麼針對 SMS 的文字進行垃圾郵件和非垃圾郵件的分類？因此需要從文字上進行特徵萃取，將非結構化資料轉換成結構化資料，例如 TF-IDF (Term Frequency-Inverse Document Frequency，對文件中的文字進行分析的技術) 的方式，而這個非結構化資料轉換到結構化資料的過程稱為特徵工程中的**特徵擷取** (feature extraction)。

深度學習則可直接從大量資料中處理非結構化資料。深度學習會自動從非結構化圖像資料中學習資料特性以進行特徵擷取，將非結構轉換成結構化資料，這個過程得到的特徵資料稱為**嵌入特徵** (embedding feature)，如下圖：

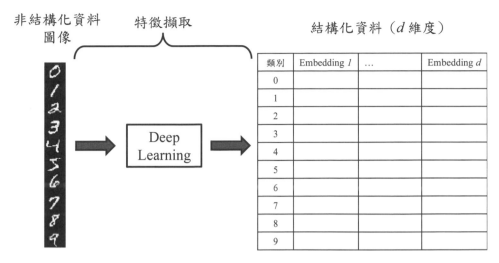

圖 3.4　深度學習能自動化做特徵擷取

3.2　將統計量作為資料的特徵表徵

深度學習可以自動從資料中學習特徵表徵 (*Feature representation*)，但在機器學習或是資料科學則需要人為介入，尤其是資料科學需要探討資料背後隱含的特性或是挖掘眾多資料內的有效訊息，該如何挑選出資料的特徵呢？一般通常會利用統計量 (*statistic*) 來作為機器學習和資料科學中的特徵表徵，藉由觀察統計量來做後續的應用，所以特徵工程最簡單的方法就是用統計量進行特徵擷取來當作特徵表徵。因此我們接下來就要瞭解常用的統計量。

 統計量 (*statistic*)：將抽樣資料進行統計運算後得到的值，例如平均數、變異數等等。

期望值 (*expectation*) 在描述資料和統計推論最常被使用。其目的是希望由過去蒐集的資料中，在事件未發生前，進行統計推論得到一個期望值 (預期出現的值)。例如在還沒有投擲一個六面骰子之前，我們是否就可以預期出骰子出現的點數大小是多少。

期望值的定義是，假設隨機變數 X 的機率分布是 $f(x)$，其期望值為：

$$E(X) = \sum_x x f(x)$$

從公式來看，其實期望值就是計算加權平均，其中 x 是隨機變數的值，$f(x)$ 是隨機變數的權值 (*weight*) 或稱權重。

六面骰子點數的期望值

以投擲一個公正的六面骰子來說，隨機變數 $X \in \{1, 2, 3, 4, 5, 6\}$，期望值算法：

$$E(X) = \sum_{x=1}^{6} x f(x) = 1 \times \frac{1}{6} + 2 \times \frac{1}{6} + 3 \times \frac{1}{6} + 4 \times \frac{1}{6} + 5 \times \frac{1}{6} + 6 \times \frac{1}{6} = \frac{21}{6} = 3.5$$

所以我們在投擲一顆骰子前，點數大小的期望為 3.5 (平均數)，所以期望值在某些機率分布中代表的意義就是平均數。在這個例子裡是因為 $f(x)$ 對於 1、2、…、6 的點數其值都是 $\frac{1}{6}$，所以看起來就是算術平均數，但如果 $f(x)$ 的值會隨 x 而改變，那就是權重平均數而非簡單的骰子點數的算術平均數了。

均勻分布的期望值

接著，我們來看看均勻分布的期望值，假設隨機變數 X 服從均勻分布 $U(a,b)$，其期望值為：

$$
\begin{aligned}
E(X) &= \sum_x xf(x) = \sum_{x=a}^b x\frac{1}{b-a+1} \\
&= \frac{1}{b-a+1}(a+(a+1)+\cdots+b) \\
&= \frac{1}{b-a+1}\left[\frac{(a+b)(b-a+1)}{2}\right] \\
&= \frac{a+b}{2}
\end{aligned}
$$

所以均勻分布的期望值也為平均數。上例骰子每一面出現的機率各為 $\dfrac{1}{6}$，即屬於均勻分佈，我們可以直接套入公式 $\dfrac{a+b}{2} = \dfrac{1+6}{2} = 3.5$ 即可驗證。

標準常態分布 $N(0,1)$ 的隨機變數期望值

假設隨機變數 X 服從標準常態分布 $N(0,1)$，其期望值為：

$$
E(X) = \int_{-\infty}^{\infty} x \cdot f(x)\,dx
$$

$$
= \int_{-\infty}^{\infty} x \cdot \frac{1}{\sqrt{2\pi}} e^{-\frac{1}{2}x^2}\,dx
$$

因為 $x \cdot e^{-\frac{1}{2}x^2}$ 剛好是 $e^{-\frac{1}{2}x^2}$ 的微分乘以 -1

$$
= -\frac{1}{\sqrt{2\pi}} e^{-\frac{1}{2}x^2}\Bigg|_{-\infty}^{\infty}
$$

$$
= -\frac{1}{\sqrt{2\pi}} - \left(-\frac{1}{\sqrt{2\pi}}\right) = 0
$$

標準常態分布是左右對稱於 0，所以負 x 值出現的機率和相對面的正 x 值機率相同，因此標準常態分布的期望值 $E(X) = 0$。

一般常態分布 $N(\mu, \sigma)$ 的隨機變數期望值

若隨機變數 X 服從一般常態分布 $N(\mu, \sigma)$，令 $Z = \dfrac{x-\mu}{\sigma} \Rightarrow x = \mu + \sigma Z$（標準化），經過標準化之後，$Z$ 就服從 $N(0,1)$ 分布，因此 $E(Z) = 0$，因為隨機變數 $X = \mu + \sigma Z$，所以：

$$E(X) = E(\mu + \sigma Z) = E(\mu) + \sigma E(Z) = \mu$$

$$E(Z) = 0$$

所以服從常態分布 $N(\mu, \sigma)$ 的隨機變數 X 的期望值為平均數 μ。

連續型常態分布的推論會更複雜，需先證明 $\displaystyle\int_{-\infty}^{\infty} e^{-x^2} dx = \sqrt{\pi}$，有興趣的讀者可以參考微積分的高斯函數。

3.2.2　各階中心動差

動差

動差 (*moment*) 也是統計學常用的統計量，主要用來評估隨機變數與特定值 a 之間差異的 n 次方之期望值。假設 X 為一隨機變數，其與特定值 a 的 n 階動差定義為：

$$E\left((X-a)^n\right)$$

中心動差 $a = \mu$

上式的 n 階動差，若 $a = \mu$，μ 為 X 的平均數，則 $E\left(\left(X - \mu\right)^n\right)$ 代表隨機變數 X 的 n 階**中心**動差 (*Central moment*，亦稱中央動差或主動差)，也就是以平均數 μ 為中心的 n 階動差。

0 階與 1 階中心動差

當 $n = 0$ 為 0 階中心動差 $E\left(\left(X - \mu\right)^0\right) = E\left(1\right)$，其值必等於 1。

當 $n = 1$ 為 1 階中心動差 $E\left(X - \mu\right) = E\left(X\right) - \mu = 0$，其值必等於 0。

2 階中心動差：變異數

當 $n = 2$，2 階中心動差 $E\left(\left(X - \mu\right)^2\right)$ 就是變異數 (*Variance*) 的定義，符號上常用 $Var(X)$ 或 σ_X^2 來表示變異數，而變異數的平方根 $\sigma_X = \sqrt{Var(X)}$ 稱為標準差 (*Standard deviation*)。

變異數就是隨機變數和其中心點 (平均數) 差值平方的期望值，其使用意義是在估算隨機變數資料分布的分散程度，變異數越大代表資料分散程度越大。

上式是變異數的一般式，當 X 有 n 個樣本點，且服從均勻分布 $X \sim U\left(1, n\right)$：

$$f(x_i) = \begin{cases} \dfrac{1}{n} & i = 1, 2, ..., n \\ 0 & O.W. \end{cases}$$

$$E\left((X-\mu)^2\right)$$

$$=\sum_{i=1}^{n}(x_i-\mu)^2 f(x_i)$$

$$=\frac{1}{n}\sum_{i=1}^{n}(x_i-\mu)^2$$

這就是讀者常見的變異數公式。

3 階中心動差：偏度，4 階中心動差：峰度

統計學上除了期望值(平均數)和變異數之外，當我們將 n 階動差函數擴充到 $n=3,4$，再加上 *z-score* 標準化，即可得到：

當 $n=3$ 的 3 階標準中心動差也就是**偏度**(*Skewness*) 的定義；

當 $n=4$ 的 4 階標準中心動差就是**峰度**(*Kurtosis*) 的定義。

「**偏度**」為量化隨機變數機率的不對稱性，用來敘述資料分布的偏斜方向和大小程度的一種估算統計量，其公式如下：

$$Skewness = E\left(\left(\frac{X-\mu}{\sigma}\right)^3\right) = E\left(Z^3\right)$$

當資料分布為常態分佈(鐘形且對稱的)，偏度就是 0，而當資料分布偏左稱為正偏度(偏度算出來的值為正數)，資料分布偏右稱為負偏度(偏度算出來的值為負數)，請參閱下圖：

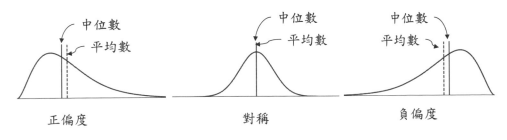

圖 3.5　資料分布的偏度

如果我們假設資料為常態分佈，只使用平均數和標準差當作特徵值而忽略資料的不對稱性，這會導致在做資料的特徵擷取過程中沒取到能表現出差異性的特徵值。例如上面三個分布圖隨機變數的平均數與標準差都相同 (不具差異性)，但資料分布明顯不同，此時選擇中位數與偏度作為特徵值才能呈現出三者的差異。

「**峰度**」為量化隨機變數機率分布的尖度，若峰度值越大，中間會越尖，也代表分布的尾部越厚，其公式定義如下

$$Kurtosis = E\left(\left(\frac{X-\mu}{\sigma}\right)^4\right) = E\left(Z^4\right)$$

有的時候公式會再減去 3，

$$Kurtosis = E\left(\left(\frac{X-\mu}{\sigma}\right)^4\right) - 3$$

因為標準常態分佈的峰度為 3，減去 3 的用意是希望標準常態分佈的峰度為 0。

下圖列出的三種資料分布與對應的峰度值，黑線為拉普拉斯分布 (*Laplace distribution*，峰度 2.7)，灰線為標準常態分佈 (峰度為 0)，方形線為均勻分布。

由圖可以知道當分布不同的時候可以從峰度算出差異度，尾部資料越多(越厚)其峰度值就會越大。

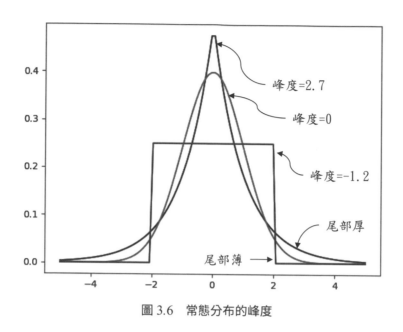

圖 3.6　常態分布的峰度

3.2.3 相關係數與共變異數

當資料呈現多維度情況，也就是多特徵 (*feature*) 或稱多隨機變數的情況。除了上述單變數隨機變數的機率分布特徵之外，維度之間的關係也可以當作特徵資料，本節要介紹的共變異數 (*Covariance*) 就可用來檢視多維度變數之間的相關性，而相關係數 (*Correlation Coefficient*) 則是基於共變異數得到的統計量。

一般來說，我們在沒特別定義時所講的相關係數，通常就是指「皮爾森相關係數 (*Pearson's correlation coefficient*)」，但當變數之間是順序尺度時就會採用「斯皮爾曼等級相關係數 (*Spearman's rank correlation coefficient*)」，此節我們會以皮爾森相關係數來介紹。

相關係數常用在機器學習或是統計分析上，主要是用來衡量兩隨機變數之間的「線性」關聯性，例如下圖呈現的線性關係和非線性關係圖，這邊要稍微注意一下兩個變數之間的樣本必須要成對才能計算相關係數。

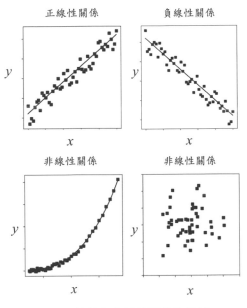

圖 3.7　線性和非線性關係的範例

共變異數 (*covariance*) 是用來計算相關係數的一個統計量，主要用來衡量兩個隨機變數共同變化的程度，也就是其線性關係。共變異數定義公式如下：

$$Cov(X,Y) = E((X - \mu_X)(Y - \mu_Y)) = \frac{1}{n}\sum_{i=1}^{n}(x_i - \mu_x)(y_i - \mu_y)$$

而當 $X = Y$，則 $Cov(X,Y)$ 就等於計算隨機變數 X 的變異數 ($Var(X)$)：

$$Cov(X,Y) = Cov(X,X) = E((X - \mu_X)(X - \mu_X)) = E((X - \mu_X)^2) = Var(X)$$

如果兩個隨機變數的變化趨勢一致，就代表兩個變數之間的線性關係很強；反之，趨勢不一致則就表示兩個變數之間沒有線性關係。以下舉兩個範例

來說明如何計算共變異數。範例 1：「男生的身高和體重的共變異數」，範例 2：「房子價錢和坪數的共變異數」。

範例 1		範例 2	
身高(X)，單位公分	體重(Y)，單位公斤	價錢(X)，單位百萬	坪數(Y)
180	80	20	60
175	70	15	55
170	70	13	50
165	70	10	45
160	50	7	40

範例 1 計算出的共變異數為：

範例 1 男生的身高和體重的共變異數				
身高(X)	體重(Y)	$(x_i - \mu_x)$	$(y_i - \mu_y)$	$(x_i - \mu_x)(y_i - \mu_y)$
180	80	10	12	120
175	70	5	2	10
170	70	0	2	0
165	70	-5	2	-10
160	50	-10	-18	180

男生的身高和體重的共變異數 $\dfrac{1}{5}\sum_{i=1}^{n}(x_i - \mu_x)(y_i - \mu_y) = 300 / 5 = 60$。

範例 2 計算出的共變異數為：

範例 2 房子價錢和坪數的共變異數				
價錢(X)	坪數(Y)	$(x_i - \mu_x)$	$(y_i - \mu_y)$	$(x_i - \mu_x)(y_i - \mu_y)$
20	60	7	10	70
15	55	2	5	10
13	50	0	0	0
10	45	-3	-5	15
7	40	-6	-10	60

房子價錢和坪數的共變異數 $\dfrac{1}{5}\displaystyle\sum_{i=1}^{n}\left(x_i-\mu_x\right)\left(y_i-\mu_y\right)=155\,/\,5=31$ 。

單位不同就不能用共變異數比較線性相關性

共變異數是在描述兩隨機變數的線性關係，雖然共變異數的計算方式可以找出兩個隨機變數變化趨勢的一致性，範例 1「男生的身高和體重的共變異數為 60)」，而範例 2「房子價錢和坪數的共變異數為 31」，這時候可以說「男生的身高和體重」的線性關係比「房子價錢和坪數」高嗎？

從範例 1 和範例 2 的計算過程中應該可以觀察出來，共變異數計算出來的值是依據隨機變數的度量單位來表示的，「男生的身高和體重的共變異數」算出來的單位是公分 * 公斤，「房子價錢和坪數的共變異數」算出來的單位是價錢 * 坪數，所以範例 1 和範例 2 的共變異數是不能直接用來比較的 (度量基準不同)。為了解決這個問題，我們引進了相關係數的概念。

用皮爾森相關係數評估線性相依性

只要將共變異數除上兩個隨機變數的標準差，就可以消除單位不同造成無法在同一尺度下比較的問題。

假設有兩個隨機變數 X 和 Y ，皮爾森相關係數 (correlation coefficient) 公式定義如下：

$$\rho = \frac{E((X-\mu_X)(Y-\mu_Y))}{\sqrt{E\left((X-\mu_X)^2\right)}\sqrt{E\left((Y-\mu_Y)^2\right)}} = \frac{Cov(X,Y)}{\sigma_X \sigma_Y}$$

μ_X 和 μ_Y 分別為隨機變數 X 和 Y 的平均數，σ_X 和 σ_Y 分別為隨機變數 X 和 Y 的變異數，且 $-1 \le \rho \le 1$ 。

回到剛剛「男生的身高和體重」和「房子價錢和坪數」的範例，這時候我們用相關係數公式來計算範例 1 與範例 2 的相關係數

身高 (X)	體重 (Y)	$(x_i - \mu_x)$	$(y_i - \mu_y)$	$(x_i - \mu_x)(y_i - \mu_y)$	σ_X^2	σ_Y^2
身高和體重的相關係數						
180	80	10	12	120	100	144
175	70	5	2	10	25	4
170	70	0	2	0	0	4
165	70	-5	2	-10	25	4
160	50	-10	-18	180	100	324
			平均數	60	50	96
			平方根		7.07	9.80
			ρ			0.866

價錢 (X)	坪數 (Y)	$(x_i - \mu_x)$	$(y_i - \mu_y)$	$(x_i - \mu_x)(y_i - \mu_y)$	$(x_i - \mu_x)^2$	$(y_i - \mu_y)^2$
房子價錢和坪數的相關係數						
20	60	7	10	70	49	100
15	55	2	5	10	4	25
13	50	0	0	0	0	0
10	45	-3	-5	15	9	25
7	40	-6	-10	60	36	100
			平均數	31	19.6	50
			平方根		4.43	7.07
			ρ			0.990

所以房子價錢和坪數（ $\rho = 0.990$ ）的線性相關程度比男生的身高和體重（ $\rho = 0.866$ ）高。因為在計算相關係數的過程，共變異數會除上兩個隨機變數的變異數，所以可以去掉共變異數度量時的單位，

$$\rho = \frac{Cov(X,Y)}{\sigma_X \sigma_Y} = \frac{Cov(X,Y)(\text{單位:公分} \times \text{公斤})}{\sigma_X(\text{單位:公分}) \times \sigma_Y(\text{單位:公斤})}$$

這時分子和分母的單位會相互抵消，相關係數回到比值的基準線，值會落在正負 1 之間。

相關係數範圍介於 -1 到 1

至於相關係數為什麼會介於 -1 到 1 之間，可以從兩個方向來說明。

做法一：利用柯西不等式（*Cauchy-Schwarz inequality*）來證明。

我們將相關係數取平方

$$\rho^2 = \left(\frac{Cov(X,Y)}{\sigma_X \sigma_Y} \right)^2$$

分子項： $Cov^2(X,Y) = \left(E\left[(X - \mu_X)(Y - \mu_Y) \right] \right)^2$

分母項： $\sigma_X^2 \sigma_Y^2 = E[(X - \mu_X)^2] E[(Y - \mu_Y)^2]$

套用柯西不等式可得出相關係數介於 -1 到 1 之間：

$$Cov^2(X,Y) = \left(E\left[(X - \mu_X)(Y - \mu_Y) \right] \right)^2 \leq E[(X - \mu_X)^2] E[(Y - \mu_Y)^2] = \sigma_X^2 \sigma_Y^2$$

$$\Rightarrow \frac{Cov^2(X,Y)}{\sigma_X^2 \sigma_Y^2} = \rho^2 \leq 1$$

$$\Rightarrow -1 \leq \rho \leq 1$$

做法二：藉由變異數轉換的技巧來證明。

假設 $Z = aX + Y$，

$$Var(Z) = Var(aX + Y) = a^2 Var(X) + Var(Y) + 2aCov(X, Y)$$

此時的 a 對此變異數是兩個隨機變數（X 和 Y）的合成權重，我們可將 a 視為未知參數，所以這時候對 a 做偏微分等於 0，求 a 的最佳解：

$$\frac{\partial Var(aX + Y)}{\partial a} = 2aVar(X) + 2Cov(X, Y) = 0 \Rightarrow a = -\frac{Cov(X, Y)}{Var(X)}$$

然後將 a 代回變異數式子：

$$
\begin{aligned}
Var(Z) &\\
&= E\left[(Z - \mu_z)^2\right] = E\left[Z^2 - 2\mu_z Z + \mu_z^2\right] \\
&= E\left[Z^2\right] - \mu_z^2 = E\left[Z^2\right] - E^2[Z] \\
&= E\left[(aX + Y)^2\right] - E^2\left[(aX + Y)\right] \\
&= E\left[a^2 X^2 + 2aXY + Y^2\right] - \left[a^2 E^2[X] + 2aE[X]E[Y] + E^2[Y]\right] \\
&= a^2\left\{E\left[X^2\right] - E^2[X]\right\} + \left\{E\left[Y^2\right] - E^2[Y]\right\} + 2a\left\{E[XY] - E[X]E[Y]\right\} \\
&= a^2 Var(X) + Var(Y) + 2aCov(X, Y) \\
&= \left(\frac{Cov(X, Y)}{Var(X)}\right)^2 Var(X) + Var(Y) - 2\frac{Cov(X, Y)}{Var(X)}Cov(X, Y) \\
&= Var(Y) - \frac{Cov^2(X, Y)}{Var(X)}
\end{aligned}
$$

因為變異數恆大於等於 0，亦可得到相關係數的範圍：

$$Var(Z) \geq 0$$
$$\Rightarrow Var(aX + Y) \geq 0$$
$$\Rightarrow Var(Y) - \frac{Cov^2(X,Y)}{Var(X)} \geq 0$$
$$\Rightarrow Var(X)Var(Y) \geq Cov^2(X,Y)$$
$$\Rightarrow \frac{Cov^2(X,Y)}{\sigma_X^2 \sigma_Y^2} = \rho^2 \leq 1$$
$$\Rightarrow -1 \leq \rho \leq 1$$

注意！統計學一般用 ρ 來表示母體相關係數 (*population correlation coefficient*)，用 *r* 來表示樣本相關係數 (*sample correlation coefficient*)，不過在機器學習上並不需要嚴謹到用符號來區隔母體或樣本的差異。

兩隨機變數之間統計獨立，則隨機變數間的共變異數為 0

當兩個隨機變數 X、Y 為統計獨立時，則兩隨機變數乘積的期望值有下面的性質：

$$E[XY] = E[X]E[Y]$$

此性質的證明可依據期望值的定義而來：

$$E[X] = \sum_x x f(x)$$

因此

$$E[XY] = \sum_x \sum_y xy \cdot f(x,y)$$

已知 X、Y 是獨立的隨機變數，我們就可將 $f(x,y)$ 拆開成兩獨立函數 $f(x,y)=g(x)h(y)$：

$$E[XY] = \sum_x \sum_y xy \cdot f(x,y)$$

$$= \sum_x \sum_y xy \cdot g(x)h(y)$$

$$= \sum_x xg(x) \cdot \sum_y yh(y)$$

$$= E[X]E[Y] = \mu_X \mu_Y$$

X、Y 的共變異數為：

$$Cov(X,Y) = E\left[(X-\mu_X)(Y-\mu_Y)\right]$$

$$= E[XY] - \mu_X E[Y] - \mu_Y E[X] + \mu_X \mu_Y$$

$$= E[XY] - \mu_X \mu_Y$$

再根據 $E[XY]=E[X]E[Y]=\mu_X\mu_Y$ 的性質，可得共變異數為 0：

$$Cov(X,Y) = E[XY] - \mu_X \mu_Y = \mu_X \mu_Y - \mu_X \mu_Y = 0$$

但反過來，當 $Cov(X,Y)=0$ 則無法證明 X 和 Y 為統計獨立，因為

$$Cov(X,Y) = 0$$
$$\Rightarrow E[XY] - \mu_X \mu_Y = 0$$
$$\Rightarrow E[XY] = \mu_X \mu_Y$$

只能證明 $E[XY]=\mu_X\mu_Y$，無法證明 $E[XY]=E[X]E[Y]$。

3.2.4 共變異數矩陣

當變數大於兩個以上，則可以用共變異數矩陣 (*Covariance matrix*) 來描述整批資料的分散量或分散性。

假設有 d 個隨機變數和 n 筆資料，整個資料的矩陣為 $\mathbf{X} \in \mathbb{R}^{d \times n}$，

$$\mathbf{X} = \begin{bmatrix} \mathbf{x}_1 & \mathbf{x}_2 & \cdots & \mathbf{x}_n \end{bmatrix} = \begin{bmatrix} x_{11} & x_{21} & \cdots & x_{n1} \\ x_{12} & x_{22} & \cdots & x_{n2} \\ \vdots & \vdots & \ddots & \vdots \\ x_{1d} & x_{2d} & \cdots & x_{nd} \end{bmatrix}$$

其中 $\mathbf{x}_i$ 表示第 i 筆資料

$$\mathbf{x}_i = \begin{bmatrix} x_{i1} \\ x_{i2} \\ \vdots \\ x_{id} \end{bmatrix}$$

第 j 個變數和第 k 個變數的共變異數為

$$Cov(X_j, X_k) = E\left[\left(X_j - E\left(X_j\right) \right) \left(X_k - E\left(X_k\right) \right)^T \right]$$

共變異數矩陣定義為

$$\Sigma = \begin{bmatrix} Cov(X_1, X_1) & Cov(X_1, X_2) & \cdots & Cov(X_1, X_d) \\ Cov(X_2, X_1) & Cov(X_2, X_2) & \cdots & Cov(X_2, X_d) \\ \vdots & \vdots & \ddots & \vdots \\ Cov(X_d, X_1) & Cov(X_d, X_2) & \cdots & Cov(X_d, X_d) \end{bmatrix}$$

所以矩陣內第 i 列和第 j 行的元素，就是變數 X_i 和變數 X_j 的共變異數。

共變異數矩陣特性：

1. Σ 為方陣。

2. Σ 為對稱矩陣（*symmetric matrix*），$\Sigma = \Sigma^T$，
   $Cov(X_i, X_j) = Cov(X_j, X_i)$。

3. Σ 為半正定矩陣（*positive semi-definite matrix*），也就是其行列式必須大
   於等於 0，$\det(\Sigma) \geq 0$。

如何從共變異數矩陣來敘述資料集的分散量？接下來我們將利用兩個來自
常態分佈的隨機變數（X_1 和 X_2）來進行生成資料，

$$X_1 \sim N(0,5) \text{，} X_2 \sim N(0,2)$$

共變異數矩陣為

$$\Sigma = \begin{bmatrix} Cov(X_1,X_1) & Cov(X_1,X_2) \\ Cov(X_2,X_1) & Cov(X_2,X_2) \end{bmatrix} = \begin{bmatrix} Var(X_1) & Cov(X_1,X_2) \\ Cov(X_2,X_1) & Var(X_2) \end{bmatrix} = \begin{bmatrix} 5 & Cov(X_1,X_2) \\ Cov(X_2,X_1) & 2 \end{bmatrix}$$

我們依據不同的 $Cov(X_2, X_1)$ 設定所產生的三組範例來進行後續的資料生
成，來視覺化看看不同共變異數矩陣生成的資料在二維空間的分布：

範例一： X_1 和 X_2 彼此獨立（$Cov(X_1, X_2) = 0$），其共變異數矩陣

$$\Sigma = \begin{bmatrix} 5 & 0 \\ 0 & 2 \end{bmatrix} \text{。}$$

範例二： X_1 和 X_2 彼此非獨立（$Cov(X_1, X_2) = 1$），其共變異數矩陣

$$\Sigma = \begin{bmatrix} 5 & 1 \\ 1 & 2 \end{bmatrix} \text{。}$$

範例三： X_1 和 X_2 彼此非獨立（$Cov(X_1, X_2) = 3$），其共變異數矩陣

$$\Sigma = \begin{bmatrix} 5 & 3 \\ 3 & 2 \end{bmatrix} \text{。}$$

我們將這三個範例參數從常態分佈生成各自一萬筆資料，並將這一萬筆生成資料畫成散佈圖(下圖)，

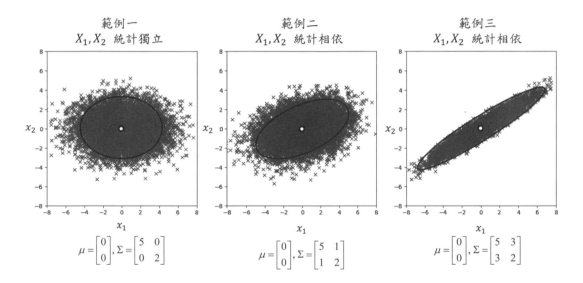

圖 3.8　X_1 和 X_2 統計獨立（左圖）和統計相依（中、右圖）的散佈圖，圖中的橢圓型用來描述資料的分散型態。

這 3 個範例只差在 $Cov(X_1, X_2)$ 部份，從資料的散佈圖就可以清楚發現，共變異數值會影響兩個變數之間的線性關係，共變異數值越大的線性關係越強，則生成的圖形就越扁長，而當共變異數等於 0 時（上圖範例一），產生的資料則無法觀測出任何的線性關係。

MEMO

機器學習常用的
統計學 (二)

在本章會介紹一些在統計學中經常看到的專有名詞，對以後研讀機器學習的文章或書籍會比較有概念，而且對自己將來做研究也很有幫助，不至於一頭霧水。

4.1 母體與樣本估計

在進行任何研究的過程中，現實上往往無法實際收集或量測到所有的資料。例如：「某縣市長選舉的合格投票人口有 70 萬選民，他們會投給哪一位候選人呢？」這 70 萬合格選民就是**母體** (*Population*)，雖然對這 70 萬人做完整投票意向調查的結果一定最準確，但現實狀況不太可能有足夠的人力、經費與時間做到，因此只好用統計的方法從母體中隨機抽出 1000 位選民作代表來調查他們的投票意向，這 1000 位選民就稱為**樣本** (*Sample*)。

我們在此需要認識一些統計上常見的名詞：**母體**就是待研究議題的全體，它是已固定存在的群體。**樣本**就是從母體中隨機抽出的子集合，從母體抽出的樣本數量稱為**樣本數** (*Sample size*)，這個抽出來的動作稱為**抽樣** (*Sampling*)。基本上，抽出的樣本數越多，進行統計分析推論出的母體情況就越準確，而當抽出的樣本數等於總母體數，它就 100% 準確，這樣的抽樣就稱為**普查** (*Census*)。當樣本數小於母體時，樣本所提供的資訊必然少於母體，因而會有**抽樣誤差** (*Sampling Error*) 發生。

我們通常用 μ 表示母體平均數，σ 表示母體標準差，σ^2 表示母體變異數；而從樣本資料算出的平均數、標準差稱為樣本平均數和樣本標準差，通常用 $\bar{X}$ 表示樣本平均數，S 表示樣本標準差，S^2 表示樣本變異數。

我們從前面調查投票意向的範例，可以清楚知道母體平均數和母體標準差在大多數的情況下都是未知的，因此只能退而求其次利用抽樣取出的樣本去估計母體的參數，也就是用 $\bar{X}$ 來估計 μ，用 S 來估計 σ，用 S^2 來估計 σ^2。下面我們就來看看這樣的估計是否合理。

4.1.1　樣本統計量 (*Statistic*) 與抽樣分布 (*Sampling distribution*)

我們要有一個觀念是，母體的參數 (簡稱母數) 例如 μ、σ 是固定的常數，但卻是我們不知道而想要用抽樣來估計的。抽樣的樣本尚未抽出之前，我們並不知道它的值，所以是隨機變數，例如 $\overline{X}$ 或 S，稱為統計量 (*Statistic*)，我們要用它來估計母數。

既然統計量是隨機變數，就會有它的機率分布 (見 2.7.1 節)，抽樣統計量的機率分布叫做抽樣分布 (*Sampling distribution*)。只要知道機率分布，我們就能算出隨機變數的相關機率及指標，所以在做抽樣估計前，我們必須先研究一些統計量的抽樣分布及其相關性質。首先，我們來看 2 個最常用的統計量，即樣本平均數 $\overline{X}$ 和樣本變異數 S^2。

我們從母體中隨機抽出 n 個樣本 $X_1, X_2, \cdots, X_n$ 即可算出樣本平均數 $\overline{X}$ 和樣本變異數 S^2（S^2 的公式會在 4.1.3 節定義），以下我們要從樣本平均數和樣本變異數推導出它的期望值會等於母體平均數與母體變異數。有關期望值與變異數，建議讀者回顧一下 3.2.1、3.2.2 節的定義，觀念會比較清楚。

4.1.2　樣本平均數的期望值 $E(\overline{X})$ 等於母體平均數 μ

樣本平均數 ($\overline{X}$) 的期望值為：

$$E\left(\overline{X}\right) = E\left(\frac{1}{n}\sum_{i=1}^{n} X_i\right)$$

$$= \frac{1}{n}E\left(X_1 + X_2 + ... + X_n\right) = \frac{1}{n}\left(E\left(X_1\right) + E\left(X_2\right) + ... + E\left(X_n\right)\right)$$

$$= \frac{1}{n}\left(\mu + \mu + ... + \mu\right) = \frac{1}{n}\left(n\mu\right) \quad \longleftarrow \text{因為 } X_i \text{ 為 } iid，\text{所以每個 } X_i \text{ 的}$$
$$\text{期望值都是 } \mu$$

$$= \mu$$

所以用樣本平均數 $\overline{X}$ 來推估母體平均數 μ 是合理的，因為 $\overline{X}$ 的期望值就是 μ。

4.1.3　樣本變異數的期望值 $E(S^2)$ 等於母體變異數 σ^2

在計算樣本變異數 S^2 時需要用到樣本平均數 ($\overline{X}$) 的變異數，因此先來算樣本平均數的變異數：

$$
\begin{aligned}
Var\left(\overline{X}\right) &= Var\left(\frac{1}{n}\sum_{i=1}^{n}X_i\right) \\
&= \frac{1}{n^2}Var\left(X_1 + X_2 + \cdots + X_n\right) \\
&= \frac{1}{n^2}\left(Var(X_1) + Var(X_2) + \cdots + Var(X_n)\right) \\
&= \frac{1}{n^2}\left(\sigma^2 + \sigma^2 + ... + \sigma^2\right) = \frac{n\sigma^2}{n^2} \quad\longleftarrow\ \text{因為 } X_i \text{ 為 } iid\text{，所以以每個} \\
&\qquad\qquad\qquad\qquad\qquad\qquad\qquad\qquad\qquad\quad X_i \text{ 的變異數都是 } \sigma^2 \\
&= \frac{\sigma^2}{n} \quad\longleftarrow\ \text{這是一個很重要的結果，} \\
&\qquad\qquad\quad \text{以後會用到}
\end{aligned}
$$

請注意！這裡 $Var(\overline{X})$ 是樣本平均數分布的變異數和 $Var(X)$ 是完全不一樣的東西，請勿混淆！

接下來算樣本變異數 $Var(X)$。因為變異數是用來計算一組樣本內資料彼此的變異程度，如果將抽出的 n 個樣本依序排好，則相鄰兩個樣本的距離共有 $n-1$ 個 (您可想像 10 棵行道樹只有 9 個間隔距離)，因此樣本變異數會是 n 個樣本和 $\overline{X}$ 差距的平方和除以 $n-1$，如下：

$$
S^2 = Var(X) = \frac{1}{n-1}\sum_{i=1}^{n}\left(X_i - \overline{X}\right)^2
$$

如此一來，樣本變異數 (S^2) 的期望值就可如下推導：

$$E\left(S^2\right) = E\left(\frac{1}{n-1}\sum_{i=1}^{n}\left(X_i - \overline{X}\right)^2\right) = \frac{1}{n-1}E\left(\sum_{i=1}^{n}\left(X_i^2 - 2X_i\overline{X} + \overline{X}^2\right)\right)$$

$$= \frac{1}{n-1}E\left(\sum_{i=1}^{n}X_i^2 - 2\sum_{i=1}^{n}X_i\overline{X} + \sum_{i=1}^{n}\overline{X}^2\right) = \frac{1}{n-1}E\left(\left(\sum_{i=1}^{n}X_i^2\right) - 2n\overline{X}^2 + n\overline{X}^2\right)$$

$$= \frac{1}{n-1}E\left(\left(\sum_{i=1}^{n}X_i^2\right) - n\overline{X}^2\right) = \frac{1}{n-1}\left(E\left(\sum_{i=1}^{n}X_i^2\right) - nE\left(\overline{X}^2\right)\right)$$

$$= \frac{1}{n-1}\left(\left(\sum_{i=1}^{n}E\left(X_i^2\right)\right) - nE\left(\overline{X}^2\right)\right) \quad\longleftarrow\quad E\left(X_i^2\right) = Var\left(X_i\right) + E^2\left(X_i\right),$$

$$\qquad\qquad\qquad\qquad\qquad\qquad\qquad\qquad E\left(\overline{X}^2\right) = Var\left(\overline{X}\right) + E^2\left(\overline{X}\right)$$

此處的 E^2 是期望值的平方

$$= \frac{1}{n-1}\left(\left(\sum_{i=1}^{n}\left(Var\left(X_i\right) + E^2\left(X_i\right)\right)\right) - n\left(Var\left(\overline{X}\right) + E^2\left(\overline{X}\right)\right)\right)$$

$$= \frac{1}{n-1}\left(\left(\sum_{i=1}^{n}\sigma^2 + \sum_{i=1}^{n}\mu^2\right) - n\left(\frac{\sigma^2}{n} + \mu^2\right)\right)$$

$$= \frac{1}{n-1}\left(\left(n\sigma^2 + n\mu^2\right) - \left(\sigma^2 + n\mu^2\right)\right)$$

$$= \frac{1}{n-1}\left(n\sigma^2 + n\mu^2 - \sigma^2 - n\mu^2\right)$$

$$= \frac{1}{n-1}\left(n-1\right)\sigma^2$$

$$= \sigma^2$$

所以用樣本變異數 S^2 來估計母體變異數 σ^2 是合理的，因為 S^2 的期望值就是 σ^2。

不偏估計量：*Unbiased estimator*

當一個估計量 $\hat{\theta}$，例如：$\overline{X}$ 或 S，它的期望值 $E(\hat{\theta})$ 等於母體參數 θ，我們就稱 $\hat{\theta}$ 為 θ 之不偏估計量 (*Unbiased estimator*)。前面我們已看過 $E(\overline{X}) = \mu$、$E(S^2) = \sigma^2$，所以 $\overline{X}$ 為 μ 之不偏估計量，S^2 為 σ^2 之不偏估計量。

不偏估計量為統計量的優良性質之一，當一個統計量的期望值等於母數時，我們才能期望它能較準確的估出母數。當一個統計量的期望值不等於母數，我們怎能期望它能正確的估出母數呢？

例如將樣本變異數定義為 $S^2 = \dfrac{1}{n}\displaystyle\sum_{i=1}^{n}\left(X_i - \overline{X}\right)^2$，則期望值 $E\left(S^2\right) = \sigma^2 - \dfrac{\sigma^2}{n}$，會與母體變異數 σ^2 產生 $\dfrac{\sigma^2}{n}$ 的偏誤 (bias)，所以我們在計算樣本變異數的時候會除以 $n-1$ 而非除以 n，其目的是做偏誤校正，因此樣本變異數為母體變異數的有偏估計量 (Biased Estimator)。

除了不偏性是估計量的優良性質之外，其他例如：一致性 (consistency)、有效性 (efficiency)、… 都是估計量的優良特性，不過這不在本書的討論之列，有興趣者可進一步去涉獵。

4.1.4　小結

將前面的推導整理一下：

1. 樣本平均數 $(\overline{X})$ 的期望值會等於母體平均數 (μ)，也就是說樣本平均數是母體平均數的不偏估計量 (Unbiased Estimator)，表示我們可以用樣本平均數來估計母體平均數。

2. 樣本變異數 $S^2 = Var(X) = \dfrac{1}{n-1}\displaystyle\sum_{i=1}^{n}\left(X_i - \overline{X}\right)^2$ 的期望值為 σ^2。表示可以用變異數 S^2 來估計母體變異數 σ^2。

3. 樣本平均數 $\overline{X}$ 的機率分布變異數為 $Var\left(\overline{X}\right) = \dfrac{\sigma^2}{n}$。

4. 以上的推導不論母體是甚麼分配，也不論 n 的值是多少均成立。

4.2 信賴區間

如果我們已經知道母體參數，例如 μ、σ 的值，那就不需要做推論了。但由於我們通常無法實際量測整個母體，所以會用抽樣來估計母體參數，但樣本未必能完全代表母體，抽樣總會有誤差，所以在統計推論上我們都會給予估計值一個可容忍的範圍，這個範圍就是**信賴區間** (*Confidence Interval*，簡稱 *CI*)。

4.2.1 信賴區間與顯著水準、信心水準的關係

信賴區間是用樣本資料來估計出一段數值區間，我們可以宣稱有多少信心這個區間可以包含到母體參數。信賴區間的上界和下界稱為**信賴界限** (*Confidence Limits*)，而這個估計的信心程度稱為**信心水準** (*Confidence Level*)，它的值我們常用 $(1-\alpha)$ 來表示，其中的 α 叫做**顯著水準** (*Significance level*)。

從符號上來看，感覺信心水準 $(1-\alpha)$ 和顯著水準 (α) 兩者之間好像是互補的關係，但代表的意義不同。

- **顯著水準** α：抽樣資料在進行統計估計後，有多少百分比的機率會判斷錯誤。例如 $\alpha = 0.05$ (5%) 表示 100 次估計中有等於或小於 5 次會判斷錯誤。顯著水準和假設檢定有關，因此又稱做檢定大小，在本章後文會有說明。

- **信心水準** $(1-\alpha)$：抽樣調查 (實驗) 會成功估計的機率。例如 $\alpha = 0.05$，則 $(1-\alpha) = 0.95 = 95\%$，表示我們對抽樣的結果有 95% 的信心會含括到母體參數。

● **信賴區間：** 在進行抽樣調查 (實驗) 後，樣本未必能代表母體，所以統計推估會有一個容忍誤差的範圍，這個範圍就是信賴區間。信賴區間若含括到要估計的母體參數，就代表估計成功。若未含括到母體參數，則是估計失敗。

下圖是經過標準化之後的 Z 分布 (請見 2.8.4 節)，其中 $1-\alpha$ 的**面積**即是信心水準，而此面積下方對應的**橫軸區間**即信賴區間，而 α 值稱為顯著水準，即信心水準以外的區域面積 (%)，即圖中的 $\dfrac{\alpha}{2}+\dfrac{\alpha}{2}$ 兩個區域加總。α 值可由人為設定，一般會用 10%、5%、1% 分別對應到 $1-\alpha$ 的 90%、95%、99% 信心水準。

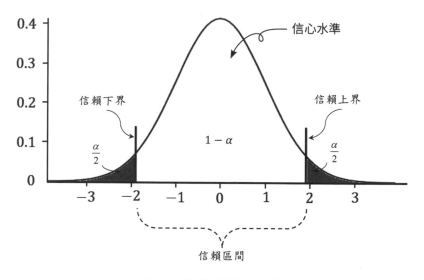

圖 4.1　信賴區間與上下界

心法：

初學者常常會被以上 3 個詞弄得很混亂！

你首先應該要謹記：水準指的就是面積百分比 %，也就是把分布總面積當 100% 時的面積佔比。信心水準 $(1-\alpha)$ 就是前頁圖中間佔大部分的面積，我們比較有信心的部分。顯著水準 (α) 則是邊緣灰色的面積佔比，即顯著較異常的部分。至於信賴區間則是橫軸上的一個值的誤差區間，不是面積佔比。

 統計界也有人把用機率表示的 $1-\alpha$，例如 0.95，叫做信賴係數，把用百分比表示的 $(1-\alpha) \cdot 100\%$ 叫做信心水準。其實二者是相同的，本書不做此區分，以免太多名詞搞得一頭霧水。

因此「在 $100(1-\alpha)\%$ 的信心水準下」的意思，即表示有 $100(1-\alpha)\%$ 的信心 "樣本平均數 $(\overline{X})$ ± 抽樣誤差 (e) 容忍範圍" 會含括到母體平均數 (μ)。所以區間估計的工作就是算出 $\overline{X}$ 和 e。

 抽樣誤差 (Sampling Error) 表示母體參數與抽樣估計值之間的差異。因為不論抽樣做多少次，母體中仍然可能有許多個體從來都沒被抽樣到，正如有些人從來沒被民意調查選中過，因此會存在抽樣誤差。

 $100(1-\alpha)\%$ 看起來怪怪的，把 α 值代進去就明白了，例如 $\alpha = 0.05$，$1 - 0.05 = 0.95$，那麼 $100(1-\alpha)\%$ 就是 $100(0.95)\% = 95\%$，習慣這種寫法就好了。

4.3　母體為常態分布的區間估計

4.3.1　常態分布的特性

信賴區間是一個通用的概念，此處我們以最常用的常態分布來加以說明。

在母體呈常態分布的情況下，我們可用平均數 μ 為中心，以標準差 σ 為寬度切出數個區間 (如下圖所示)：

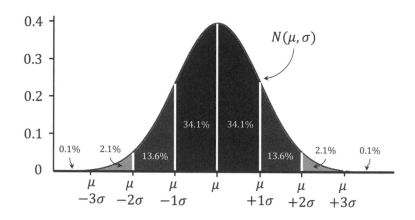

圖 4.2　常態分布的信賴區間與樣本標準差的關係

其資料特性會有：

1. 68.3% 的資料會落在平均數 ±1 個標準差的範圍內 $(\mu \pm \sigma)$，其機率為上圖中間黑色區的面積 (佔總面積 68.3%)。

2. 95.4% 的資料會落在平均數 ±2 個標準差的範圍內 $(\mu \pm 2\sigma)$，其機率為上圖黑色區加上灰色區的面積 (佔總面積 95.4%)。

3. 99.7% 的資料會落在平均數 ±3 個標準差的範圍內 $(\mu \pm 3\sigma)$，其機率為上圖黑色區加上灰色區再加上淺灰色區的面積 (佔總面積 99.7%)。

這裡的 68.3%、95.4%、99.7% 就叫做信心水準。很明顯 ±σ 的涵蓋範圍
會比 ±2σ 來得小，所以信心水準就比較低，只有 68.3%。那為什麼 ±σ 對
應到 68.3%，±2σ 對應到 95.4%，±3σ 對應到 99.7% 呢？那是因為常態
分布的曲線就長這樣！如果是其他的分布曲線，那就不是這種對應了。

4.3.2　將常態分布標準化：*z-score*

我們要將常態分布利用 *z-score* 做標準化 (也就是轉換為標準常態分布)，則
原本常態分布中的 $\mu \pm 1\sigma$ 轉換為 −1 和 1，$\mu \pm 2\sigma$ 轉換為 −2 和 2，
$\mu \pm 3\sigma$ 轉換為 −3 和 3。請看下圖從 $N(\mu, \sigma)$ 轉換為 $N(0, 1)$，抽樣資料
的分布狀況仍然不變：

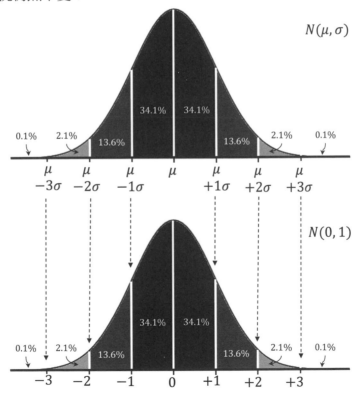

圖 4.3　經 *z-score* 標準化

經過轉換後的標準常態分布圖的橫軸就是 z 值 (*z-score*)。

在做諸如民意調查之類的預估時，我們不會用 68.3%、95.4%、99.7% 的機率，一般常用 90%、95%、99% 的機率，可由標準常態分布表 (可由網路取得) 查得與 90%、95%、99% 機率對應的 z 值：1.65、1.96、2.58，見下圖：

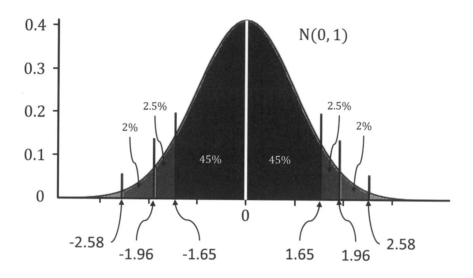

圖 4.4　90%、95%、99% 機率對應的 *z-score*

4.3.3　標準常態分布 μ 值的區間估計

我們接下來要估計常態分布的母體平均值 μ 會落在哪個區間 (也就是信賴區間)。由 4.2.1 節可知只要算出樣本資料的平均數 $\overline{X}$ 以及誤差容忍範圍 e，就可以得到信賴區間。而 e 是甚麼呢？e 是已知 $100(1-\alpha)\%$ 信心水準下最大的抽樣誤差：

$$e = z_{\alpha/2} \frac{\sigma}{\sqrt{n}} \quad \longleftarrow \text{式子中的 } \sigma \text{ 是母體標準差}$$

若樣本平均數為 $\bar{X}$，樣本數為 n，我們有 $100(1-\alpha)\%$ 的信心說，母數 μ 不會跑出這個區間：

$$[\bar{X} - e, \bar{X} + e] = \left[\bar{X} - z_{\alpha/2} \frac{\sigma}{\sqrt{n}}, \bar{X} + z_{\alpha/2} \frac{\sigma}{\sqrt{n}} \right] \longleftarrow \text{信賴區間}$$

公式中的 $z_{\alpha/2}$ 就是在 4.3.2 節和 2.8.4 節介紹過的 *z-score*（也稱為 z 值或 z 分數），會因不同的 α 而對應到不同的 *z-score*。

因此可以得到：

1. 90% 信心水準下 (即 $\alpha = 10\%$，$\alpha/2 = 5\%$)，信賴區間為

$$\bar{X} \pm z_{5\%} \frac{\sigma}{\sqrt{n}} = \bar{X} \pm 1.65 \frac{\sigma}{\sqrt{n}} \text{ 也就是 } [\bar{X} - 1.65 \frac{\sigma}{\sqrt{n}}, \bar{X} + 1.65 \frac{\sigma}{\sqrt{n}}]$$

2. 95% 信心水準下 (即 $\alpha = 5\%$，$\alpha/2 = 2.5\%$)，信賴區間為

$$\bar{X} \pm z_{2.5\%} \frac{\sigma}{\sqrt{n}} = \bar{X} \pm 1.96 \frac{\sigma}{\sqrt{n}} \text{ 也就是 } [\bar{X} - 1.96 \frac{\sigma}{\sqrt{n}}, \bar{X} + 1.96 \frac{\sigma}{\sqrt{n}}]$$

3. 99% 信心水準下 (即 $\alpha = 1\%$，$\alpha/2 = 0.5\%$)，信賴區間為

$$\bar{X} \pm z_{0.5\%} \frac{\sigma}{\sqrt{n}} = \bar{X} \pm 2.58 \frac{\sigma}{\sqrt{n}} \text{ 也就是 } [\bar{X} - 2.58 \frac{\sigma}{\sqrt{n}}, \bar{X} + 2.58 \frac{\sigma}{\sqrt{n}}]$$

請注意！這裡我們是用一組樣本數為 n 的資料算出 $\bar{X} \pm e$ 來估計 μ。其中很重要的假設是母體為常態分布，所以才能用 Z 分布。而且母體標準差 σ 為已知，才能算出 e。

4.3.4　每次抽樣都有不同的信賴區間

信賴區間是從母體做一次抽樣算出來的範圍，但如果我們做 100 次抽樣，那就會算出 100 個樣本平均數 $\bar{X}$ 與標準差 S，因此 100 次抽樣就會有 100 個信賴區間。那我們如何知道任何一次抽樣結果的可信度？

下圖的上方是母體常態分布圖，下方則是每次抽樣得到的信賴區間，我們以抽樣 7 次為例，因此畫出 7 個信賴區間 (粗黑橫線)：

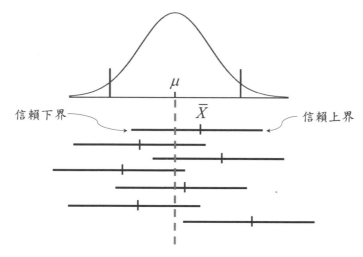

圖 4.5 每次抽樣都有不同的信賴區間

我們從母體平均數的位置往下畫一條虛線，發現會落在其中的 6 個信賴區間，只有 1 個沒有。表示 7 個信賴區間中有 6 個可以含括到母體平均數，因此我們稱之為 $\frac{6}{7} \approx 85.7\%$ 的信心水準。而所謂 95% 信心水準就相當於我們有信心母體平均數會落在 100 個信賴區間中的 95 個內。

不過我們做抽樣不會做那麼多次，通常只做一次定勝負，這次抽樣算出來的信賴區間，我們認為能夠含括母體平均數的機率是 95%。當然如果運氣很不好，偏偏抽樣到另外那 5% 的樣本也是有可能的。

4.3.5　信賴區間的用途

舉兩個信賴區間在實務上常見的應用:「不良率檢測」與「候選人支持度」。

「**不良率檢測**」:假設一批貨要出貨,但不可能全部都檢驗,所以從中抽出一批量的樣本,結果算出不良率是 0.5%。如果藉由信賴區間公式推論出整批貨的不良率在 95% 信心水準下的抽樣誤差為 ±0.2%,則信賴區間為 0.3~0.7% 之間。這時候的解讀方式為:這整批貨就統計上的信賴區間來說,最差就是 0.7% (0.5% + 0.2%) 的不良率,最好就是 0.3% (0.5% − 0.2%) 的不良率。

「**候選人支持度**」:與不良率檢測類似,假設候選人為 A 和 B,經由抽樣調查得到有 40% 支持候選人 A,有百分之 30% 支持候選人 B,而藉由信賴區間公式推論出在 95% 信心水準下的抽樣誤差為 ±3%,則候選人 A 的支持度信賴區間為 37~43% 之間 (40%±3%),候選人 B 的支持度信賴區間為 27~33% 之間 (30%±3%)。

4.4　自由度 (*Degree of Freedom*)

接下來我們要介紹統計學上常聽到的**自由度** (*Degree of Freedom*, *df*)。在 4.1.2 節講到樣本變異數要除以 $n-1$ 而非 n 的時候,就已經帶出自由度的觀念了,此處再講得更清楚一些。

自由度是指不受限制可以獨立自由變化的變數個數,也就是自由度會等於「樣本數」減掉「受限制的樣本數」,可以寫成 $df = n - k$,n 為樣本數 (變數個數),k 為受限制的樣本數 (變數個數或統計量個數),我們用幾個簡單的範例來幫助您理解。

範例 1

我們以一個二元一次方程式 $x + y = 10$ 來看，變數有 2 個 $(n = 2)$：

當 $x = 4$ 時，$y = 10 - x = 6$；當 $x = 1$ 時，$y = 10 - x = 9$，所以變數 x 是可以自由變化的變數，但變數 y 的值受到變數 x 的限制，所以受限制的變數有 1 個 $(k = 1)$，自由度就是 $df = n - k = 2 - 1 = 1$。

範例 2

我們以三元一次方程式 $x + y + z = 10$ 來看，變數有 3 個 $(n = 3)$：

當 $x = 4$ 和 $y = 10$ 的時候，$z = 10 - x - y = -4$；當 $x = 1$ 和 $y = 2$ 的時候，$z = 10 - x - y = 7$，所以變數 x 和 y 可以自由變化，變數 z 就只能跟著變數 x 和 y 而變，所以 z 是受限制的變數 $(k = 1)$，這樣自由度就是 $df = n - k = 3 - 1 = 2$。

範例 3

當我們採用抽樣的樣本平均數 $(\overline{X})$ 進行母體平均數 (μ) 估計的時候，抽出 n 筆資料計算樣本平均數 $(\overline{X} = \dfrac{X_1 + X_2 + \cdots + X_n}{n})$，因為我們通常假設抽取 n 筆樣本彼此之間是獨立的，也就是抽出這一個樣本，並不影響下一個抽出的樣本，表示沒有一個樣本會受其他樣本限制，因此 $k = 0$，所以自由度為 $df = n - k = n - 0 = n$。

範例 4

當我們用樣本變異數估計母體變異數時的公式如右： $S^2 = \dfrac{\sum\limits_{i=1}^{n}\left(X_i - \overline{X}\right)^2}{n-1}$

請注意！在這個公式中的樣本平均數 $(\bar{X})$ 是由 $\dfrac{X_1 + X_2 + \cdots + X_n}{n}$ 算出來的，因此 $X_n = n\bar{X} - X_1 - X_2 - \cdots - X_{n-1}$，表示 X_n 是受限制變數，$k = 1$，自由度為 $df = n - 1$

這樣應該很容易瞭解統計上的自由度是甚麼意思了。

4.5　*t*-分布 (*t-distribution*)

在 4.3 節討論的是假設母體為常態分布，且 σ 為已知。所以我們就可以用 Z 隨機變數及它對應的標準常態分布來算出 e，並做 μ 的區間估計。

但實務上 σ 往往是未知的，因為連 μ 都要估計了，怎麼會知道 σ 呢？這時就需要用 *t*-分布 (*t-distribution*) 來解決。

t-分布的全名是 *Student's t-distribution*，是由 *Willam S. Gosset* 於 1908 年以 *Student* 筆名發表。

4.5.1　*t* 值 (*t-score*)：母體為常態，但 σ 未知的情況

在 4.2.3 節講到在標準常態分布 (Z-分布) 下，信心水準 90%、95%、99% 分別對應到的 z 值 (*z-score*) 為 1.65、1.96、2.58，並以此算出用 $\bar{X}$ 估計 μ 值所算出的 $\bar{X}$ 信賴區間。

這是隨機變數 X 的母體為常態，且母體標準差 σ 已知的情況，這時將樣本平均數標準化為 z 值，公式如下：

$$z = \frac{\bar{X} - \mu}{\sqrt{\dfrac{\sigma^2}{n}}} = \frac{\bar{X} - \mu}{\sigma / \sqrt{n}}$$

這時隨機變數 Z 所對應的就是標準常態分布 $N(0,1)$。有了機率分布，我們就能計算 (或查表) 算出所有和隨機變數有關的資訊了。這就是到目前我們已達成的工作。

但如果母體的標準差 σ 未知，那 Z 就算不出來，沒有 Z 隨機變數自然也就沒有相對應的機率分布了！怎麼辦？*Williams S. Gosset* 就提出「當母體 σ 未知時，我們不妨用樣本資料的 S 來權充 σ」，因此可得：

$$z = \frac{\overline{X} - \mu}{\sqrt{\dfrac{\sigma^2}{n}}} = \frac{\overline{X} - \mu}{\sigma / \sqrt{n}} \Rightarrow \frac{\overline{X} - \mu}{S / \sqrt{n}}$$

換成

於是我們將這個新的隨機變數命名為 t 值：

$$t = \frac{\overline{X} - \mu}{S / \sqrt{n}}$$

t 和 Z 很像，它就是把 Z 轉換公式當中的 σ 換成 S 而已！但 σ 是母體參數，是固定不變的，而 S 是統計量，是會隨抽樣而變的隨機變數，所以 t 所對應的機率分布必定不會是 Z 所對應的 $N(0,1)$ 標準常態分布！它的變異性一定會比 $N(0,1)$ 還大。*Williams S. Gosset* 研究出 t 所對應的機率分布函數，叫做 t-分布，我們會在 4.5.3 節介紹。

4.5.2　t 值與 z 值的關係

在講 t-分布之前，我們先來看 t 值與 z 值的關係。在標準常態分布中，信心水準 90%、95%、99% 對應的 z 值是 1.65、1.96、2.58。在 t-分布中也一樣可以找出信心水準 90%、95%、99% 對應的 t 值，與 z 值的差別是 t 值會因不同自由度而異。

請再看一次圖 4.1，假設顯著水準 $\alpha = 0.1$，即信心水準 $(1 - \alpha) = 0.9 = 90\%$。則查 t 分布表 (可上網取得)，可得到對應的 t 值：

顯著水準 $\alpha = 0.1$，信心水準 90%

自由度	5	10	40	120	∞
t 值	2.015	1.812	1.684	1.658	1.645

└─ 趨近 z 值

同理，當 $\alpha = 0.05$ 與 $\alpha = 0.01$ 時，得到的 t 值分別為：

顯著水準 $\alpha = 0.05$，信心水準 95%

自由度	5	10	40	120	∞
t 值	2.571	2.228	2.021	1.980	1.960

└─ 趨近 z 值

顯著水準 $\alpha = 0.01$，信心水準 99%

自由度	5	10	40	120	∞
t 值	4.032	3.169	2.704	2.617	2.576

└─ 趨近 z 值

我們可以很清楚看得出來，當自由度趨近於無限大時的 t 值會與 z 值相同。

4.5.3　t-分布：隨機變數 t 的機率分布

我們來比較一下標準常態分布 (亦稱 Z-分布) 與 t-分布的平均數與標準差：

● 標準常態分布：平均數為 0，標準差為 1。

● t-分布：平均數為 0，標準差為 $\dfrac{df}{df - 2}$。

由 t-分布的標準差 $\dfrac{df}{df - 2}$ 可知會大於 1，也就是會比標準常態分布來得寬，而且只要自由度 df 的值越大，就會越趨近於 1。當 df 趨近無限大時，t-分布就會等於標準常態分布，請看下圖：

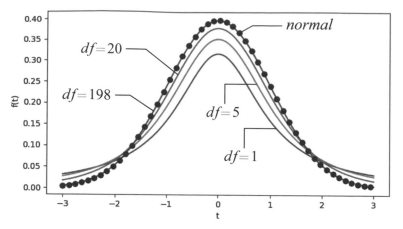

圖 4.6　在不同自由度(df)下的 t-分布，$normal$ 為標準常態分佈。

由上圖可以看出，t-分布要比標準常態分布來得平坦，兩端也比較高。而且 df 值越大，會越趨近標準常態分布。

t-分布的機率密度函數

t-分布的統計參數為自由度 (df，亦可用 v 來表示，以下公式改用 v)。t-分布的自由度 (v) 是「樣本數減 1」，也就是當樣本數為 n，則自由度 $v = n-1$。

當隨機變數 T 服從 t-分布，其機率密度函數為(在此不做公式推導)：

$$f(t) = \frac{\Gamma\left(\dfrac{v+1}{2}\right)}{\sqrt{v\pi} \cdot \Gamma\left(\dfrac{v}{2}\right)} \left(1 + \frac{t^2}{v}\right)^{-\frac{v+1}{2}}$$

← 這個公式看起來很可怕！但我們可以用 $Excel$ 算出來！

上式中的 Γ 函數 ($Gamma$ 函數) 為：

$$\Gamma(x) = \int_0^\infty \frac{t^{x-1}}{e^t} dt$$

這個機率密度函數代入不同的自由度 v 與 t 值 (橫軸) 即可畫出不同的函數圖形，即前面的 t-分布圖。當樣本數越多且自由度越大，則 t-分布就越接近標準常態分布 (Z-分布)。

4.6　抽樣數的選擇

實務上常常會問需要抽多少樣本才足夠達到統計上的意義，在信賴區間的參數和公式下，我們可以反推需要抽多少樣本，前提是我們需要設定 1. 抽樣誤差容忍 (e)、2. 信心水準 ($1 - \alpha$)，在這兩件事情設定下，還可以區分母體數是無限個或有限個。

4.6.1　母體數有無限個的情況

將母體數當成無限多個時，抽樣數的公式如下：

$$e = z_{\alpha/2} \frac{\sigma}{\sqrt{n}}$$

$$\Rightarrow z_{\alpha/2} \frac{\sigma}{e} = \sqrt{n}$$

$$\Rightarrow n = z_{\alpha/2}^2 \frac{\sigma^2}{e^2}$$

當 n 非整數時，取無條件進位。

讀者應該發現到公式中有變異數在內，這時候變異數應該為何？這個答案如同上述範例，看你要調查問題的分布為何，例如「不良率檢測」是「成功」和「失敗」兩類，對應的分布則是 2.8.1 節介紹過的伯努利分布 (*Bernoulli distribution*)，其機率密度函數為：

$$f(x) = p^x(1-p)^{1-x}, \; x = 0,1$$

注意！這裡的 p 是成功率

伯努利分布的期望值和變異數如下：

$$E(X) = \sum_{x=0,1} x(p^x(1-p)^{1-x}) = p \quad \longleftarrow \quad \text{期望值}$$

$$\begin{aligned}
Var(X) &= E\left[(X - E(X))^2\right] \\
&= \sum_{x=0,1} (x-p)^2 (p^x(1-p)^{1-x}) \\
&= (-p)^2(p^0(1-p)^1) + (1-p)^2(p^1(1-p)^0) \\
&= p^2(1-p) + (1-p)^2 p \\
&= p(1-p) \quad \longleftarrow \quad \text{變異數}
\end{aligned}$$

所以在伯努利分布的問題下(不良率的問題)其抽樣樣本數建議為：

$$n = z_{\alpha/2}^2 \frac{\sigma^2}{e^2} = z_{\alpha/2}^2 \frac{p(1-p)}{e^2}$$

範例 1：成功率 $p = 0.5$

假設一批貨要出貨，抽樣誤差容忍為 $\pm 1.5\%$（$e = 1.5\%$），假設 p 設定為 0.5，在 95% 信心水準下，需要抽多少樣本出來做瑕疵檢測才夠進行統計估計？我們將公式帶入得到：

$$n = z_{\alpha/2}^2 \frac{p(1-p)}{e^2} = 1.96^2 \frac{0.5 \times 0.5}{0.015^2} = 4268.44$$

取無條件進位，所以需要抽樣 4269 個樣本。

範例 2：成功率 $p = 0.1$

假設一批貨要出貨，抽樣誤差容忍為 ±1.5%（$e = 1.5\%$），假設 p 設定為 0.1，在 95% 信心水準下，需要抽多少樣本出來做瑕疵檢測才夠進行統計估計？我們將公式帶入得到：

$$n = z_{\alpha/2}^2 \frac{p(1-p)}{e^2} = 1.96^2 \frac{0.1 \times 0.9}{0.0015^2} = 1536.64$$

所以需要抽樣 1537 個樣本。

讀者看完兩個範例是否發現到成功率不同會影響抽樣數，因為抽樣的公式有一個母體變異數（$\sigma^2 = p(1-p)$）需要被決定（估計），一般實務上會有兩種方式來估計：

1. 第一種最為保守，預期會有最壞的況狀來估計，也就是不良率和良率各為 50%。

2. 第二種是研究者自行定義不良率的可能，試著去預估 $p(1-p)$，而非用最差的狀況來估計。

4.6.2　有限母體數的修正

一般看到的信賴區間抽樣誤差容忍 $e = z_{\alpha/2}\,\sigma\!/\!\sqrt{n}$ 是當母體數為無限的狀況所採用的。但當母體數為有限狀況下，例如上述範例假設母體數為 5000 個（有限個），在範例 1 的狀況需要抽樣 4269，這樣幾乎等於全都抽樣出來做檢測，不符合成本效益，因此需要進行「有限母體數的修正」。

無限母體標準差 σ 與有限母體標準差 $\sigma_{\bar{X}}$ 之間要多一個修正因子：$\sqrt{\dfrac{N-n}{N-1}}$（N 為有限母體數，n 為抽樣數)，此修正公式為：

$$\frac{\sigma_{\bar{X}}}{\sqrt{n}} = \sqrt{\frac{N-n}{N-1}} \frac{\sigma}{\sqrt{n}}$$

因為有限母體數的標準差有修正項，所以重新推導有限母體數的抽樣數($\hat{n}$)：

$$e = z_{\alpha/2} \frac{\sigma_{\bar{X}}}{\sqrt{\hat{n}}} = z_{\alpha/2} \sqrt{\frac{N-\hat{n}}{N-1}} \frac{\sigma}{\sqrt{\hat{n}}}$$

$$\Rightarrow z_{\alpha/2} \sigma \sqrt{\frac{N-\hat{n}}{\hat{n}(N-1)}}$$

$$\Rightarrow e^2 \hat{n}(N-1) = z_{\alpha/2}^2 \sigma^2 (N-\hat{n})$$

$$\Rightarrow \hat{n}[e^2(N-1) + z_{\alpha/2}^2 \sigma^2] = z_{\alpha/2}^2 \sigma^2 N$$

$$\Rightarrow \hat{n} = \frac{z_{\alpha/2}^2 \sigma^2 N}{e^2(N-1) + z_{\alpha/2}^2 \sigma^2} = \frac{z_{\alpha/2}^2 \dfrac{\sigma^2}{e^2} N}{N + z_{\alpha/2}^2 \dfrac{\sigma^2}{e^2} - 1}$$

上式看起來很複雜，但將無限母體的抽樣數 $n = z_{\alpha/2}^2 \dfrac{\sigma^2}{e^2}$ 帶入上式，則有限母體數的抽樣數的公式就能簡化為：

$$\hat{n} = \frac{z_{\alpha/2}^2 \sigma^2 N}{e^2(N-1) + z_{\alpha/2}^2 \sigma^2} = \frac{nN}{N+n-1}$$

範例 3：成功率 $p = 0.5$，有限母體數 $N = 5000$

假設知道總出貨量為 5000 片，誤差容忍為 ±1.5%（$e = 1.5\%$），p 設定為 0.5，在 95% 信心水準下，需要抽多少樣本出來進行瑕疵檢測才夠進行統計估計？

無限母體抽樣數為 $n = z_{\alpha/2}^2 \dfrac{p(1-p)}{e^2} = 1.96^2 \dfrac{0.5 \times 0.5}{0.015^2} = 4268.44$

有限母體抽樣數為 $\hat{n} = \dfrac{nN}{N+n-1} = \dfrac{4268.44 \times 5000}{5000+4269-1} = 2302.78$

所以需要抽樣 2303 個樣本。

範例 4：成功率 $p = 0.1$，有限母體數 $N = 5000$

假設知道總出貨量為 5000 片，誤差容忍為 ±1.5%（$e = 1.5\%$），p 設定為 0.1，在 95% 信心水準下，需要抽多少樣本出來進行瑕疵檢測才夠進行統計估計？

無限母體抽樣數為 $n = z_{\alpha/2}^2 \dfrac{p(1-p)}{e^2} = 1.96^2 \dfrac{0.1 \times 0.9}{0.0015^2} = 1536.64$

有限母體抽樣數為 $\hat{n}_s = \dfrac{n_s N}{N+n_s-1} = \dfrac{4268.44 \times 5000}{5000+1537-1} = 1175.52$

所以需要抽樣 1176 個樣本。

因此當我們知道母體數為有限的，也就是生產的產品為固定數目下，我們需要修正「一般常態分布無限母體數假設」的差異，因此由上例「無限母體抽樣數與有限母體抽樣數的比較」可以清楚看到經「有限母體數的修正」後，在有限母體下抽出的樣本數較符合成本效益。

4.7　假設檢定

假設檢定從字面上可拆成「假設」和「檢定」，假設檢定就是「用統計方式去驗證(也就是檢定)我們的假設是對還是錯」，所以我們要知道「假設」是什麼，以及「檢定」怎麼做。

4.7.1　假設檢定的預備知識

統計學的假設檢定是最讓初學者霧煞煞的一個項目，會造成這個現象的原因是沒有先做基本的理解，就一頭栽進操作層面的教學，以至於學習者完全不知道在講甚麼和做甚麼？

菜市仔阿嬤的日常

其實我們每個人都懂假設檢定，但反而讓統計學弄到不懂了！

舉個例子，如果有廠商主張他的產品重量是 $500g$，你隨手去抓一個來秤，結果是 $450g$，你會相信他的主張嗎？對方會辯說：『$450g$ 純屬巧合，我生產了幾百萬個產品才有幾個是重量在 $450g$ 附近的，不然你再抓一個來秤』。於是你再抓一個，秤了之後是 $501g$，於是你就抓抓頭半信半疑，不知如何判斷？但如果你第 2、第 3 個量到的是 $421g$、$403g$，你就會想：『怎麼可能三次都純屬偶然，我不會相信這個廠商了！』這個廠商很可能就成為你的"拒絕"往來戶！

以上道理，菜市仔的阿嬤都懂！這就是假設檢定的底層道理。

只不過，這種日常生活經驗不夠精確，很難說得準，說不定今天廠商真的很衰～，被你抓到三次斤兩不足真的都是純屬巧合，所以就很難說得準。統計學運用了機率的方法，把我們的日常經驗掌握得更為精準，它把純屬巧合的機率有多少都算出來了！

首先，我們假設廠商產品重量的分佈為常態分布，實際上也可以是其他分布，但為方便說明起見，此處先假設為常態分布。然後，假設廠商生產機台設定的產品重量真的是如他宣稱的 $500g\ (\mu = 500)$，機器因為精密度的緣故而造成的標準差有 $25g\ (\sigma = 25)$，這樣的機器生產的產品重量之機率分布為 $N(500, 25)$ 的常態分布：

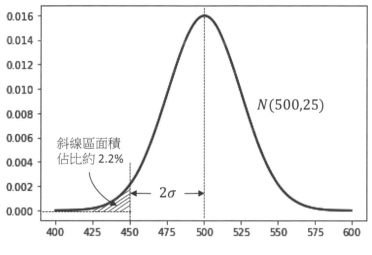

圖 4.7 $N(500, 25)$ 的常態分布

抽 1 個產品的情形

現在，你隨機抽樣一個產品的重量為 $\leq 450g$，也就是重量落在距離 μ 兩個標準差以外的地方，你要怎麼下判斷呢？廠商是因為機器的誤差而造成重量不足？還是刻意偷工減料呢？

那我們先來看是因為機器誤差而造成的機率有多少？根據圖 4.2 我們可以發現左尾 2 個標準差以外的面積大約為 2.2%，也就是廠商正規生產出來的產品，根據機率分配本來就可能有 2.2% 的機率產品重量會少於 $\mu - 2\sigma$。也就是廠商老老實實生產的情況下，就有 2.2% 的機率會產生這種重量的產品！雖然產品平均重量是 $500g$，但廠商因為運氣不好，剛好被你抽到重量 $\leq 450g$ 的產品。$450g$ 為樣本測量值 (目前 $n = 1$)。

好，現在你拿到一個重量 ≤450g 的產品，也就是廠商生產了那麼多產品，其中只有2.2%是 ≤ 450g 卻偏偏被你拿到的機率是多少？那就是2.2%囉！

如果你認為廠商不老實，認為它的產品的平均重量 $\mu < 500g$，那我們"冤枉"廠商的機率有多少？或是"冤枉：不冤枉"的比率是多少？因為總機率為100%，而你的判定結果不是"冤枉"就是"不冤枉"廠商，只能二者取一，所以，"冤枉：不冤枉"廠商的比率是2.2%：97.8%。

這時你拒絕廠商的勝率 (odd) 是 44.5：1，所以你可以有信心把廠商的假設"棄卻"(不採信) 了！

型 I 錯誤與型 II 錯誤

萬一，廠商其實並沒有偷斤兩，卻被認為偷斤兩 (冤枉)，這種誤判叫做"型 I 錯誤"，反之廠商有偷斤兩，卻被認為沒偷斤兩 (縱放)，這種誤判叫做"型 II 錯誤"。

所以你"拒絕"相信廠商卻因而產生誤判的機率，就是型 I 錯誤的機率。

以上，我們舉的例子、用的詞：假設、棄卻、拒絕、型 I 錯誤……都是統計學上假設檢定的術語，雖然現在還沒學假設檢定，但這些詞應該沒有那麼難吧？

面積還是區間？傻傻分不清！

學假設檢定和學區間估計一樣，常常是面積 (機率) 和區間 (統計量值的範圍) 傻傻分不清！你只要抓住一個重點就不會搞混了：凡是講機率或講多少 % 就是指面積，前面介紹過的 α、p 值都是指佔總面積有多少 % 或多少百分比。凡是講統計量的數值，例如：範圍、拒絕域、臨界值、上下限、…都是指橫軸上的值。

當你抽了 *n* 個產品……

上面提到的是抽 1 個樣本。當你抽了 *n* 個樣本，結果發現 *n* 個的平均重量小於 450g，那你就更振振有詞了：『怎可能那麼巧？我抽這麼多個平均起來小於 450g？』當場信心十足地把廠商列為拒絕往來戶！

所以抽 *n* 個樣本會比抽 1 個樣本的準確程度更高，但是多高呢？根據 4.1.3 節的證明，樣本平均數 $\overline{X}$ 的變異數 $Var\left(\overline{X}\right)$ 是母體變異數 σ^2 除以 *n*，因此標準差也縮小為 $\dfrac{\sigma}{\sqrt{n}}$。

標準差是離中趨勢的指標，以 $\mu \pm 2\sigma$ 而言，σ 愈小則樣本平均數應該更集中於 μ 附近，以我們的例子而言，抽了 3 個樣本重量分別為 455g、450g、445g，則在 $\mu = 500\ g$ 的情況下，也就是廠商沒偷斤兩時平均重量小於 450g 的機率會比只抽一個樣本重量小於 450g 的機率低。你會說這是想當然爾，但是統計學可以精準的算出前後機率的差異，因為 σ 改變了，所以分佈的形狀也改變了，以常態分布而言：

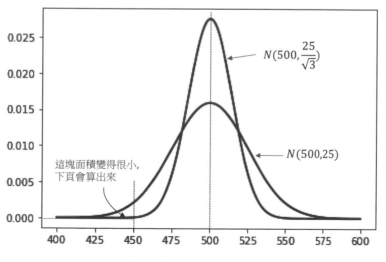

圖 4.8 樣本標準差縮窄，分布會更集中

因此，由上圖可看出，同樣是平均 $\leq 450g$，發生的機率卻不同。以下套用常態分布機率密度函數 (請回顧公式 2.11)：

$$f\left(x;\mu,\sigma^2\right)=\frac{1}{\sqrt{2\pi}\sigma}\cdot e\left(-\frac{1}{2}\frac{\left(x-\mu\right)^2}{\sigma^2}\right)$$

我們要算出抽樣平均 $\leq 450g$ 的機率各為多少 (可用 *Excel* 或 *Python* 程式計算積分)：

抽 1 個樣本：抽到平均 $\leq 450g$ 的機率為 (當 $\mu=500$、$\sigma=25$)：

$$P\left(X\leq 450\right)=\int_{-\infty}^{450}\frac{1}{\sqrt{2\pi}\cdot 25}\cdot e\left(-\frac{1}{2}\frac{\left(x-500\right)^2}{25^2}\right)dx=2.275\%$$

機率值隨
樣本大小 n
差異很大

抽 3 個樣本：抽到平均 $\leq 450g$ 的機率為 (當 $\mu=500$、$\sigma=\dfrac{25}{\sqrt{3}}$)：

$$P\left(X\leq 450\right)=\int_{-\infty}^{450}\frac{1}{\sqrt{2\pi}\cdot\dfrac{25}{\sqrt{3}}}\cdot e\left(-\frac{1}{2}\frac{\left(x-500\right)^2}{\left(\dfrac{25}{\sqrt{3}}\right)^2}\right)dx=0.027\%$$

 對於連續型機率分布，$\leq$ 和 $<$ 的機率 (面積) 是一樣的，$\geq$ 和 $>$ 的機率也是一樣的。

剛剛說因為分布形狀改變了，所以發生平均值 $\leq 450g$ 的機率就改變了。所以，只要給我樣本大小 n，我就想辦法去推算出標準差及機率分布 (例如：常態分布、t-分布)，我就可以算出 "如果廠商宣告為真，發生像手上這批樣本或更糟的機率"，然後就可以決定要不要拒絕這個廠商了。所以，假設檢定不限於母體是常態分布，只要你能根據手上的抽樣資料算出型 I 錯誤的機率就可以做檢定了！

下面就要正式進入統計學的假設檢定了！

4.7.2　虛無假設、對立假設

假設就是我們希望透過統計方法來驗證的命題，例如我們想用統計檢定來判斷「A 高中男生平均身高是不是 170 公分」，或是「A 社區家庭平均收入是不是 100 萬」。統計學的假設檢定，要先依據命題來定義兩個專有名詞：

「虛無假設 (*null hypothesis*)，一般用 H_0 表示」

和

「對立假設 (*alternative hypothesis*)，一般用 H_1 表示)」

虛無假設 (*null hypothesis*，也有譯為零假設) 是我們要檢定的假設。我們的目的是希望**藉由否定虛無假設來證明對立假設的命題是對的**，因此前面兩個問題的假設為：

「A 高中男生平均身高是不是 170 公分」 →
$$H_0 : \mu_{A 高中男生身高} = 170 公分$$
$$H_1 : \mu_{A 高中男生身高} \neq 170 公分$$

「A 社區家庭平均收入是不是 100 萬」 →
$$H_0 : \mu_{A 社區家庭收入} = 100 萬$$
$$H_1 : \mu_{A 社區家庭收入} \neq 100 萬$$

這就是統計假設檢定中的「假設」在做的事。

 請注意！我們的目的是要否定虛無假設來證明對立假設為真，所以我們研究的命題 (希望證明為真的命題) 要放在對立假設。

單母體與雙母體假設檢定

本章節介紹的假設檢定皆以單母體假設檢定進行介紹，也就是我們只看單一群體是否滿足某些命題的假設檢定，統計上也常用雙母體的假設檢定進行兩兩群體之間差異的檢定，也就是兩群體的比較，例如：「A 高中的男生身高有沒有比 A 高中的女生高」，所以假設檢定的虛無假設和對立假設在雙母體的假設檢定為：

$$H_0 : \mu_{A高中男生身高} = \mu_{A高中女生身高}$$
$$H_1 : \mu_{A高中男生身高} \neq \mu_{A高中女生身高}$$

本書旨在讓讀者理解假設檢定的作用和計算方式，有關雙母體的假設檢定有興趣的讀者可在閱讀更專門的統計專書得當相關知識。

4.7.3 檢定虛無假設成立的機率

p 值 (*p-value*)

已經有了假設之後，我們想知道用樣本平均數來檢定虛無假設成立的機率到底有多少？這是甚麼意思呢？我們知道若虛無假設 (即 4.7.1 節的廠商宣告) 成立，它會有一個機率分布，把樣本平均數代入這個分布，我們可以得到一個機率，譬如：P(重量 <450g)，這個機率值就是 p 值，所以這裡的 p 就是機率 *probability* 的意思。

所以，抽到一組樣本，就可以根據 H_0 的分布算出一個 p 值，在統計上我們可用 p 值來檢定虛無假設成立的機率，p 值越高就表示 H_0 成立的機率越高，反之 p 值越低則表示 H_0 成立的機率越低，也就表示對立假設 H_1 成立的機率越高。所以統計上會說因為 p 值小於某值，就足以證明 H_0 的假設是錯的，所以拒絕 H_0，也就表示接受對立假設 H_1。

當 p 值小於顯著水準 0.05 (5%)，這時拒絕 H_0 犯錯的機率會低於 5%，但不同應用採用的容錯範圍就不同，例如在品質管理上就有六倍標準差 (6σ) 追求極小容錯能力的品質水準，p 值要小於 0.0000034。

p 值怎麼算

我們通常用 t- 分布來計算 p 值 (因為 σ 通常未知，見 4.5 節，如果 σ 已知則可以用 Z 分布)，而 p 值就是 t- 分佈下 (下圖) 右側 (也可能是左側或雙側，見下文說明) 的灰色區域面積，寫為 $p(t > t_0)$，其值就是將機率密度函數 $f(t)$ 從黑色線 $t = t_0$ 的位置一直積分到無窮大：

$$p(t \geq t_0) = \int_{t_0}^{\infty} f(t)\,dt = 1 - \int_{-\infty}^{t_0} f(t)\,dt$$

> t_0 是先用樣本資料算出平均值 $\overline{x}_0$，然後用 t 轉換 $t_0 = \dfrac{\overline{x}_0 - \mu}{S / \sqrt{n}}$ 算出來的

要記得！機率密度函數的全機率會等於 1，也就是在 t-分布下，將 t 值從負無窮大積分到正無窮大的值為 1。

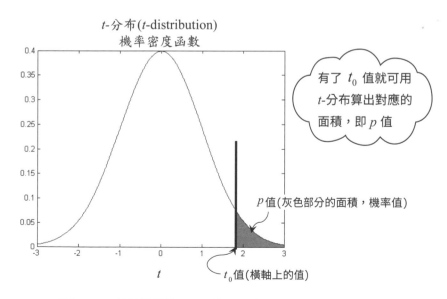

圖 4.9　t_0 值是橫軸位置，p 值是面積

顯著水準 α 與拒絕域的關係

做假設檢定之前，我們會依問題的風險嚴重程度，設定一個數值叫顯著水準 α。當 p 值大於 α 則我們不拒絕虛無假設 H_0，必須 p 值小於 α 我們才拒絕 H_0 而接受 H_1。

α 就是 4.7.1 節 "冤枉廠商" 的機率。如果我們以 α 為基準，當 $p > \alpha$ (見圖 4.10 的灰色及斜線面積) 表示從樣本觀察 (測量) 到的數值不夠顯著，不足以用來拒絕 H_0，必須 $p < \alpha$ 則樣本的證據才足夠顯著來拒絕 H_0。這就是 α 叫做顯著水準的由來。

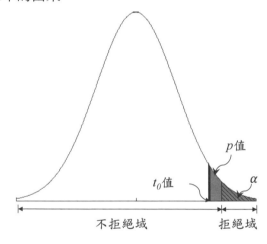

圖 4.10　拒絕域與不拒絕域

通常 α 為一事先選定的值，為甚麼要是先選定呢？這和心理學有關，因為如果不事先選定，待 p 算出來之後總會難以抉擇，就差那麼一點點，到底要不要拒絕？"*To be or not to be ……*" 因而三心兩意！所以會事先定出 α，然後一翻兩瞪眼、鐵面無私的決定下去！

接下來又是腦筋急轉彎的時候了！α 和 p 都是機率，但抽樣看到的是樣本的值，要如何由樣本值來檢定 p 有沒有大於或小於 α 呢？這有兩種做法，

一種是我們前面已經做過的，就是由樣本算出 $\bar{x}_0$，然後做 t 轉換，經過積分或查表或 *Excel* 計算出 p，最後和 α 做比較。當 p 值小於 α 時就表示拒絕 H_0；當 p 值大於 α 時就表示不拒絕 H_0。

第二種方法是反過來，先把 α 對應的 t 值找出來 (若 σ 已知，則找 z 值)，這個值叫做臨界值 (*critical value*)，然後樣本取得的 $\bar{x}_0$ 經 t 轉換後就直接和臨界值比較，而不必去算 p 值了。α 其橫軸對應的 t 值右側區域稱為「拒絕域」，拒絕甚麼呢？就是拒絕 H_0 虛無假設，而其左側的橫軸範圍則稱為「非拒絕域」。

雙尾檢定與單尾檢定

單、雙尾檢定的差異是以我們命題的判斷準則來區分，虛無假設的命題如果是等於 (=) 就採用雙尾檢定，虛無假設的命題如果是小於 (≤) 的情況採用右尾檢定，大於 (≥) 的情況採用左尾檢定。

拒絕 H_0 的區域是位於常態分布的右側，稱為右尾檢定。如果今天的虛無假設命題為「A 高中男生平均身高是否小於 170 公分」，則採用右尾檢定，這時候的虛無假設和對立假設為：

$H_0 : \mu_{A\,高中男生身高} \leq 170公分$

$H_1 : \mu_{A\,高中男生身高} > 170公分$

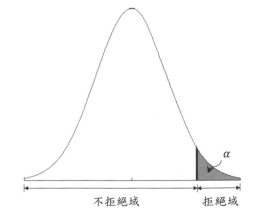

圖 4.11 右尾檢定的拒絕域在右側。

如果拒絕 H_0 的區域是位於常態
分佈的左側 (右圖)，則稱為左尾
檢定。如果今天的虛無假設命題
為「A 高中男生平均身高是否大
於 170 公分」，採用左尾檢定，
這時候的虛無假設和對立假設
為：

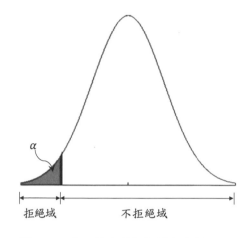

$$H_0 : \mu_{A\ 高中男生身高} \geq 170公分$$
$$H_1 : \mu_{A\ 高中男生身高} < 170公分$$

圖 4.12　左尾檢定的拒絕域在左側。

如果拒絕 H_0 的區域落在左右兩
側 (右圖)，則為雙尾檢定。如果
今天的虛無假設命題為「A 高中
男生平均身高是否為 170 公
分」，採用雙尾檢定，這時候的
虛無假設和對立假設為：

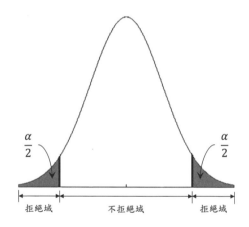

$$H_0 : \mu_{A\ 高中男生身高} = 170公分$$
$$H_1 : \mu_{A\ 高中男生身高} \neq 170公分$$

圖 4.13　雙尾檢定的拒絕域在兩側，左右尾
　　　　　各佔 $\dfrac{\alpha}{2}$。

由上述範例可以清楚知道依據虛無假設的命題，來選擇需要採用單尾還是
雙尾檢定方式。

4.7.4 計算橫軸上的 t_0 值

前面已經介紹了 p 值和 t-分布的概念，p 值就是 $p(t \geq t_0)$ 的機率值 (面積)，且 t 服從 t-分布，而 t_0 值怎麼來的？在 4.5.1 節已有說明，在本節我們利用範例和圖示來講述 t_0 值計算和意義。

我們回憶一下 t 值計算公式為： $t = \dfrac{\bar{X} - \mu}{S / \sqrt{n}}$

假設檢定是在檢定抽樣樣本是否服從平均數 μ、樣本標準差為 S 的常態分布，而這個平均數 μ 為虛無假設命題為真的數值，以範例「全台灣高中男生平均身高是否為 170 公分」作為說明，μ 為 170 公分。所以 t_0 值計算先減去 μ，將樣本分布的平均數平移到 $\bar{X} - \mu$ 的位置，假設 $\bar{X}$ 近似 μ，則 $\bar{X} - \mu \approx 0$，代表樣本的資料分布很接近虛無假設命題的數值，因此 t 值會接近 0；然而當樣本分布和假設命題的數值差異越大時，t 值就越大。

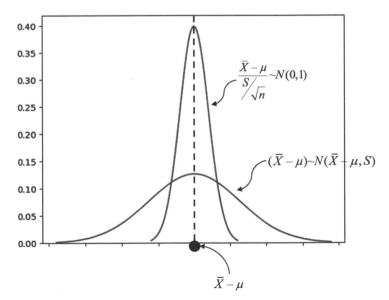

圖 4.14 將分布標準化

接下來我們舉例說明 t_0 值的計算方式。

範例

假設我們想知道某校高中男生的平均身高是不是 170 公分 ($H_0 : \bar{X} = 170$)。

經由第一次抽樣 36 名高中男生樣本資料 ($n = 36$) 後，計算出平均數為 172 公分 ($\bar{x}_0 = 172$)，標準差為 5 公分 ($S = 5$)，t_0 值為：

$$t_0 = \frac{\bar{x}_0 - \mu}{S \Big/ \sqrt{n}} = \frac{172 - 170}{5 \Big/ \sqrt{36}} = \frac{2}{5 \Big/ 6} = 2.4$$

經由第二次抽樣 16 名高中男生樣本資料 ($n = 16$)，平均數為 173 公分 ($\bar{x}_0 = 173$)，標準差為 10 公分 ($S = 10$)，t_0 值為：

$$t_0 = \frac{\bar{x}_0 - \mu}{S \Big/ \sqrt{n}} = \frac{173 - 170}{10 \Big/ \sqrt{16}} = \frac{3}{10 \Big/ 4} = 1.2$$

看到這邊有些讀者可能會覺得和前面講的不太一樣，$\bar{x}_0 = 172$ 比較靠近虛無假設的數值 (170 公分)，怎麼算出來的 t_0 值還比較大？那是因為我們範例的抽樣樣本數數量 n 不同 (一個抽樣數是 36，另一個抽樣數是 16)。

4.7.5　計算 p 值

前面已經介紹過如何用抽樣資料計算 t_0 值，接下來就可進一步用 t-分布來把橫軸上的 t_0 值換算成對應的 p 值 (面積)。

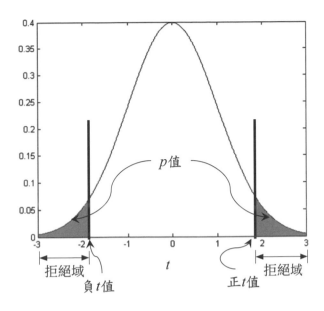

圖 4.15 雙尾檢定在頭尾各有一個拒絕 H_0 的區域。

正 t_0 值的 p 值 (上圖右邊灰色區域面積):

因為

$$\int_{-\infty}^{\infty} f_v(t)\, dt = 1 \text{ , } \int_{0}^{\infty} f_v(t)\, dt = 0.5$$

v 是自由度

所以

$$p_v(t \geq t_0) = \int_{t_0}^{\infty} f_v(t)dt = \int_{0}^{\infty} f_v(t)dt - \int_{0}^{t_0} f_v(t)dt$$

$$= 0.5 - \int_{0}^{t_0} f_v(t)\, dt$$

負 t_0 值的 p 值(上圖左邊灰色區域面積):

$$p_v\left(t \le t_0\right) = \int_{-\infty}^{t_0} f_v\left(t\right) dt = 0.5 - \int_{t_0}^{0} f_v\left(t\right) dt$$

則,p 值為(因為兩邊是對稱的,因此是右側機率的 2 倍):

$$p \text{ 值} = \text{正 } t_0 \text{ 值的 } p \ + \ \text{負 } t_0 \text{ 值的 } p$$
$$= 2 \times p_v\left(t \ge t_0\right)$$

在 t 檢定下 $f_v\left(t\right)$ 會採用 t-分布來進行計算,讀者可以閱讀 4.5.3 的 t-分布回憶一下,所以在 t-分布有提到自由度的部分為樣本數減 1。樣本數不同,採用的 t-分布就不同,第一次抽樣 36 筆資料需要在自由度 $v=35$ 下的 t-分布進行計算,第二次抽樣 16 筆資料需要在自由度 $v=15$ 下的 t-分布進行計算。

經由第一次抽樣 36 名高中男生樣本資料 ($n=36$),在自由度 $v=35$ 的 t-分布公式為:

$$f_v\left(t\right) = \frac{\Gamma\left(\dfrac{v+1}{2}\right)}{\sqrt{v\pi}\,\Gamma\left(\dfrac{v}{2}\right)}\left(1+\frac{t^2}{v}\right)^{-\frac{v+1}{2}}$$

$$f_{35}\left(t\right) = \frac{\Gamma\left(\dfrac{35+1}{2}\right)}{\sqrt{35\pi}\,\Gamma\left(\dfrac{35}{2}\right)}\left(1+\frac{t^2}{35}\right)^{-\frac{35+1}{2}}$$

$$= \frac{\Gamma\left(18\right)}{\sqrt{35\pi}\,\Gamma\left(17.5\right)}\left(1+\frac{t^2}{35}\right)^{-18}$$

當 t_0 值為 2.4 的時候 (來自 p.4-38)：

$$p_{v=35}\left(t \geq t_0\right) = 0.5 - \int_0^{t_0} f_v\left(t\right) dt$$

$$= 0.5 - \int_0^{t_0=2.4} f_{35}\left(t\right) dt$$

$$= 0.5 - \int_0^{2.4} \frac{\Gamma\left(18\right)}{\sqrt{35\pi}\Gamma\left(17.5\right)}\left(1 + \frac{t^2}{35}\right)^{-18} dt$$

$$\approx 0.5 - 0.3961 \times 1.2347$$

$$= 0.5 - 0.4891$$

$$= 0.0109$$

Excel 提供的統計函數可用 t 值與自由度自動算出 $p_{v=35}\left(t \geq t_0\right)$ 的 p 值，下面用到時會註明。當然您也可以寫程式計算或查 t-分布表得到。

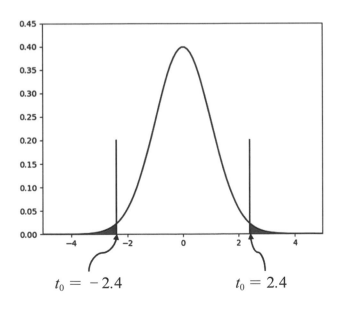

圖 4.16 自由度 35 的 t-分布，t_0 值別為 -2.4 和 2.4。

p 值為上圖灰色區塊面積，如下計算：

$$p - value = p_{35}\left(t \geq 2.4\right) + p_{35}\left(t \leq -2.4\right)$$

$$= 2 \times p_{35}\left(t \geq 2.4\right)$$

$$= 2 \times 0.0109$$

$$= 0.0218$$

所以 $p - value = 0.0218 < 0.05$，因此我們必須拒絕虛無假設 $\left(H_0 : \overline{x}_0 = 170\right)$，也就接受對立假設 $\left(H_1 : \overline{x}_0 \neq 170\right)$，所以由抽樣 36 筆高中男生樣本資料 (平均數為 172 公分，標準差為 5 公分) 後，經由統計 t 檢定可以得知「高中男生的平均身高 "不是" 170 公分」。

 用 *Excel* 的 T.DIST.2T (2.4, 35) 函數可以直接計算雙尾的面積。

經由第二次抽樣 16 名高中男生樣本資料 ($n = 16$)，平均數為 173 公分 $\left(\overline{x}_0 = 173\right)$，標準差為 10 公分 ($S = 10$)，在自由度 $v = 15$ 的 t 分布公式為：

$$f_{15}\left(t\right) = \frac{\Gamma\left(\dfrac{15+1}{2}\right)}{\sqrt{15\pi}\,\Gamma\left(\dfrac{15}{2}\right)}\left(1 + \frac{t^2}{15}\right)^{-\frac{15+1}{2}}$$

$$= \frac{\Gamma\left(8\right)}{\sqrt{15\pi}\,\Gamma\left(7.5\right)}\left(1 + \frac{t^2}{15}\right)^{-8}$$

當 t_0 值為 1.2 的時候 (來自 p.4-38)：

$$p_{v=15}\left(t \geq t_0\right) = 0.5 - \int_0^{t_0=1.2} f_{15}(t)\,dt$$

$$= 0.5 - \int_0^{1.2} \frac{\Gamma(8)}{\sqrt{15\pi}\,\Gamma(7.5)}\left(1 + \frac{t^2}{15}\right)^{-8}\,dt$$

$$\approx 0.5 - 0.3924 \times 0.9574$$

$$\approx 0.5 - 0.3757$$

$$\approx 0.1243$$

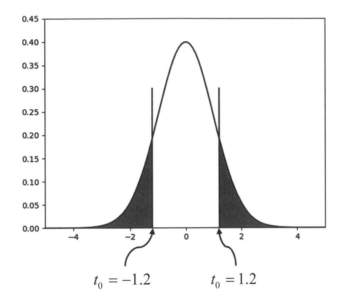

$$t_0 = -1.2 \qquad t_0 = 1.2$$

圖 4.17 自由度 $v = 15$ 的 t-分布，t_0 值別為 -1.2 和 1.2。

p 值為上圖灰色區塊面積，如下計算：

$$p-value = p_{15}\left(t \geq 1.2\right) + p_{15}\left(t \leq -1.2\right)$$

$$= 2 \times p_{15}\left(t \geq 1.2\right)$$

$$\approx 2 \times 0.1243$$

$$= 0.2486$$

所以 $p-value = 0.2486 > 0.05$，因此我們不拒絕虛無假設 $(H_0 : \bar{x}_0 = 170)$，也就是拒絕對立假設 $(H_1 : \bar{x}_0 \neq 170)$，所以由抽樣 16 筆高中男生樣本資料 (平均數為 173 公分，標準差為 10 公分) 後，第二次抽樣調查經由統計 t 檢定可以得知「高中男生的平均身高"是"170 公分」。

假設檢定的內容很多，在此做個整理，幫助您複習觀念：

1. 如果觀察的樣本符合鐘形分布，我們大多採用常態分布相關的統計量來檢定，例如 z 檢定或是 t 檢定。希望讀者利用常見的常態分布來理解如何知道分布、統計量和 p 值之間的關係。

2. 為什麼常態分布下會分成這兩個檢定，因為跟觀察的樣本數有關，一般統計講的大樣本是大於 30 筆，所以大於 30 筆就是用標準常態分布 (z-分布) 來推論後續的統計量和 p 值計算。小於 30 筆就用 t-分布來進行後續的統計量和 p 值計算。

   t-分布是非常類似常態分布的曲線分布，但不同於常態分布，t-分布是基於自由度來改變分布的形狀，當自由度越大越趨近常態分布，但實務上自由度只要大於 30，t-分布就非常趨近常態分布。一般實務上比較少用 z 檢定，原因是 z 檢定需要觀察到母體的標準差，一般母體標準差都是未知的，所以通常是直接採用 t 檢定進行假設檢定。

Chapter

5

機器學習常用的
資料處理方式

機器學習、深度學習對資料的敏感度很大，資料前處理 (*data preprocessing*) 做得好，對於模型學習有很大的幫助，例如非線性轉換或是穩健的量化 (*scaling*) 方式就可以克服離群值 (*outlier*) 資料的影響，或是克服特徵資料之間的資料範圍 (量測單位不同) 差異而造成資料學習上的問題。

在分析兩組特徵數據資料，例如波士頓房價的特徵「一氧化氮濃度」和「非洲裔比例 $(1000(\text{非洲裔})-0.63)^2)$」(下圖)，因為單位的不同會導致不同特徵資料的範圍差異過大，在後續建模可能會影響到分析的結果，因此需要進行資料特徵各自正規化，將資料範圍拉到一致的級距，再進行分析和建模等。接下來我們將介紹機器學習和深度學習常用的一些手法。

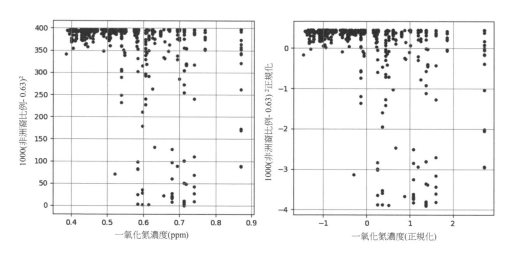

圖 5.1　(左)原本一氧化氮濃度值範圍 0.3~0.9 之間，非洲裔比例的值則是介於 0~400。
　　　　(右)經過正規化之後的範圍拉近了。

5.1　資料標準化

資料標準化 (*Data Standardization*) 和資料縮放 (*Data Scaling*) 為資料前處理最普遍的方法。我們先來介紹資料標準化，一般採用的方式有下面兩種：

1. **Z 值標準化** (*z-score Standardization*)：$\dfrac{x-\mu}{\sigma}$

2. **Min-max 正規化** (*min-max normalization*)：$\dfrac{x-\min(X)}{\max(X)-\min(X)}$

其中 μ 和 σ 為資料的平均數和標準差，$\min(X)$ 和 $\max(X)$ 為資料的最小值和最大值。

5.1.1　Z 值標準化

Z 值標準化方式就是在做 *z-score*（見 2.8.4）。如果資料是常態分布，會將資料轉換到標準常態分布的值域上，但缺點是如果資料並非常態分布，此轉換的結果可能不太理想，但實務上我們都會忽略資料是否為常態，反而是透過此手法來將資料的平均數平移到 0，利用標準差來縮放資料範圍。在機器學習上最常使用此方法來確保資料的平均數為 0，而且也最常拿來解決離群值的影響。

我們這邊舉個例子來說明 Z 值標準化對於當資料是常態分布或非常態分布的差異。下頁圖左和中間兩個圖為常態分布在不同平均值和變異數產生的資料，右圖為非常態分布生成的資料。

這時候經由 Z 值標準化方式之後，不同平均值和變異數的常態分布都會轉換成為標準常態分布，而非標準常態分布的資料藉由 Z 值標準化的計算，經由一個平移和縮放將資料範圍進行轉換。因此非標準常態分布的資料在不知道資料特性的前提假設下，我們無法預期得知經由 Z 值標準化後的資料特性；但當我們已知資料來自常態分布時，不需要知道資料收集來之前的特性（值域範圍或是單位），只要藉由 Z 值標準化後就可以清楚知道標準化後的資料特性。

例如中位數和眾數皆在 0 附近，且大多數的資料會被壓縮在值域為 -3~+3 內。但非常態分布的資料在 Z 值標準化後，我們無法保證資料的中位數和眾數等參數可以落在 0 的位置，因此無法在做完正規化之前就提前預期資料正規化後的分布行為。

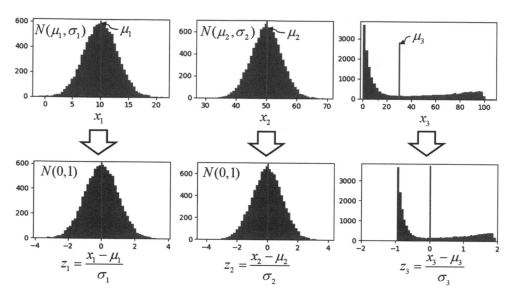

圖 5.2　常態分布與非常態分布經由 Z 值標準化

5.1.2　*Min-max* 正規化

Min-max 正規化可以在資料轉換後確保資料介於 [0,1]，且最小值一定為 0，最大值一定為 1，優點在於當資料標準差很小時，比較容易讓資料稀疏化 (*sparse*)。稀疏化就是指將資料內大部分的值轉換成 0，優點在於可減少資料運算量(遇到 0 不運算)，也會減少資料的儲存。

例如有個向量為

$$v = [1, 1, 1, 2, 1, 1, 1, 2, 1, 3]$$

套用 *Min-max* 正規化公式可得

$$v_{norm} = \begin{bmatrix} 0, 0, 0, 0.5, 0, 0, 0, 0.5, 0, 1 \end{bmatrix} \text{（稀疏化）}$$

原本的向量元素多數都變成 0。

我們來看個例子。下圖呈現波士頓房價的特徵「一氧化氮濃度」和「非洲裔比例 $(1000(非洲裔)-0.63)^2)$」，經由 Z 值標準化或 $Min\text{-}max$ 正規化後，不同變數間的值域會被平移和縮放到特定的範圍內，請看 $x\text{-}y$ 座標軸的值，但並不影響原始資料的分布形狀。這兩個標準化技巧可以避免因為單位不同 (請注意橫軸與縱軸在轉換前後的差異) 而導致特徵資料原始空間的範圍差異過大，影響到後續建模和分析的結果。

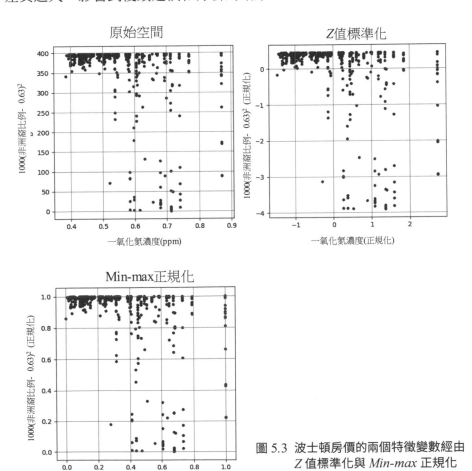

圖 5.3　波士頓房價的兩個特徵變數經由 Z 值標準化與 $Min\text{-}max$ 正規化

5.2　資料縮放

資料縮放 (*Data Scaling*) 作法其實類似 *Min-max* 正規化，作法都是對資料乘上或是除上一個數字：

$$x_{scaling} = ax, \ a \in \mathbb{R}$$

這個做法最常出現在深度學習的圖像前處理使用，原因是一般的電腦圖像像素儲存紅綠藍三種顏色各 *8bits* 的值，也就是圖像上每一格的紅綠藍三種顏色資料皆為 0~255 的整數存取，因此在訓練模型前通常會直接將資料除上 255 即可將資料轉換到 0~1 (見下圖)。

125	0	0
0	125	0
0	0	255

÷255=

0.49	0	0
0	0.49	0
0	0	1

圖 5.4　將每個像素的資料都縮放到 0~1

在深度學習中利用梯度下降法計算權重時，先將輸入的資料縮放到 0~1 的目的是可以加快運算收斂的速度。

5.3　非線性轉換

前面介紹從單一特徵進行標準化後 (線性轉換)，資料的分布範圍會改變，而資料分布的形狀並不會改變。但我們在某些情況下反而會需要用非線性

轉換的方式來進行前處理，例如資料數值在特定範圍內較有幫助，在其他範圍則較無用，這時候用非線性轉換就有幫助，例如對數與指數轉換。

5.3.1 對數函數能將數值範圍縮小

像下表的 $\log_2$ 轉換，原始值在原始特徵數字較小，轉換後的值域範圍較大；原始特徵數字較大，轉換後的值域範圍較小：

原始空間	$\log_2$
1~10 (*range*=9)	0~3.32 (*range*=3.32)
10~20 (*range*=10)	3.32~4.32 (*range*=1)
20~30 (*range*=10)	4.32~4.91 (*range*=0.59)

例如原始空間在 1~10 範圍經由 $\log_2$ 轉換後值域呈現 0~3.32，在 10~20 經由 $\log_2$ 轉換後呈現 3.32~4.32，在 20~30 經由 $\log_2$ 轉換後呈現 4.32~4.91，所以值越大轉換後可表示資料特性的範圍就越來越小，也就是原始空間的特性在值越大越沒有訊息可用。

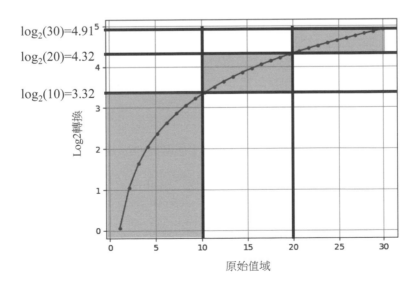

圖 5.5 $\log_2$ 轉換

5.3.2　指數函數將數值轉換到特定範圍

除了對數轉換之外，另一種常見的非線性轉換為指數轉換，指數轉換常用的函數有 *sigmoid* 函數與雙曲正切函數 *tanh* (*Hyperbolic tangent*) 兩種。*sigmoid* 函數與 *tanh* 函數都是希望將雙邊過大 (或過小) 的數值壓縮在一定的範圍內，*sigmoid* 函數是壓縮在 0~1 之間，*tanh* 函數則是壓縮在 -1~1 之間。

Sigmoid 函數

sigmoid 函數是 *Logistic* 函數最簡單的形式：

$$s(x) = \frac{1}{1 + e^{-ax}}$$

上式中的 a 用來調整函數的陡度 (見下圖，a 值越大則陡度越大)。*sigmoid* 函數可將過小和過大的值壓在 0 和 1 附近。

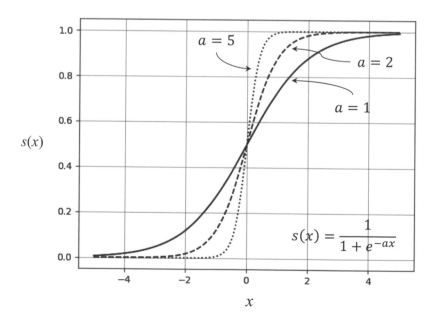

圖 5.6　*sigmoid* 函數圖形

tanh 函數

雙曲正切函數，以 *tanh* 函數來表示：

$$\tanh(x) = \frac{e^{ax} - e^{-ax}}{e^{ax} + e^{-ax}}$$

式子中的 *a* 是用來調整函數的陡度 (見下圖，*a* 值越大則陡度越大)，*tanh* 函數可將過小和過大的值壓在 -1 和 1 附近。

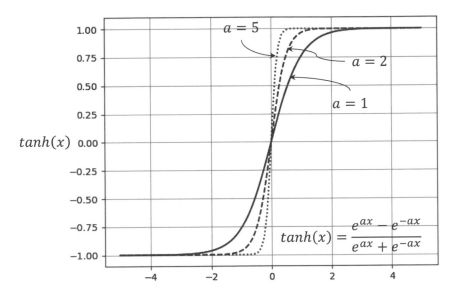

圖 5.7　*tanh* 函數圖形

其他非線性轉換

其他非線性轉換還有百分比轉換或是 *k-bins* 離散化 (*k-bins discretization*)，但這些方法比較會用在特定的領域，例如在深度學習量化 (*Quantization*) 運算中較常使用 *k-bins* 離散化的方式，將浮點 (*float*) 運算轉換到定點 (*int*) 運算，因為複雜度稍高在此書不介紹。

5.3.3　非線性轉換較少用於資料前處理的原因

我們通常不太採用非線性轉換來進行資料的前處理，原因在於做資料前處理時不希望改變資料特性，因為進行非線性轉換過程需要具有相關背景知識的專家來設計對應的非線性轉換函數，而且要對每個特徵資料特性都非常了解，才能採用非線性轉換，不然隨意採用非線性轉換，容易導致資料原本該有的特性會因為不適當的資料轉換導致特性消失，對後續的分析和建模反而不利。

但非線性轉換會大量用在學習模型之中，例如支援向量機 (*Support vector machine, SVM*) 或是神經網路 (*neural network*)，利用非線性轉換在轉換空間中達到更優良的分類或預測效果。

5.4　類別變數編碼

類別變數編碼 (*Categorical Feature Encoding*) 在統計學、機器學習和深度學習都很常被使用，原因在於一般收集的資料常常有類別資料，例如「性別為男性或女性」、「居住地為台北市或其他縣市」，這時候我們收到的資料尚未量化無法進行建模學習，所以需要進行類別變數編碼程序。

5.4.1　*One-hot encoding*

One-hot encoding 是將類別變數編碼成用 0 與 1 來表示，編碼程序分為以下兩種：

1. **如果是二類別變數**，則直接給予 0 和 1 兩類。例如「性別為男性或女性」則男性為 1，女性為 0；「居住地為台北市或其他縣市」則台北市為 1，其他縣市為 0。

2. **如果為多類別變數**，假設有 L 類別則給予類別 $1, 2, \cdots, L$ 編碼。例如「台灣機車車牌有綠牌、白牌、黃牌和紅牌四類」，則可以編碼綠牌為類別 1，白牌為類別 2，黃牌為類別 3，紅牌為類別 4。但因為多類別的編碼結果其實沒有大小關係，也就是編碼後的 3 和 2 並不表示類別 3 會大於類別 2，但在模型學習過程中通常會期待變數是連續的輸入，也就是有大小關聯度，此類型的編碼被直接帶入學習模型其實是不樂見的。

因此在統計學上通常會將類別變數進行虛擬變數 (*dummy variable*) 轉換，過程也稱為 *dummy encoding*。「台灣機車車牌有綠牌、白牌、黃牌和紅牌四類」透過虛擬變數轉換，可將變數轉換為四個內容為 0 和 1 編碼的變數：

	車牌為隨機變數 (X)			
	綠牌 (X_1)	白牌 (X_2)	黃牌 (X_3)	紅牌 (X_4)
這台機車為綠牌	1	0	0	0
這台機車為白牌	0	1	0	0
這台機車為黃牌	0	0	1	0
這台機車為紅牌	0	0	0	1

所以當問卷得到的資料為一台紅牌機車，則可編碼為 $x = [0, 0, 0, 1]$，因為編碼後的結果只會有 1 個 1，其他都是 0，所以 *dummy encoding* 也被稱為 *one-hot encoding* (也就是只有 1 的那一位有用)。在統計學上通常稱為虛擬變數轉換，在深度學習則被稱為 *one-hot encoding*，所以不同領域的讀者在看其他領域的用詞時要稍微注意一下。

5.4.2　目標編碼 *Target encoding*

我們從機器學習角度來看 *one-hot encoding* 並非是一種良好的特徵變數編碼方式，因為 *one-hot encoding* 會增加分類的特徵維度，也就是當類別變數的總類越多，經由 *one-hot encoding* 後，特徵的數量就會跟著線性成

長。比如說前面提到的「台灣機車車牌有綠牌、白牌、黃牌和紅牌四類」，原來車牌只需要用一個變數來表示，但經由 one-hot encoding 變成四個特徵維度，這樣的做法反而因為 1 落在大量 0 資訊之間，導致有用的訊息被埋在大量的數據之間，導致無法提供太多訊息，這樣大量的 0 出現的現象也稱為稀疏 (Sparse)。

因此有其他解決這樣大量非有效特徵參數的方法提出，其中非常有效的一種編碼方式即為目標編碼 (Target Encoding)。目標編碼有時候也稱為均值編碼 (Mean encoding)。從均值編碼字眼來看，這類型的編碼會採用平均值，至於平均值如何採用，我們用以下範例來說明，用班級 (x) 來預測數學考試成績 (y)，

同學	班級(x)	數學成績(y)
1	實驗班	90
2	實驗班	85
3	普通班	80
4	普通班	75
5	實驗班	95
6	實驗班	90
7	普通班	85

目標編碼 →

同學	班級(x)	數學成績(y)
1	90	90
2	90	85
3	80	80
4	80	75
5	90	95
6	90	90
7	80	85

$$實驗班目標(數學成績)均值 = \frac{90+85+95+90}{4} = 90$$

$$普通班目標(數學成績)均值 = \frac{80+75+85}{3} = 80$$

圖 5.8　目標編碼將類別變數用平均值取代

經由目標編碼，班級的編碼會被各自的平均值取代。以此例來說，實驗班的類別變數會被實驗班的數學成績平均值 (90 分) 取代，而普通班的類別變數則是被數學平均值 (80 分) 取代。此範例是用平均值來計算，所以目標編碼也稱為均值編碼。

但目標編碼並沒有規定只能用目標的平均數來編碼，在研究資料過程中也可以再觀察目標特性，有時候也可以採用標準差來進行編碼，此時的目標編碼就是標準差編碼，這兩種方式都只是講述資料目標編碼，計算的過程都可以採用不同的統計量來取代。比如某次數學考試出現實驗班與普通班的平均值相同的情況：

普通班目標(數學成績)均值＝ 65

實驗班目標(數學成績)均值＝ 65

同學	班級(x)	數學成績(y)
1	實驗班	60
2	實驗班	65
3	普通班	85
4	普通班	45
5	實驗班	70
6	實驗班	65
7	普通班	65

普通班目標(數學成績)標準差≈ 16.33

實驗班目標(數學成績)標準差≈ 3.54

目標均值編碼

同學	班級(x)	數學成績(y)
1	65	90
2	65	85
3	65	80
4	65	75
5	65	95
6	65	90
7	65	85

目標標準差編碼

同學	班級(x)	數學成績(y)
1	3.54	90
2	3.54	85
3	16.33	80
4	16.33	75
5	3.54	95
6	3.54	90
7	16.33	85

圖 5.9　均值編碼與標準差編碼

這時候的均值編碼在實驗班和普通班是完全一樣的，這樣的編碼對於後續的應用則是一點幫助都沒有，但從標準差來看則有極大的差距，這時候目標標準差編碼就會比均值編碼有幫助得多。

MEMO

6

機器與深度學習
常用到的基礎理論

6.1　機器、深度學習與統計學的關係

統計學是一門基礎科學，基於統計學基礎下衍生出更多領域的科學，機器學習就是其中的一門學問，而深度學習則是基於機器學習下衍生出來的一派，如果以集合論來說：

$$深度學習 \in 機器學習 \in 統計學$$

6.1.1　統計學與機器學習（深度學習）的差異

統計學	機器學習（深度學習）
1. 建模和分析過程較強調統計假設。 2. 分析結果會基於自樣本、母體和統計假設三者之間的關係進行推論。 3. 研究人員必須對於要分析的資料本質非常的了解。	1. 建模和分析不基於假設。 2. 著重在模型推論結果。 3. 直接從資料庫上進行辨識或預測，研究人員對於資料的理解較不要求。

6.1.2　機器學習和深度學習的差異

在機器學習上，研究人員雖然不需對資料有太深入的了解，但機器學習方法基本上都是要求結構化資料才能進行分析和建模，因此原始資料需要進行特徵擷取的動作後，才能由機器學習模型幫助後續的分類或預測應用，而這個**特徵擷取的動作又稱為特徵工程（*feature engineering*）**。例如得到一張圖片要如何將圖片帶入機器學習模型之中，就需要特徵工程的幫助，將非結構化資料轉換成結構化資料，也就是將圖片轉換成人為設計的特徵。

例如要分辨照片中的人物是男性或女性，需要哪些特徵才足以判斷出來？
比如說可以將頭髮長度、臉型的長寬、眉毛的粗細、額頭的高度、鼻子的
長寬 …… 等視為特徵。然而這些人為設計的特徵往往有不足或不確定之
處。例如可能遺漏了某些特徵，或某些特徵實際上並不具判別性，都會讓
機器學習的成效不佳。因此該如何挑選出真正合適的特徵，是機器學習一
開始最重要的課題，也是我們需要花最多時間之處。

深度學習本身就是一種特徵表示學習 (*feature representation learning*)，藉
由大量的非結構化資料，自行學習找出適合的資料特徵來建模，透過建構
多層非線性的神經網路，進行高維度資料轉換並從中萃取出足以描述資料
的特徵，避免人為萃取特徵的不確定因素，如下圖。

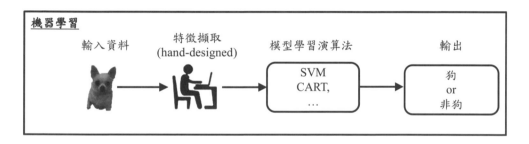

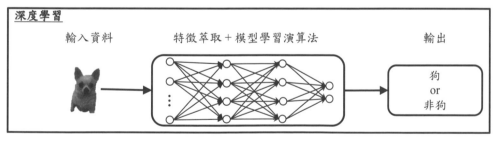

圖 6.1　機器學習與深度學習差異。

6.2　監督式學習與非監督式學習

大致上我們可以將機器學習分為兩類，分別是監督式學習 (*Supervised Learning*) 和非監督式學習 (*Unsupervised Learing*)。

6.2.1　監督式學習 (*Supervised Learning*)

將所有特徵的值組合成訓練資料，並為每一筆資料標註正確答案，再將訓練資料與正確答案輸入機器學習的數學模型中，讓此模型用訓練資料算出預測值，再計算預測值與正確答案的誤差，藉以修正模型中的參數，使預測值能更接近正確答案，如此反覆運算讓兩者的誤差最小化以得到一組最適合的模型參數（利用稍後會介紹的最大概似估計法），得以訓練出具有一定預測準確度的機器學習模型。

此方法的缺點是需要事前耗費人工為每一筆資料標註答案，資料量越大就越難以處理。而且此方法僅適用於有正確答案的資料。

6.2.2　非監督式學習 (*Unsupervised Learning*)

給定一組訓練資料且不需要答案，利用資料的關聯性來進行歸納、類聚或是找出潛在規則，此類的方法皆被歸入非監督式的學習。非監督式學習的特性是可以減少大量的人工作業，自動化找出資料間潛在的特性，但缺點是如果學習的資料特徵一開始就無意義，這樣的學習方式會導致無意義的結果。

6.3　最大概似估計

在訓練機器學習模型的過程中，我們需要不斷修正模型的眾多參數，以達到預測值與正確答案的誤差最小化，如此最終得到的一組能夠最大程度符合我們要求的參數值，最大概似估計法 (*Maximum Likelihood Method*，*MLE*) 就是求取最佳參數值常用的方法之一。

6.3.1　概似函數 (*likelihood function*) 的定義

假設有一組隨機樣本 $x_1, x_2, ..., x_n$ 彼此之間為「獨立事件」，且抽樣都來自母體 $f(x; \theta)$ ，θ 為母體未知參數，也就是 $x_1, x_2, ..., x_n \overset{iid}{\sim} f(x; \theta)$ 的分布 (*iid* 代表 *independent identically distribution*)，概似函數就是 $x_1, x_2, ..., x_n$ 的聯合機率：

$$L(\theta) = f(x_1, x_2, ..., x_n; \theta)$$

概似函數通常用 $L(\theta)$ 表示，因為樣本之間彼此為獨立事件，基於統計獨立可得

$$L(\theta) = f(x_1, x_2, ..., x_n; \theta) = f(x_1; \theta) f(x_2; \theta) \cdots f(x_n; \theta) = \prod_{i=1}^{n} f(x_i; \theta)$$

最大概似估計即尋找一個參數估計值 ($\hat{\theta}$) 使得 $L(\theta)$ 最大化，

$$\hat{\theta} = \arg\max_{\theta} L(\theta)$$

$\hat{\theta}$ 則為最大概似估計值。

在機器學習中大部分的概似函數都是可微分，所以求參數解的步驟大多為：

1. 找出概似函數 $L(\theta)$

2. 對 $L(\theta)$ 進行微分求解，$\dfrac{\partial L(\theta)}{\partial \theta} = 0 \Rightarrow \dfrac{\partial \ln L(\theta)}{\partial \theta} = 0$，求解 $\hat{\theta}$。

   這邊有個技巧，我們通常會對概似函數取自然對數 (*Natural logarithm*)，因為取對數可以去除掉統計分布常見的指數項。並且由於對數函數的性質，取對數之後的最小值位置 $\hat{\theta}$ 和未取對數的 $\hat{\theta}$ 是一樣的，所以我們一般都會取對數再求極大或極小值，運算上又快又方便。

3. 求二次微分，檢查二次微分帶入 $\hat{\theta}$ 是否小於 0，若 $\left.\dfrac{\partial^2 \ln L(\theta)}{\partial \theta^2}\right|_{\hat{\theta}} < 0$

   則 $\hat{\theta}$ 為母體參數 θ 的最大概似估計值。

統計學對上面第 3 個步驟會做嚴謹的定義，但在機器學習中通常比較簡略。

6.3.2　範例：伯努利抽紅白球的機率

我們用伯努利分布的抽球範例來說明最大概似估計的運算。假設有一個裝入白球和紅球的袋子，我們不知道袋子裡有多少顆白球和紅球，這時候我們從袋子中抽出球後記錄好再放回袋子內，我們重覆抽球動作來個 1000 次，記錄發現白球出現 400 次，紅球出現 600 次，我們一定會認為袋子內的白球和紅球比例為 $4:6$，從經驗法則猜測白球和紅球被抽中的機率分別為：

$$p(白球) = 400/1000 = 0.4$$

$$p(紅球) = 600/1000 = 0.6$$

如果我們用最大概似估計法來估計，實驗為抽 n 次紅白球的伯努利試驗，$x_1, x_2, ..., x_n \overset{iid}{\sim} Bernoulli(p)$，伯努利試驗的母體參數 θ 就是 P，假設 P 為抽中白球的機率，$1 - p$ 即為抽中紅球的機率，其概似函數與取對數為

$$L(\theta) = L(p) = \prod_{i}^{n} \left(p^{x_i} (1-p)^{1-x_i} \right) = p^k (1-p)^{n-k} \longleftarrow 概似函數$$

$$\ln L(p) = \ln p^k (1-p)^{n-k} = k \ln p + (n-k) \ln(1-p) \longleftarrow 對數概似函數$$

k 為抽中白球的次數，$n-k$ 為抽中紅球的次數。接著用對數概似函數對 p 求極大值，也就是微分要等於 0，

$$\frac{\partial \ln L(p)}{\partial p} = 0$$

$$\Rightarrow \frac{\partial (k \ln p) + \partial \left((n-k) \ln (1-p) \right)}{\partial p} = 0$$

$$\Rightarrow k \frac{1}{p} - (n-k) \frac{1}{1-p} = 0$$

$$\Rightarrow \frac{k - np}{p(1-p)} = 0$$

$$\Rightarrow p = \frac{k}{n}$$

從最大概似函數來估計找到參數 p 的最大概似估計為 $\hat{p} = \dfrac{k}{n}$。重覆抽球動作來個 1000 次，記錄發現白球出現 400 次，紅球出現 600 次，套入上式可知 p 為抽中白球的機率為 0.4 (p(白球)=0.4)，結果和經驗法則一樣。

6.3.3　範例：常態分布找出平均值與變異數

我們在此範例要推估一個常態分布參數的最大概似函數估計，假設 $x_1, x_2, ..., x_n \overset{iid}{\sim} N(\mu, \sigma^2)$，$\mu$ 和 σ^2 分別為母體的平均數和變異數。平均數和變異數就是母體未知參數，我們要從隨機樣本來估計母體未知參數，

$$L(\theta) = \prod_{i=1}^{n} \left(\frac{1}{\sigma\sqrt{2\pi}} e^{-\frac{1}{2}\left(\frac{x_i-\mu}{\sigma}\right)^2} \right) = \left(2\pi\sigma^2\right)^{-\frac{n}{2}} e^{-\frac{1}{2}\sum\limits_{i=1}^{n}\left(\frac{x_i-\mu}{\sigma}\right)^2}$$

取對數得到對數概似函數，

$$\ln L(\theta) = \ln \left[\left(2\pi\sigma^2\right)^{-\frac{n}{2}} e^{-\frac{1}{2}\sum\limits_{i=1}^{n}\left(\frac{x_i-\mu}{\sigma}\right)^2} \right]$$

$$= -\frac{n}{2}\ln\left(2\pi\sigma^2\right) - \frac{1}{2}\sum_{i=1}^{n}\left(\frac{x_i-\mu}{\sigma}\right)^2$$

$$= -\frac{n}{2}\ln\left(2\pi\right) - \frac{n}{2}\ln\left(\sigma^2\right) - \frac{1}{2}\sum_{i=1}^{n}\left(\frac{x_i-\mu}{\sigma}\right)^2$$

先對平均數 μ 做偏微分

$$\frac{\partial \ln L(\theta)}{\partial \mu} = 0$$

$$\Rightarrow \frac{\partial\left[-\frac{n}{2}\ln\left(2\pi\right) - \frac{n}{2}\ln\left(\sigma^2\right) - \frac{1}{2}\sum\limits_{i=1}^{n}\left(\frac{x_i-\mu}{\sigma}\right)^2 \right]}{\partial \mu} = 0$$

$$\Rightarrow -\sum_{i=1}^{n}\frac{-2}{2\sigma^2}\left(x_i - \mu\right) = 0$$

$$\Rightarrow \sum_{i=1}^{n}\left(x_i - \mu\right) = 0$$

$$\Rightarrow n\mu = \sum_{i=1}^{n} x_i$$

$$\Rightarrow \mu = \frac{\sum\limits_{i=1}^{n} x_i}{n} = \overline{x}$$

所以母體平均數 μ 的最大概似估計值為樣本平均數 $\overline{x}$。

再對變異數 σ^2 做偏微分

$$\frac{\partial \ln L(\theta)}{\partial \sigma^2} = 0$$

$$\Rightarrow \frac{\partial \left[-\frac{n}{2} \ln(2\pi) - \frac{n}{2} \ln(\sigma^2) - \frac{1}{2} \sum_{i=1}^{n} \left(\frac{x_i - \mu}{\sigma} \right)^2 \right]}{\partial \sigma^2} = 0$$

$$\Rightarrow -\frac{n}{2\sigma^2} + \frac{1}{2} \sum_{i=1}^{n} \frac{(x_i - \mu)^2}{\sigma^4} = 0$$

$$\Rightarrow -n\sigma^2 + \sum_{i=1}^{n} (x_i - \mu)^2 = 0$$

$$\Rightarrow \sigma^2 = \frac{\sum_{i=1}^{n} (x_i - \mu)^2}{n}$$

因為母體平均數 μ 的最大概似估計值為樣本平均數 $\overline{x}$，代入上式

$$\sigma^2 = \frac{\sum_{i=1}^{n} (x_i - \mu)^2}{n} = \frac{\sum_{i=1}^{n} (x_i - \overline{x})^2}{n}$$

所以母體變異數 σ^2 的最大概似估計值為樣本變異數。

6.4　貝氏法則理論與最大後驗機率

貝氏法則理論（*Bayesian Decision Theory*）是一種基於貝氏定理（*Bayes' theorem*）的學習方法，主要決策方法為**最大後驗機率法**（*Maximum a posterior，MAP*）。貝氏定理的方法就是在**先驗機率**（*priori probability*）的基礎下，針對收集到的資料進行機率的更新，算出來的機率稱為**後驗機率**（*posterior probability*）。

6.4.1 貝氏法則理論

貝氏法則理論假設 $\{C_1, C_2, \cdots, C_L\}$ 為樣本空間 S 的一種分割 (見 2.5.2 節，此處即 L 種分類)，而 $p(C_i) > 0, \forall i$，對任意事件 x，且 $p(x) > 0$，則

$$p(C_i \mid x) = \frac{p(C_i)\, p(x \mid C_i)}{p(x)} = \frac{p(C_i)\, p(x \mid C_i)}{\sum_{i=1}^{L} p(C_i)\, p(x \mid C_i)}$$

$p(C_i \mid x)$ 為已知 x 發生下，C_i 發生的條件機率，它有個專有名詞叫**後驗機率** (*posterior probability*)。

$p(x)$ 為 x 在樣本空間 S 基於 $\{C_1, C_2, \cdots, C_L\}$ 的邊際機率，亦稱為**全機率** (*total probability*)。

$p(x \mid C_i)$ 為已知 C_i 發生下，x 發生的條件機率，他的專有名詞叫 ***likelihood***。

$p(C_i)$ 為 C_i 的**先驗機率** (*prior probability*)。

6.4.2 最大後驗機率法

最大後驗機率法通常用在分類問題上，假設有一個 L 類別 $\{C_1, C_2, ..., C_L\}$ 的分類問題，有一個樣本 x 會被判成哪一類？也就是這個樣本 x 丟進「每個類別的 C_i 的公式」中算出後驗機率，然後看哪一類別的後驗機率最大就判給哪一類：

$$C_{MAP} = \arg\max_{i=\{1,2,...,L\}} \{ p(C_i \mid x) \} \quad \longleftarrow \text{最大後驗機率的類別}$$

$p(C_i \mid x)$ 就是後驗機率（$posterior\ probability$），為「給定樣本 x 下，判給 C_i 這個類別的機率」，所以 $\underset{i=\{1,2,\dots,L\}}{\arg\max}\{p(C_i \mid x)\}$ 則為給定樣本 x 下，這個樣本 x 屬於哪個類別的機率最大則判給哪一類（C_{MAP}）。

$$p(C_i \mid x) = \frac{p(C_i)p(x \mid C_i)}{p(x)} = \frac{p(C_i)p(x \mid C_i)}{\sum\limits_{i=1}^{L} p(C_i)p(x \mid C_i)}$$

- $p(C_i)$ 為第 C_i 類的先驗機率。

- $p(x \mid C_i)$ 為第 C_i 類的概似函數或稱為類別條件密度函數（$class\text{-}conditional\ density\ function$）。

- $\sum\limits_{i=1}^{L} p(C_i)p(x \mid C_i)$ 為 x 和樣本空間 $S = \{C_1, C_2, \dots, C_L\}$ 的邊際機率，也稱為全機率。

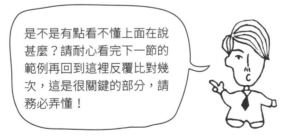

是不是有點看不懂上面在說甚麼？請耐心看完下一節的範例再回到這裡反覆比對幾次，這是很關鍵的部分，請務必弄懂！

6.4.3　最大後驗機率法範例

假設有一個兩類的分類問題（男生和女生），已知（先驗）是 20 個女生與 20 個男生身高的資料，假如有一個人身高為 166 公分，請猜這個人是男生還是女生？

先驗機率怎麼算

先驗機率就是已知的資訊，也就是男生和女生的比例(20：20)，則

男生的先驗機率　$p(男生) = \dfrac{20}{20+20} = 0.5$

女生的先驗機率　$p(女生) = \dfrac{20}{20+20} = 0.5$

所以先驗機率的解讀方式為：如果我們得到一筆新資料，但我們先不看這個資料來猜測是男生還是女生，最直覺就是看過去資料的比例來猜測，因此先驗機率是 50% 機率是男生，50% 機率是女生。

概似函數怎麼算

概似函數 $p(x \,|\, C_l)$ 為「給定樣本 x 的資料下，x 屬於 C_l 這個類別的機率」，在此範例則是 $p(x \,|\, 男生)$「樣本 x 在男生身高分布的機率」和 $p(x \,|\, 女生)$「樣本 x 在女生身高分布的機率」。概似函數需要用收集到的資料去建立。

例如我們從收集到的 20 筆男生和 20 筆女生資料畫圖看出「男生的身高 x 近似於平均數為 167.5 公分與標準差為 3.75 公分的常態分布」和「女生的身高 x 近似於平均數為 160 公分與標準差為 3.75 公分的常態分布」，便可建立基於常態分布的 $p(x \,|\, 男生)$ 和 $p(x \,|\, 女生)$ 的概似函數，如下圖上半部的概似函數。

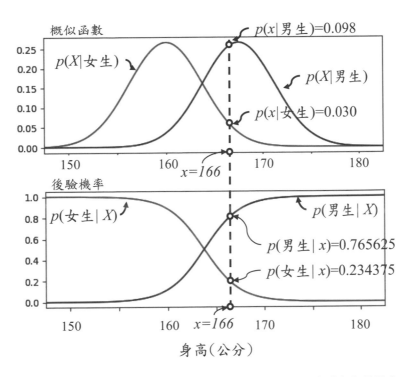

圖 6.2　由先驗機率導出後驗機率，判斷 166 公分是男生或女生的機率

男女生在常態分布下的概似函數：

$$p(x\,|\,男生) = \left(2\pi(\sigma_{男}{}^2)\right)^{-\frac{1}{2}} e^{-\frac{1}{2}\left(\frac{x-\mu_{男}}{\sigma_{男}}\right)^2}$$

$$p(x\,|\,女生) = \left(2\pi(\sigma_{女}^2)\right)^{-\frac{1}{2}} e^{-\frac{1}{2}\left(\frac{x-\mu_{女}}{\sigma_{女}}\right)^2}$$

然後就可算出後驗機率

我們已經得到概似函數和先驗機率就可以套用前文提到的貝氏定理，則可以推論出後驗機率，

$$p\left(男生|x\right) = \frac{p(男生)\,p\left(x|男生\right)}{p(x)}$$

$$p\left(女生|x\right) = \frac{p(女生)\,p\left(x|女生\right)}{p(x)}$$

其中

$$p(x) = \sum_{C_i = 男生、女生} p(C_i) p(x|C_i) = p(男生)p(x|男生) + p(女生)p(x|女生)$$

而後驗機率的長相就如前頁圖下半部的後驗機率。

身高為 166 公分的資料我們帶入概似函數可以得到

$$p(x = 166|男生) = \left(2\pi(3.5^2)\right)^{-\frac{1}{2}} e^{-\frac{1}{2}\left(\frac{166-167.5}{3.5}\right)^2} \approx 0.098$$

$$p(x = 166|女生) = p(x = 166|男生) = \left(2\pi(3.5^2)\right)^{-\frac{1}{2}} e^{-\frac{1}{2}\left(\frac{166-160}{3.5}\right)^2} \approx 0.030$$

於是，後驗機率部分計算如下

$$p(x) = p(男生)p(x|男生) + p(女生)p(x|女生) = 0.5 \times 0.098 + 0.5 \times 0.030 = 0.064$$

$$p(男生|x) = \frac{p(男生)p(x|男生)}{p(x)} = \frac{0.049}{0.064} = 0.765625$$

$$p(女生|x) = \frac{p(女生)p(x|女生)}{p(x)} = \frac{0.015}{0.064} = 0.234375$$

因此這個身高為 166 公分的人，經由計算有 76.5625% 後驗機率為男生、23.4375% 後驗機率為女生，則最大後驗機率判斷 (76.5625%>23.4375%) 為男生，

$$C_{MAP} = \underset{C_i = \{男生、女生\}}{\arg\max} \{p(C_i|x)\} = \underset{i = \{男生、女生\}}{\arg\max} \begin{Bmatrix} p(男生|x) = 0.765625, \\ p(女生|x) = 0.234375 \end{Bmatrix}$$

$$\Rightarrow C_{MAP} = 男生$$

概似函數 $p(x|C_i)$ 可以用不同的統計模型，此範例的模型是使用常態分布，實務上可以直接用機器學習方法的輸出當作概似函數輸出值，例如使用支援向量機 (SVM) 的輸出值。

6.5 常用到的距離和相似度計算方式

統計學、機器學習和深度學習常常需要評估不同樣本之間的相似度（*similarity*），本節要介紹統計學、機器學習會用到的一些距離算法與相似度計算的方法，分別為曼哈頓距離（*Manhattan Distance*）、歐幾里得距離（*Euclidean Distance*）、餘弦相似度（*Cosine similarity*）、馬氏距離（*Mahalanobis Distance*）、雅卡爾相似度係數（*Jaccard similarity coefficient*）。

以下距離公式，前提假設皆為任意兩個 $x, y \in \mathbb{R}^d$ 的向量，兩點之間的距離計算方式。

6.5.1 曼哈頓距離（*Manhattan Distance*）

曼哈頓距離是平面上兩個位置的 x 距離絕對值加上 y 距離絕對值，也就是階梯距離

$$\|x, y\|_1 = \sum_i^d |x_i - y_i|$$

為 $x_i - y_i$ 取絕對值

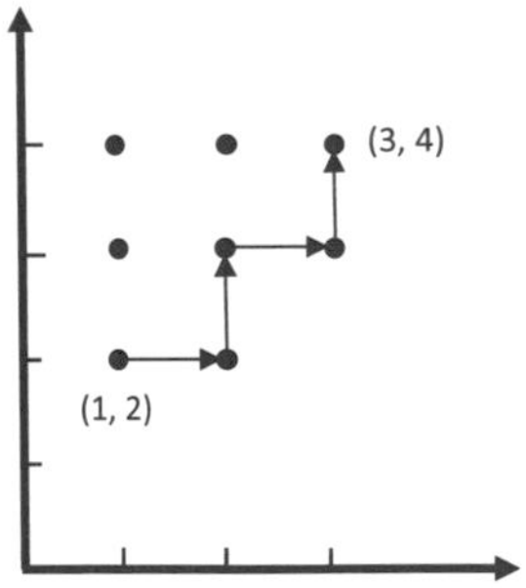

圖 6.3　曼哈頓距離是階梯狀

範例： 假設 $x = \begin{bmatrix} 1 \\ 2 \end{bmatrix}, y = \begin{bmatrix} 3 \\ 4 \end{bmatrix}$，

$$\|x, y\|_1 = \sum_i^d |x_i - y_i| = |1-3| + |2-4| = 2 + 2 = 4$$

曼哈頓距離又稱為計程車距離，因為紐約曼哈頓街道呈棋盤格局而得名。

歐幾里得距離即平面上兩個位置的直線距離

$$\left\| x, y \right\|_2 = \sqrt{\left(x - y \right)^T \left(x - y \right)} = \sqrt{\sum_i^d \left(x_i - y_i \right)^2}$$

範例： 假設 $x = \begin{bmatrix} 1 \\ 2 \end{bmatrix}, y = \begin{bmatrix} 3 \\ 4 \end{bmatrix}$，

$$\left\| x, y \right\|_2 = \sqrt{\sum_i^d \left(x_i - y_i \right)^2} = \sqrt{\left(1 - 3 \right)^2 + \left(2 - 4 \right)^2} = \sqrt{8}$$

曼哈頓距離和歐幾里得距離以下圖說明

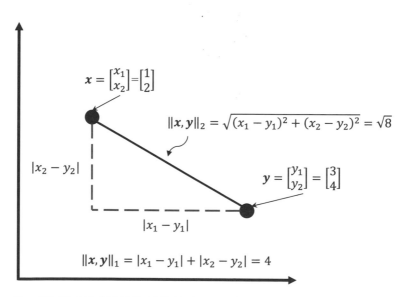

圖 6.4　曼哈頓距離和歐幾里得距離的差別：曼哈頓距離為虛線的長度相加，歐幾里得距離為兩點直線的距離。

6.5.3 明可夫斯基距離（*Minkowski distance*）

明可夫斯基距離為通用的距離量測方法，和曼哈頓距離和歐幾里得距離的差別只在於參數 p

$$\|x, y\|_p = \left(\sum_i^d |x_i - y_i|^p \right)^{1/p}$$

所以曼哈頓距離（$p=1$）和歐幾里得（$p=2$）距離皆為明可夫斯基距離的特例，但明可夫斯基距離的參數 p 可以為非整數，在計算距離的過程中，可以得到更廣義的結果。

注意！$\|x\|_p$ 為計算向量 x 的範數（*norm*），因此：

● 曼哈頓距離（$\|x, y\|_1$）是計算兩點之間的 *L1-norm*。

● 歐幾里得距離（$\|x, y\|_2$）則是計算兩點之間的 *L2-norm*。

● 明可夫斯基距離（$\|x, y\|_p$）則是計算兩點之間的 *Lp-norm*。

明可夫斯基距離通常拿來改善曼哈頓距離和歐幾里得距離的缺點。曼哈頓距離計算的是兩點之間的階梯距離，而歐幾里得距離是計算兩點之間的直線距離，但兩點之間還可以考慮到曲線的關係，明可夫斯基距離則可以計算兩點之間的曲線距離。

基於曼哈頓距離和歐幾里得距離提出來的演算法，都可以採用明可夫斯基距離來改善，但其衍生出來的問題是 p 要如何設定，哪個 p 的值結果會更好，所以通常我們都會先採用歐幾里得距離的方法來開發演算法。

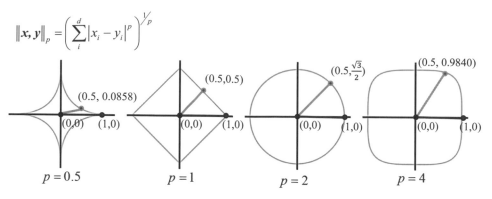

$$\|\boldsymbol{x}, \boldsymbol{y}\|_p = \left(\sum_i^d |x_i - y_i|^p \right)^{1/p}$$

$p = 0.5$ $p = 1$ $p = 2$ $p = 4$

圖 6.5　不同的 p 計算明可夫斯基距離

上圖在不同 P（分別為 0.5, 1, 2, 4）下計算不同點 (灰點和黑點到原點) 的明可夫斯基距離。

Case 1：當 $p=0.5$ 時

$$\|\boldsymbol{x}, \boldsymbol{y}\|_{p=0.5} = \left(\sum_i^2 |x_i - y_i|^{0.5} \right)^{1/0.5} \text{，原點為 } \boldsymbol{y} = \begin{bmatrix} 0 \\ 0 \end{bmatrix} \text{，}$$

灰點 $\boldsymbol{x} = \begin{bmatrix} 0.5 \\ 0.0858 \end{bmatrix}$ ， $\|\boldsymbol{x}, \boldsymbol{y}\|_{p=0.5} = \left(|0.5|^{0.5} + |0.0858|^{0.5} \right)^{1/0.5} \approx 1$

黑點 $\boldsymbol{x} = \begin{bmatrix} 1 \\ 0 \end{bmatrix}$ ， $\|\boldsymbol{x}, \boldsymbol{y}\|_{p=0.5} = \left(|0|^{0.5} + |1|^{0.5} \right)^{1/0.5} = 1$

Case 2：當 $p=1$ 時

$$\|\boldsymbol{x}, \boldsymbol{y}\|_{p=1} = \left(\sum_i^2 |x_i - y_i|^1 \right)^1 \text{，原點為 } \boldsymbol{y} = \begin{bmatrix} 0 \\ 0 \end{bmatrix} \text{，}$$

灰點 $x = \begin{bmatrix} 0.5 \\ 0.5 \end{bmatrix}$ ， $\|x, y\|_{p=1} = \left(|0.5|^1 + |0.5|^1 \right)^1 = 1$

黑點 $x = \begin{bmatrix} 1 \\ 0 \end{bmatrix}$ ， $\|x, y\|_{p=1} = \left(|1|^1 + |0|^1 \right)^1 = 1$

Case 3：當 $p=2$ 時

$\|x, y\|_{p=2} = \left(\sum_i^2 |x_i - y_i|^2 \right)^{1/2}$ ，原點為 $y = \begin{bmatrix} 0 \\ 0 \end{bmatrix}$ ，

灰點 $x = \begin{bmatrix} 0.5 \\ 0.5 \end{bmatrix}$ ， $\|x, y\|_{p=2} = \left(|0.5|^2 + \left| \frac{\sqrt{3}}{2} \right|^2 \right)^{1/2} = \left(\frac{1}{4} + \frac{3}{4} \right)^{1/2} = 1$

黑點 $x = \begin{bmatrix} 1 \\ 0 \end{bmatrix}$ ， $\|x, y\|_{p=2} = \left(|0|^2 + |1|^2 \right)^{1/2} = 1$

Case 4：當 $p=4$ 時

$\|x, y\|_{p=4} = \left(\sum_i^2 |x_i - y_i|^4 \right)^{1/4}$ ，原點為 $y = \begin{bmatrix} 0 \\ 0 \end{bmatrix}$ ，

灰點 $x = \begin{bmatrix} 0.5 \\ 0.5 \end{bmatrix}$ ， $\|x, y\|_{p=4} = \left(|0.5|^4 + |0.9840|^4 \right)^{1/4} \approx 1$

黑點 $x = \begin{bmatrix} 1 \\ 0 \end{bmatrix}$ ， $\|x, y\|_{p=4} = \left(|0|^4 + |1|^4 \right)^{1/4} = 1$

由以上範例要說明的一點是，我們可以發現在邊上的黑點 $x = \begin{bmatrix} 1 \\ 0 \end{bmatrix}$ 到原點距

離都是 1，但在不同 P 的明可夫斯基距離計算上，灰點在 x 軸都是 0.5 的狀況下，y 軸的值都不一樣，但在算出來的距離值都是 1，而圖中不同 P 的外圍淺色線上的點到原點的距離都一樣皆為 1。從圖上可以發現在計算距離下，一般人想像的都是當 $p=2$ 情況下的距離，也就是灰線和黑線的長度一樣才是距離，所以很難想像在不同的 P 下，灰線和黑線的距離長度是一樣的，所以在一般人認知中的距離，明可夫斯基距離較難理解也較不直接，相信此範例能讓大家對於距離有較清楚的概念。

6.5.4 餘弦相似度（*Cosine similarity*）

餘弦相似度是計算向量空間中兩個向量夾角的餘弦值，作為衡量兩個向量之間的關聯度（下圖）。餘弦相似度比一般距離公式更注重在向量的方向，而非距離或長度，計算方式：

$$\cos(\theta) = \frac{x^T y}{\|x\|_2 \|y\|_2} = \frac{\sum_{i=1}^{d}(x_i y_i)}{\sqrt{\sum_{i=1}^{d} x_i^2} \sqrt{\sum_{i=1}^{d} y_i^2}}$$

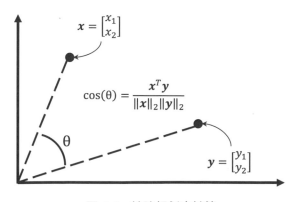

圖 6.6　餘弦相似度計算

因為在分類或是分群問題上，同類別的樣本通常在同一個向量方向，所以利用向量的夾角相似度來評估會比距離來得有效。例如下圖，黑色圓點為同一類，黑色十字為另一類，在估計距離時，距離 d_1 等於距離 d_2，所以分別不出 d_1 這兩點和 d_2 這兩點是否為同一類，但如果考慮了向量夾角，就可以找出差異（θ_1 大於 θ_2），所以夾角（θ_2）較小的可能屬於同一類，夾角（θ_1）較大的則為不同類。

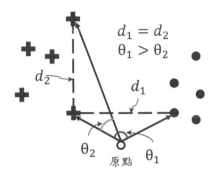

圖 6.7　當任兩個距離一樣餘弦夾角不同

這邊我們舉個例子假設有三個樣本資料分別是 $x = \begin{bmatrix} 1 \\ 1 \end{bmatrix}$，$y = \begin{bmatrix} -1 \\ 1 \end{bmatrix}$，$z = \begin{bmatrix} -1 \\ 4 \end{bmatrix}$，$x$ 是一類，y 和 z 是另一類的資料，我們分別來計算一下 $\cos(\theta_1)$、$\cos(\theta_2)$ 和 $d_1 = \|x, y\|_2$、$d_2 = \|y, z\|_2$

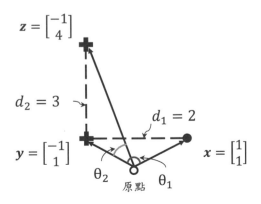

圖 6.8　三個點算餘弦相似度判別屬於哪一類

這時候我們如果計算歐氏距離可以發現

$$d_1 = \|x, y\|_2 = 2$$

$$d_2 = \|y, z\|_2 = 3$$

這時候 $d_1 < d_2$，所以 y 到 x 的距離比 y 到 z 的距離近，但我們已知 y 和 z 是一類，x 是另一類，這時候歐氏距離計算就不合適。如果我們採用餘弦相似度來計算兩個夾角的餘弦值

$$\cos(\theta_1) = \frac{x^T y}{\|x\|_2 \|y\|_2} = \frac{-1+1}{\sqrt{2}\sqrt{2}} = 0$$

$$cos(\theta_2) = \frac{y^T z}{\|y\|_2 \|z\|_2} = \frac{1+4}{\sqrt{17}\sqrt{2}} \approx 0.857$$

餘弦相似度是越相似則值越大，所以

$$cos(\theta_2) = 0.857 > \cos(\theta_1) = 0$$

代表 y 和 z 比較相似而不是和 x 比較相似。

餘弦相似度介於 -1~1 之間，超過 180°基本上是對稱的。由下圖可以更清楚知道當角度越大則相似度的值越小(接近 -1)，角度越小則值越大(接近 1)。

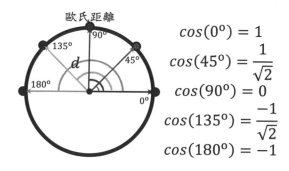

圖 6.9　夾角與餘弦值的變化

此部分的應用在影像上常用在人臉辨識，因為人臉辨識並不是分類模型，所以在學習的過程中很難像分類方法採用交叉熵 (參閱 6.6.3) 直接對模型進行學習的機制，因此會採用餘弦相似度的計算來計算模型的損失函數。其概念是「同一個人的人臉經由深度學習模型進行編碼後，特徵間的餘弦相似度會比不同人的人臉特徵的特徵餘弦相似度大」，因此採用這樣的特性進行損失函數的設計達到深度模型的學習，有興趣的讀者可以自行參考 *cosine loss* 的設計。

6.5.5 馬氏距離 (*Mahalanobis Distance*)

馬氏距離用來表示數據的共變異數距離，計算方式類似歐氏距離，不同的是在計算馬氏距離時需額外考慮隨機變數之間的相關度。

由於計算過程中會減去平均數和乘上共變異數矩陣的反矩陣，所以計算出的馬氏距離已與單位無關。基本上需要先假設兩個隨機變數 ($x, y \in \mathbb{R}^d$) 之間服從同一個分布且有共同的變異數矩陣 ($\Sigma \in \mathbb{R}^{d \times d}$，見 3.2.4 節)：

$$d_M(\mathbf{x}, \mathbf{y}) = \sqrt{(\mathbf{x} - \mathbf{y})^T \Sigma^{-1} (\mathbf{x} - \mathbf{y})}$$

根號中 $\mathbf{x}^T \mathbf{A}^T \mathbf{x}$ 這樣的形式稱為二次型運算 (*quadratic form*)，但二次型運算有個前提是假設 $\mathbf{A}$ 必須為實數對稱的方陣，因為 $\Sigma \in \mathbb{R}^{d \times d}$，所以 $(\mathbf{x} - \mathbf{y})^T \Sigma^{-1} (\mathbf{x} - \mathbf{y})$ 為二次型運算。

另外，當 Σ 為單位矩陣 (I) 時，馬氏距離就等於歐氏距離，

$$d_M(x, y) = \sqrt{(x - y)^T \Sigma^{-1} (x - y)} = \sqrt{(x - y)^T I^{-1} (x - y)}$$
$$= \sqrt{(x - y)^T (x - y)}$$
$$= \| x, y \|_2$$

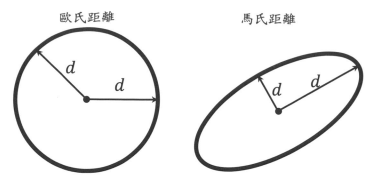

圖 6.10 歐氏距離，中心點到圓邊上的距離都一致 (d)，
馬氏距離計算中心點到橢圓邊上的距離都一致 (d)。

馬氏距離這麼複雜，讀者是否有疑問什麼情況下會用到馬氏距離？這邊稍微提一下，在後續分類的章節會有較詳細的介紹。多維度常態分佈 (多變量高斯函數) 會用到馬氏距離，例如：

$$f(\mathbf{x}\,|\,\boldsymbol{\mu},\boldsymbol{\Sigma}) = \left(2\pi\right)^{-\frac{d}{2}} \left|\boldsymbol{\Sigma}\right|^{-0.5} \exp\left\{-\tfrac{1}{2}\left(\mathbf{x}-\boldsymbol{\mu}\right)^{T}\boldsymbol{\Sigma}^{-1}\left(\mathbf{x}-\boldsymbol{\mu}\right)\right\}$$

$$\mathbf{x} = \begin{bmatrix} x_1 \\ x_2 \\ \vdots \\ x_d \end{bmatrix},\ \boldsymbol{\mu} = \begin{bmatrix} \mu_1 \\ \mu_2 \\ \vdots \\ \mu_d \end{bmatrix}$$

其中 $\boldsymbol{\mu}$ 為平均數向量，μ_i 為第 i 個特徵的平均數，Σ 為共變異數矩陣，$|\Sigma|$ 為 Σ 行列式值 (*determinant*)。

此公式的 $\left(\mathbf{x}-\boldsymbol{\mu}\right)^{T}\boldsymbol{\Sigma}^{-1}\left(\mathbf{x}-\boldsymbol{\mu}\right)$ 就是在計算馬氏距離，因此我們在推論多變量高斯函數會用到馬氏距離，後續的推導對多變量高斯函數進行偏微分則會用到二次型運算的特性。

6.5.6　雅卡爾相似度係數（*Jaccard similarity coefficient*）

雅卡爾相似度係數在**目標偵測任務**或是**影像切割任務**上很常使用，主要用來度量兩個**集合**之間的相似度，在深度學習上用 *IoU*（*Intersection over Union*）來表示。

假設有 A 和 B 兩個集合，A 和 B 的雅卡爾相似度係數：

$$J(A,B) = \frac{|A \cap B|}{|A \cup B|}$$

$|A \cap B|$ 為 A 和 B 集合交集的元素個數，$|A \cup B|$ 為 A 和 B 集合聯集的元素個數。此指標是在度量兩個集合，和前面度量兩個向量不同。兩個向量在比較時的向量長度（元素個數）必須一樣，也就是兩個向量 $x, y \in \mathbb{R}^d$ 必須來自同一空間，但在度量兩個集合時，兩個集合大小可以不一樣。

例如兩個集合：A 集合為台幣幣值種類，B 集合為美金幣值種類

$$A = \{1, 5, 10, 50, 100, 200, 500, 1000, 2000\}$$

$$B = \{0.01, 0.25, 0.5, 1, 5, 10, 20, 50, 100\}$$

A 和 B 集合交集

$$A \cap B = \{1, 5, 10, 50, 100\}$$
$$|A \cap B| = 5 \longleftarrow \text{交集元素個數有 5 個}$$

A 和 B 集合聯集

$$A \cup B = \{0.01, 0.25, 0.5, 1, 5, 10, 20, 50, 100, 200, 500, 1000, 2000\}$$
$$|A \cup B| = 13 \longleftarrow \text{聯集元素個數有 13 個}$$

則雅爾相似度係數為：

$$J(A,B) = \frac{|A \cap B|}{|A \cup B|} = \frac{5}{13}$$

這個相似度係數會介於 0~1 之間，越接近 1 表示兩集合越相似，越接近 0 表示兩集合越無關。

雅卡爾相似度係數在目標偵測任務為最常用到的評估方式，因為目標偵測的目的是希望可以偵測到圖中物件的位置，例如下圖：

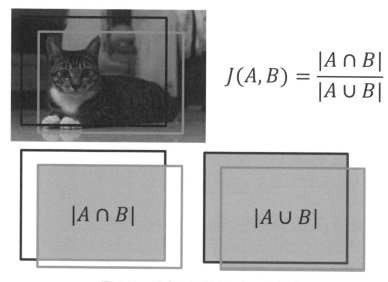

圖 6.11　雅卡爾相似度用在目標偵測

灰色的框如果是真實貓的位置，黑色的框是模型偵測出來目標的位置，這時候就可以用雅卡爾相似度係數來評估模型偵測的目標位置是否合適。當模型偵測的結果和真實的位置完全一致的時候，雅卡爾相似度係數就是 1，因此在進行模型目標偵測的時候，我們會希望偵測的雅卡爾相似度係數越接近 1 越好。

6.6 損失函數

損失函數就是用來評估預測成果或誤差的函數，不論在統計學、機器學習或是深度學習上，通常都希望能最大化 (成果) 或最小化 (誤差) 這個函數或指標，這個函數被稱為目標函數 (*Object function*)、成本函數 (*cost function*) 或是損失函數 (*loss function*)。而學習演算法模型的效果好與壞，有很大部分的因素來自於損失函數的設計，以下我將說明不同問題上採用何種損失函數。

學習演算法基本上可分為**分類**和**迴歸**問題，所以損失函數基本上可以分成**分類**和**迴歸**兩個面向。迴歸部分我們會介紹常用的損失函數：均方誤差 (*Mean square error*，*MSE*)、平均絕對值誤差 (*Mean absolute error*，*MAE*) 和 *Huber* 損失函數。分類問題我們會介紹常用的損失函數：交叉熵 (*cross-entropy*)。

6.6.1 迴歸常用的損失函數：均方誤差、平均絕對值誤差

在迴歸的問題中，通常希望模型所預測出來的預測值可以跟實際值完全一樣，但現實是不可能都剛好一樣，預測值基本上跟實際值都會有落差，這個落差在統計上稱為**殘差** (*residual*)，也可稱為**誤差** (*error*)。

假設做股票預測模型，我們預測加權指數應該到 10000 點，結果實際是 11000 點，中間差了 1000 點，如果我們照著模型去預估就損失了 1000 點的差異，所以預測模型時採用的損失函數中的損失就是指「實際值和預測值的殘差」，在數學上會用 y 表示實際值，$\hat{y}$ 來表示預測值，殘差會用 ε 來表示，

$$\varepsilon = y - \hat{y}$$

我們將預測值和實際值畫成散佈圖（下圖），最理想的預測情況為斜對角線的狀態（$y = \hat{y}$），也就是預測值和實際值是完全一樣的，而當 $y < \hat{y} \Rightarrow \varepsilon < 0$ 也就是斜對角線下方部分，當 $y > \hat{y} \Rightarrow \varepsilon > 0$，也就是斜對角線上方部分。

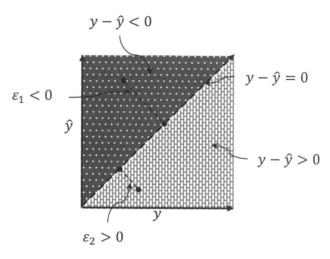

圖 6.12　預測值和實際值殘差散佈圖

建立迴歸模型實務上我們會有上千筆資料甚至到百萬筆資料以上，所以幾乎不可能會有每一筆預測值和實際值完全一樣的情況。每筆資料都會產生出或多或少的殘差值，因此**我們的目標即是希望整體的殘差越小越好**，所以損失函數的目標就是最小化整體的殘差。

如果有一個批次的資料，通常都是採用平均數直接評估這批次的期望值，但在迴歸殘差上，如果直接採用殘差的平均數來評估會造成正負抵消的問題。舉例來說，假設有兩筆資料分別為 $y_1 = 0, y_2 = 1$，經由模型預測 $\hat{y}_1 = 100, \hat{y}_2 = -99$，則這兩筆資料的殘差為

$$\varepsilon_1 = y_1 - \hat{y}_1 = 0 - 100 = -100$$

$$\varepsilon_2 = y_2 - \hat{y}_2 = 1 - (-99) = 100$$

而這兩筆殘差的平均為

$$mean\ of\ residual = \frac{\varepsilon_1 + \varepsilon_2}{2} = \frac{100 - 100}{2} = 0$$

所以這個模型的預測平均殘差就等於 0，代表此模型預測很準確，但這樣合理嗎？因此才會說殘差直接採用平均數來評估會有問題。所以我們在評估整體殘差的指標，第一件事情就是要將每筆資料殘差的負號消弭，將殘差強制轉換成正值，而負值轉換成正值最基本的方式有「取平方」和「取絕對值」兩種。

均方誤差與平均絕對值誤差公式

殘差值取平方算平均稱為**均方誤差**（*Mean square error*，*MSE*），殘差值取絕對值算平均稱為**平均絕對值誤差**（*Mean absolute error*，*MAE*）。

假設有 n 筆資料，*MSE* 公式如下：

$$MSE = \frac{1}{n}\sum_{i=1}^{n}\left(y_i - \hat{y}_i\right)^2$$

MAE 公式如下：

$$MAE = \frac{1}{n}\sum_{i=1}^{n}\left|y_i - \hat{y}_i\right|$$

以上述範例 $y_1 = 0, y_2 = 1$，$\hat{y}_1 = 100, \hat{y}_2 = -99$ 代入上面兩個公式計算可得

$$MSE = \frac{1}{2}\sum_{i=1}^{2}\left(y_i - \hat{y}_i\right)^2 = \frac{1}{2}(10000 + 10000) = 10000$$

$$MAE = \frac{1}{2}\sum_{i=1}^{2}\left|y_i - \hat{y}_i\right| = \frac{1}{2}(100 + 100) = 100$$

所以從 *MSE* 和 *MAE* 就可以評估出此模型的預測誤差指標過大，模型不夠完美。

MSE 和 MAE 的差別

下圖可看出 *MSE* 和 *MAE* 的差異。假設實際值為 0，預測值為 -10~10，可以發現平方的殘差值會比絕對值的殘差值大很多，而且平方的殘差變化比較曲線(*U* 字形狀)，絕對值的殘差比較線性(*V* 字形狀)。

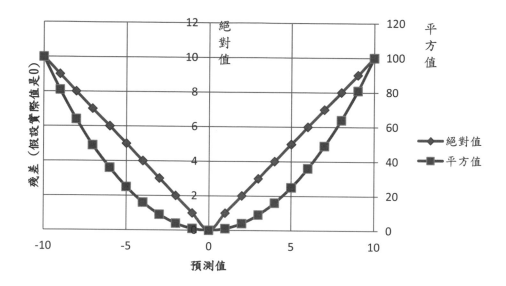

圖 6.13　*MSE* 與 *MAE* 的差異

「*MSE* 的值會比 *MAE* 的值大」，此大小的差異只是因為單位不同造成(*MAE* 是殘差，*MSE* 是殘差平方)，所以直接比較 *MSE* 和 *MAE* 值的大小很不公平，因為兩者沒有站在同一基準，因此以下會將 *MSE* 開根號來比較，開完根號的 *MSE* 稱為 *Root MSE*(*RMSE*)，

$$RMSE = \sqrt{MSE} = \sqrt{\frac{1}{n}\sum_{i=1}^{n}\left(y_i - \hat{y}_i\right)^2}$$

計算 *MAE*、*RMSE* 與離群值的範例

以下舉兩個例子說明 *MAE* 和 *RMSE* (*MSE*) 的差異，這兩個例子的差別在於第 5 筆殘差資料：一個是 10，另一個是 100，如此可製造離群值 (*outlier*) 的效果。

ID	殘差 $y_i - \hat{y}_i$ 例子一	例子二
1	-10	-10
2	-5	-5
3	0	0
4	5	5
5	10	100

我們將殘差值分別取絕對值和平方得到下表：

ID	殘差 例子一	例子二	|殘差| 例子一	例子二	殘差^2 例子一	例子二
1	-10	-10	10	10	100	100
2	-5	-5	5	5	25	25
3	0	0	0	0	0	0
4	5	5	5	5	25	25
5	10	100	10	100	100	10000

例子一的 *MAE* 與 *RMSE*：

$$MAE = \frac{1}{5}\sum_{i=1}^{5}\left|y_i - \hat{y}_i\right| = \frac{1}{5}(10+5+0+5+10) = 6$$

$$RMSE = \sqrt{\frac{1}{5}\sum_{i=1}^{5}(y_i - \hat{y}_i)^2} = \sqrt{\frac{1}{5}(100+25+0+25+100)} = 7.07$$

例子二的 *MAE* 與 *RMSE*：

$$MAE = \frac{1}{5}\sum_{i=1}^{5}|y_i - \hat{y}_i| = \frac{1}{5}(10 + 5 + 0 + 5 + 100) = 24$$

$$RMSE = \sqrt{\frac{1}{5}\sum_{i=1}^{5}(y_i - \hat{y}_i)^2} = \sqrt{\frac{1}{5}(100 + 25 + 0 + 25 + 10000)} = 45.06$$

從上表可以得知，如果殘差資料分布較均勻、變異較小時 (例子一)，這時候 *MAE* 和 *RMSE* 算出來的值會差不多，但當有離群值出現的狀況 (例子二)，*MAE* 和 *RMSE* 兩個指標都變大，但 *RMSE* 的變化會更為敏感。

所以如果用 *MSE* (*RMSE*) 當作模型的損失函數來學習模型時，因為模型學習基本目的就是要最小化殘差，所以在更新模型參數時一定先拿最大殘差的參數來開刀，因此利用 *MSE* 更新模型參數過程中，在離群值的殘差資料權重基本上會比其他殘差資料的權重還要大，所以模型參數梯度更新過程會往離群值誤差的方向去更新，導致模型整體效果變差。

MAE 與 MSE 在計算梯度下降的範例

MAE 在梯度 (*gradient*) 學習部分還存在一個問題，採用梯度更新參數時，*MAE* 的梯度始終相同 (因為 *V* 字形狀兩邊的斜率都是定值)，所以當模型的損失函數值很小的時候，梯度一樣保持很大步伐在更新，這樣模型參數在學習時，容易造成在更新參數的過程中，模型無法有效走往最佳解的部分。

這邊舉例說明 *MSE* 和 *MAE* 在梯度更新時會遇到的問題。梯度更新的介紹會在後面章節介紹，因為 *MSE* 是平方值取平均，*MAE* 是絕對值取平均，所以我們舉兩個函數為例，利用梯度方式來找出這兩個函數的最小值，

$$f_1(x) = x^2$$
$$f_2(x) = |x|$$

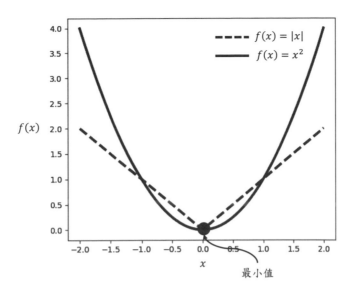

圖 6.14 *MSE* 與 *MAE* 利用梯度方式找 $f(x)$ 函數的最小值

從上圖和式子都可清楚知道兩個函數的最小值都是 0，但我們還是用梯度方式來求解看看，兩個函數的梯度 (也就是一次微分) 為：

$$f_1'(x) = 2x$$

$$f_2'(x) = \frac{x}{|x|} = \begin{cases} 1 & x > 0 \\ -1 & x < 0 \end{cases}$$

絕對值在微分時，當 $x = 0$ 不可微分，這邊先不討論 $x = 0$ 的議題。

梯度更新 (梯度下降法將在第 11 章介紹) 為：

$t + 1$ 表示第 $t + 1$ 次更新權重　　　　α 為學習率（*learning rate*）

$$x^{(t+1)} = x^{(t)} - \alpha f'(x)$$

這邊我們假設初始的 $x^{(0)} = 2$，$\alpha = 0.3$，我們更新模型 14 次，看看梯度法求解的過程：

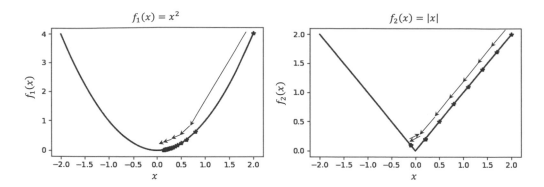

圖 6.15 $f_1(x) = x^2$ 和 $f_2(x) = |x|$ 在初始值為 $x^{(0)} = 2$，$\alpha = 0.3$，
模型更新求解的視覺化呈現。

下表是 $f_1(x) = x^2$ 和 $f_2(x) = |x|$ 在初始值為 $x^{(0)} = 2$，$\alpha = 0.3$，模型更新求解的過程。

	$f_1(x) = x^2$			$f_2(x) = |x|$		
t	$x^{(t)}$	$f'(x)$	$x^{(t+1)}$	$x^{(t)}$	$f'(x)$	$x^{(t+1)}$
1	2	4	0.8	2	1	1.7
2	0.8	1.6	0.32	1.7	1	1.4
3	0.32	0.64	0.128	1.4	1	1.1
4	0.128	0.256	0.0512	1.1	1	0.8
5	0.0512	0.1024	0.02048	0.8	1	0.5
6	0.02048	0.04096	0.008192	0.5	1	0.2
7	0.008192	0.016384	0.003277	0.2	1	-0.1
8	0.003277	0.006554	0.001311	-0.1	-1	0.2
9	0.001311	0.002621	0.000524	0.2	1	-0.1
10	0.000524	0.001049	0.00021	-0.1	-1	0.20
11	0.000210	0.000419	0.000084	0.20	1	-0.1
12	0.000084	0.000168	0.000034	-0.10	-1	0.20
13	0.000034	0.000067	0.000013	0.20	1	-0.10
14	0.000013	0.000027	0.000005	-0.10	-1	0.20

從上表可以觀察到不同更新次數（ t ）的解（ $x^{(t+1)}$ ）跟梯度（ $f'(x)$ ）變化。在平方的範例（ MSE ），可以看到當時間點越接近最佳解時則梯度越小，但在絕對值範例（ MAE ），梯度都是固定（ +1 或是 –1 ），所以更新到接近最佳解的時候， MAE 會發生解在 -0.1 和 0.2 左右互相更新，如果不調整學習率就不可能找到最佳解。所以在梯度下降法就產生出很多演算法，例如 $Momentum$ 、 $AdaGrad$ 或是 $Adam$ ，就是在解決學習率或是梯度固定的問題。

從上面的介紹可以知道， MAE 雖然對於離群值比較有幫助（受離群值影響的程度較小），但因為微分不連續的問題，在執行上可能會有造成學習錯誤的時候。不過實際上資料要剛好等於 0 的情況很少，在實務程式撰寫上如果會遇上剛好分母等於 0 的狀況，這時候可以用一個很小的值來取代。

MSE 則是對離群值較敏感，但實務上當資料數量非常大的時候，離群值的資料不會多到影響母體，所以整體平均起來也不會影響太多，甚至在計算 MSE 的過程中可以先把離群值刪除再進行 MSE 的運算。而且 MSE 在求解時，比較容易找到穩定的解，所以實務上還是比較多人採用 MSE 的方式來當損失函數。

6.6.2　迴歸常用的損失函數： $Huber$ 損失函數

看完上述 MAE 和 MSE 的損失函數，應該有讀者會好奇，既然殘差可以取絕對值也可以取平方，且各自有其優缺點，那是否能將兩者的優點融合？是可以的，兩者的融合也就是 $Huber$ 損失函數，可以改善 MSE 對離群值的穩健性，又可以改善 MAE 梯度固定的缺點。

Huber 損失函數定義如下：

$$Huber(y, \hat{y}) = \begin{cases} \dfrac{1}{2}(y-\hat{y})^2 & |y-\hat{y}| \leq \delta \\[2ex] \delta\left(|y-\hat{y}| - \dfrac{1}{2}\delta\right) & Otherwise \end{cases}$$

上式中的 δ 為 *Huber* 損失函數的參數。公式看似複雜，但也就是 *MAE* 和 *MSE* 的融合。

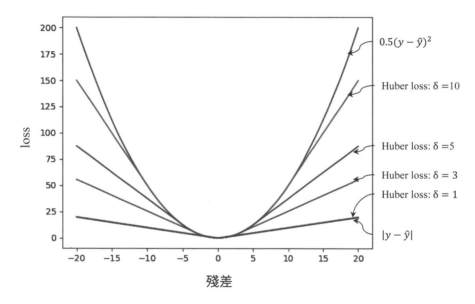

圖 6.16　*Huber* 損失函數在不同 $\delta = \{1, 3, 5, 10\}$ 的反應。

當 $y-\hat{y} \in [-\delta, +\delta]$ 時， $Huber$ 損失函數等價於 MSE；而當 $y-\hat{y} \in \{(-\infty, -\delta], [\delta, \infty)\}$， $Huber$ 損失函數等價於 MAE。 δ 設定越大， $Huber$ 損失函數越接近 MSE，而當 δ 越小， $Huber$ 損失函數越接近 MAE。所以 *Huber* 損失函數可以解決 *MAE* 訓練模型時梯度不變的問題，也可以解決 *MSE* 對離群值的敏感度。但 *Huber* 損失函數的缺點在於需要不斷調整參數 δ 。

6.6.3 分類常用的損失函數：交叉熵

在分類的問題中，目標是希望分類錯誤率越小越好 (等同於正確率最大化)。假設有 n 筆資料，y 表示實際類別，$\hat{y}$ 表示預測類別，錯誤率 (*error rate*) 的計算方式為：

$$error\ rate = \frac{\sum_{i=1}^{n} sign(y_i \neq \hat{y}_i)}{n}$$

$$sign(y_i \neq \hat{y}_i) = \begin{cases} 1 & y_i \neq \hat{y}_i \\ 0 & y_i = \hat{y}_i \end{cases}$$

但在分類的問題中，並不會直接拿分類錯誤率當作損失函數進行模型優化，而是採用**交叉熵** (*Cross-entropy*，出現在公式中常用 *CE* 表示) 來做為進行分類任務的損失函數。如果我們直接採用錯誤率當作損失函數進行最佳化會發生什麼問題？

假設我們有兩個模型針對四筆資料在進行男生、女生、其他共三類的分類問題，資料實際的類別如右：

ID	實際類別
1	男生
2	女生
3	男生
4	其他

分類的模型輸出基本上是輸出每一類的機率，兩個模型預測的狀況如下，

	模型 1				模型 2			
	機率輸出			判斷	機率輸出			判斷
	男生	女生	其他		男生	女生	其他	
data 1	0.4	0.3	0.3	男生 (正確)	0.7	0.1	0.2	男生 (正確)
data 2	0.3	0.4	0.3	女生 (正確)	0.1	0.8	0.1	女生 (正確)
data 3	0.5	0.2	0.3	男生 (正確)	0.9	0.1	0	男生 (正確)
data 4	0.8	0.1	0.1	男生 (錯誤)	0.4	0.3	0.3	男生 (錯誤)
	模型 1 錯誤率：1/4＝0.25				模型 2 錯誤率：1/4＝0.25			

由此範例可以發現，模型 1 的錯誤率跟模型 2 的錯誤率一樣都是 0.25，但是如果從模型機率輸出來看，模型 1 的機率輸出其實是比模型 2 差的。例如說 *data*1 實質上是男生，但模型 1 給 *data*1 是男生的機率只有 0.4，但模型 2 給 *data*1 是男生的機率卻到了 0.7。所以當採用錯誤率來當作損失，不能真正判別模型的好壞，因此無法得到好的梯度方向，因為用錯誤率來當作損失函數，可以得到的訊息只有此筆資料是否判別錯誤，但無法得知此模型判錯的強弱度，因為我們希望模型更新的過程，能考慮到從這個判斷所得到的訊息量。

例如 *data*4 在模型 1 和模型 2 都有誤判，但如果只有錯和對兩種訊息，會區隔不出哪個模型較好或是模型應該往哪個方向更新會比較好。但如果我們用模型輸出的「機率」，就可以知道目前資料誤判的等級如何，更新應該要多一點還是少一點，因而分類上會用具有機率性質的交叉熵來評判資料誤判的等級。

熵的基礎知識

在介紹交叉熵之前要先介紹什麼是熵 (*Entropy*)，熵是接收的所有訊息中的訊息平均量，所以在介紹熵之前要先簡單說一下什麼是訊息量 (*information gain*)。

假設 X 是一個隨機變數，其機率密度函數為 $p(x)$，訊息量的定義為

$$I(x) = -\log_2(p(x))$$

範例：計算考試及格與否的訊息量

我們舉個例子來說明訊息量的意義，假設有 A 和 B 兩個人考試，所以隨機變數可能的結果 $X = \{pass, fail\}$，也就是及格與不及格。A 是個考試經常不及格的人，而 B 是天才，考試都 100 分，分析過去資料發現 A 及格的機率只有

40%（$p_A(x_{pass}) = 0.4$），但 B 及格機率高達 99%（$p_B(x_{pass}) = 0.99$），套入訊息量公式得到：

$$I_A(x_{pass}) = -\log_2(p_A(x_{pass})) = -\log_2(0.40) = 1.321928$$
$$I_B(x_{pass}) = -\log_2(p_B(x_{pass})) = -\log_2(0.99) = 0.014500$$

$$I_A(x_{pass}) = 1.321928 > I_B(x_{pass}) = 0.014500$$

A 的訊息量比 B 還大，A 在考試及格訊息量上贏了 B。因為 A 及格機率低，如果 A 考試忽然及格了，反而會引起大家的注意，相對訊息量較大；但因為 B 幾乎都考及格，所以大家對 B 考試及格習以為常，所以訊息量小。

上述的訊息量是考試及格。我們反過來思考，如果訊息量是考試不及格會怎樣：

$$I_A(x_{fail}) = -\log_2(p_A(x_{fail})) = -\log_2(1-0.40) = 0.736966$$
$$I_B(x_{fail}) = -\log_2(p_B(x_{fail})) = -\log_2(1-0.99) = 6.643856$$

所以反之，因為 A 及格機率低，如果 A 考試不及格大家習以為常，所以 A 考試不及格訊息量小，但 B 考試及格機率高達 99%，所以當 B 不及格時就會引起大家的關注，相對訊息量較大。

範例：計算考試及格與否的熵

讀者由此範例應該可以清楚知道訊息量的計算方式和意義，而熵則是基於訊息量來計算，熵是接收的所有訊息中包含的訊息平均量，其公式定義為：

$$H(x) = \sum_i -p(x_i)\log_2(p(x_i)) = \sum_i p(x_i)\underbrace{I(x_i)}_{\text{訊息量}}$$

 一般我們在統計或是機器學習使用的熵都是夏儂熵（*Shannon Entropy*），通常熵是用來觀察資料的不確定性或資料亂度。

回到剛剛的例子，所有的事件只有考試及格和不及格兩種狀況：

A 得到的熵為：

$$H(A) = \sum_{i=\{pass,fail\}} -p_A(x_i)\log_2(p_A(x_i))$$

$$= p_A(x_{pass})I_A(x_{pass}) + p_A(x_{fail})I_A(x_{fail})$$

$$= 0.4 \times 1.321928 + 0.6 \times 0.736966$$

$$= 0.9709508$$

B 得到的熵為：

$$H(B) = \sum_{i=\{pass,fail\}} -p_B(x_i)\log_2(p_B(x_i))$$

$$= p_B(x_{pass})I_B(x_{pass}) + p_B(x_{fail})I_B(x_{fail})$$

$$= 0.99 \times 0.014500 + 0.01 \times 6.643856$$

$$= 0.080794$$

在 A 的情況（ $p_A(x_{pass}) = 0.4$ ， $p_A(x_{fail}) = 0.6$ ）， A 得到的熵約為 0.97 ；B 的情況（ $p_B(x_{pass}) = 0.99$ ， $p_B(x_{fail}) = 0.01$ ）， B 得到的熵約為 0.08 。從此例可得知在 B 還沒考試就可以猜出 B 及格機率是 99%，也就是一百次才不及格一次，訊息太確定了，當次考試我們幾乎不會猜錯（不確定性小），算出來的熵很小；但 A 及格機率是 40%，一百次考試中 A 只會及格四十次，我們也很難猜到當次考試 A 是否會及格，所以很容易猜錯（不確定性大），算出來的熵大很多。

所以當資料是均勻分布，也就是完全猜不到的狀況，會有最大的熵。以剛剛的範例來說也就是 $p(x_{pass}) = p(x_{fail}) = 0.5$ ，

$$H = \sum_{i=\{pass,fail\}} -p(x_i)\log_2(p(x_i)) = -0.5 \times \log_2(0.5) - 0.5 \times \log_2(0.5) = 1$$

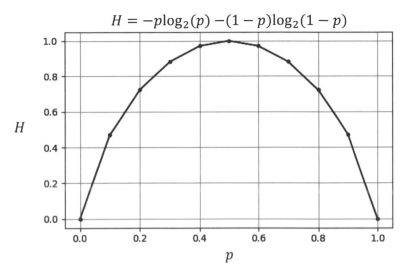

圖 6.17　不同機率值下，熵的變化。

範例：計算公正骰子與作弊骰子的熵

再來看第二個範例，擲兩個六面骰子（D_A 和 D_B），D_A 為公正骰子，而 D_B 為作弊骰子，

$$D_A = \left\{(x, p(x))\right\} = \left\{\left(1, \tfrac{1}{6}\right),\left(2, \tfrac{1}{6}\right),\left(3, \tfrac{1}{6}\right),\left(4, \tfrac{1}{6}\right),\left(5, \tfrac{1}{6}\right),\left(6, \tfrac{1}{6}\right)\right\}$$

$$D_B = \left\{(x, p(x))\right\} = \left\{\left(1, \tfrac{1}{12}\right),\left(2, \tfrac{1}{12}\right),\left(3, \tfrac{7}{12}\right),\left(4, \tfrac{1}{12}\right),\left(5, \tfrac{1}{12}\right),\left(6, \tfrac{1}{12}\right)\right\}$$

D_A 得到的熵為：

$$H(D_A) = \sum_{i=\{1,2,3,4,5,6\}} -p_{D_A}(x_i)\log_2(p_{D_A}(x_i)) = 2.58496$$

D_B 得到的熵為：

$$H(D_B) = \sum_{i=\{1,2,3,4,5,6\}} -p_{D_B}(x_i)\log_2(p_{D_B}(x_i)) = 1.94734$$

越公正的骰子得到的熵越高，此範例的結果呼應剛剛提到的「當資料是均勻分布，也就是完全猜不到的狀況，會有最大的熵」。

我們再看一次熵的公式：

$$H(x) = \sum_i -p(x_i)\log_2(p(x_i)) = \sum_i p(x_i)I(x_i)$$

這個式子其實就是期望值公式：

$$H(x) = \sum_i -p(x_i)\log_2(p(x_i)) = \sum_i I(x_i)p(x_i) = E_{x\sim p}\left[I(x)\right]$$

所以熵就是在計算訊息量 $I(x)$ 在隨機變數 X 服從 $P(x)$ 機率分布的期望值。

共同資訊、條件熵、邊際熵、聯合熵

熵為單獨隨機變數的不確定性的訊息量，而當有兩個以上的隨機變數的熵，如同機率一般也會有共同資訊（*mutual information*）、條件熵（*conditional entropy*）、邊際熵（*marginal entropy*）和聯合熵（*joint entropy*），彼此之間都相關。

共同資訊

共同資訊（*mutual information*）是在評估兩個隨機變數（X 和 Y）間的相互關係（見圖 6.18），也就是變數間相互依賴性的量度，定義為：

$$I(X,Y) = \sum_x \sum_y p(x,y)\log_2\left(\frac{p(x,y)}{p(x)p(y)}\right)$$

當隨機變數（X 和 Y）之間彼此有統計獨立（即 $p(x,y) = p(x)p(y)$），則：

$$I(X,Y) = \sum_x \sum_y p(x,y)\log_2\left(\frac{p(x,y)}{p(x)p(y)}\right) = \sum_x \sum_y p(x,y)\log_2(1) = 0$$

所以當隨機變數 (X 和 Y) 之間彼此有統計獨立，共同訊息量為 0。

聯合熵

兩個隨機變數 (X 和 Y) 的聯合熵 (*joint entropy*) 為：

$$H(X,Y) = -\sum_x \sum_y p(x,y) \log_2\big(p(x,y)\big)$$

邊際熵

在兩個隨機變數 (X 和 Y) 下，隨機變數 X 的邊際熵 (*marginal entropy*) 是 $H(X)$，隨機變數 Y 的邊際熵則是 $H(Y)$。

條件熵

條件熵 (*conditional entropy*) 基於貝氏統計，其定義與條件機率類似。隨機變數 X 在隨機變數 Y ．為某值 y 時的熵定義為 $H(X \mid Y=y)$。若將所有可能的 y 都算進來之後，就表示在隨機變數 Y 成立的條件下，隨機變數 X 帶來的熵稱為 X 的條件熵，用 $H(X \mid Y)$ 表示。亦即：

$$H(X \mid Y) = p(y_1)H(X \mid Y = y_1) + p(y_2)H(X \mid Y = y_2) + \cdots + p(y_n)H(X \mid Y = y_n)$$

$$= \sum_y p(y) H(X \mid Y = y)$$

$$= \sum_y p(y) \sum_x H(X = x \mid Y = y)$$

$$= \sum_y p(y) \sum_x H(x \mid y)$$

套入前一頁熵的公式

$$= \sum_y p(y) \sum_x -p(x \mid y)\log_2(p(x \mid y))$$

$$= -\sum_{y} p(y) \sum_{x} \frac{p(x,y)}{p(y)} \log_2(p(x \mid y))$$

$$= -\sum_{x} \sum_{y} p(x,y) \log_2(p(x \mid y))$$

$$= -\sum_{x} \sum_{y} p(x,y) \log_2\left(\frac{p(x,y)}{p(y)}\right)$$

$$= -\sum_{x} \sum_{y} p(x,y) \log_2\big(p(x,y)\big) + \sum_{x} \sum_{y} p(x,y) \log_2\big(p(y)\big)$$

$$= H(X,Y) + \sum_{y} p(y) \log_2\big(p(y)\big)$$

$$= H(X,Y) - H(Y)$$

所以條件熵 $H(X|Y)$ 就是 X 和 Y 的聯合熵 $H(X,Y)$ 減去 Y 的熵。

共同資訊 $I(X,Y)$、條件熵 $H(X|Y)$、$H(Y|X)$、邊際熵 $H(X)$、$H(Y)$ 和聯合熵 $H(X,Y)$、$H(Y,X)$ 之間的關係如下圖：

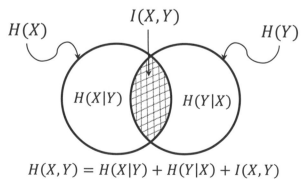

$$H(X,Y) = H(X|Y) + H(Y|X) + I(X,Y)$$

圖 6.18　共同資訊、條件熵和聯合熵之間關係。

相對熵

相對熵（*relative entropy*）一般指的是 **KL 散度**（*Kullback-Leibler divergence*），通常是用來度量兩個機率分布（P 和 Q，寫成 $P\|Q$）之間的距離，基於 Q 分布下，P 分布的 *KL* 散度定義為：

$$D_{KL}(P\|Q) = \sum_x p(x)\left(\log_2(p(x)) - \log_2(q(x))\right)$$

$$= \sum_x p(x)\log_2\left(\frac{p(x)}{q(x)}\right)$$

所以當 $P = Q$，$D_{KL}(P\|Q) = 0$。

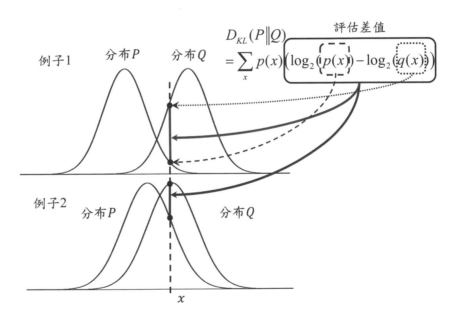

圖 6.19　圖解 *KL* 散度，例子 1 的分布 P 和分布 Q 較開，分布越不相似則評估差值會越大；例子 2 的分布 P 和分布 Q 較重疊，分布越相似則評估差值會越小。

雖然寫 KL 散度度量兩個機率分布（P 和 Q）之間的距離，但實際度量出來的值並非一般認知的距離，而是兩個分布之間的差異度（重疊率）。如上圖，KL 散度考慮整個分布的範圍上每個事件（x）在兩個分布的差異，所以當兩個分布越重疊，每個事件評估差值越小，則 KL 散度越小；反之評估差值越大，KL 散度越大。但從上圖可以發現，如果兩個分布的平均數越近（不考慮變異數狀況下）重疊率越高，看起來兩個分布的距離很近，所以會有 KL 散度拿來度量兩個分布距離的說法。

另外，KL 散度有個很重要的特性就是非對稱性，因為 KL 散度是條件機率的概念，所以從 P 到 Q 分布之間的差異度通常並不等於從 Q 到 P 分布之間的差異度，也就是 $D_{KL}(P\|Q) \neq D_{KL}(Q\|P)$：

因為 $\because$

$$D_{KL}(P\|Q) = \sum_x p(x) \log_2 \left(\frac{p(x)}{q(x)} \right)$$

$$D_{KL}(Q\|P) = \sum_x q(x) \log_2 \left(\frac{q(x)}{p(x)} \right)$$

所以 $\therefore D_{KL}(P\|Q) \neq D_{KL}(Q\|P)$

這也意味著選擇 $D_{KL}(P\|Q)$ 還是 $D_{KL}(Q\|P)$ 對於演算法來說意義是完全不同的！。例如說在對抗式生成網路（Generative Adversarial Network，GAN）我們是希望找到生成網路參數 θ，讓生成資料經由鑑別網路（Discriminating Network）編碼後的分布（$p_g(x;\theta)$）可以逼近真實資料經由鑑別網路編碼後的分布（$p_{data}(x)$）。

假設有 n 組真實資料（$x_i, i = 1, 2, ..., n$），而訓練完成的生成網路可以生成出非常真實的資料，因此生成網路的概似函數為

$$L(x_1, x_2, ..., x_n) = \prod_{i=1}^{n} p_g(x_i; \theta)$$

「最大化生成網路的概似函數」等價於讓「生成網路生成的資料被判斷為真實資料的機率最大化」。GAN 詳細推導非本書範疇(有興趣者可參考旗標出版的《GAN 對抗式生成網路》一書),因此下面我只列重點部份:

$$\theta^* = \arg\max_{\theta} \left\{ L(x_1, x_2, ..., x_n) \right\}$$

$$= \arg\max_{\theta} \left\{ \prod_{i=1}^{n} p_g(x_i; \theta) \right\}$$

$$\approx \arg\max_{\theta} \left\{ E_{x \sim p_{data}} \left[\log p_g(x; \theta) \right] \right\}$$

$$= \arg\min_{\theta} KL\left(p_{data}(x) \middle| p_g(x; \theta) \right)$$

此概似函數最大化,可以讓生成器生成出被鑑別網路判斷為真實資料最大機率的生成圖片,經由推導可以發現此概似函數最大化等價於是 KL 散度最小化,也就是找一個 θ 讓生成資料的分布 (P_g) 接近真實資料的分布 (P_{data})。

但如果我們將 KL 散度強制反過來寫成 $KL\left(p_g(x; \theta) \middle| p_{data}(x) \right)$,這樣的解釋就變成找一個 θ 讓真實資料的分布 (p_{data}) 去逼近生成資料的分布 (P_g),這不就矛盾了?我們希望的是生成的資料會很像真實的資料,但用 $KL\left(p_g(x; \theta) \middle| p_{data}(x) \right)$ 就變成我們希望真實的資料會變成假 (生成) 的資料,這樣生成網路產生出來的假資料就不可能會像真實資料了,所以前述才會提及選擇 $D_{KL}(P\|Q)$ 還是 $D_{KL}(Q\|P)$ 對於演算法來說會有很大的影響。

交叉熵

從上面的介紹可以清楚知道「**相對熵是用來度量兩個機率分布之間的距離**」,有距離就有差異,所以「**交叉熵是用來觀察兩個機率分布之間的誤差**」,應用在機器學習中就是觀察預測的機率分布和實際機率分布之間的誤差。

假設兩個機率分布（P 和 Q），基於 Q 分布下 P 分布的交叉熵公式如下：

$$CE_{P|Q} = E_p\left[-\log_2(q(x))\right]$$
$$= -\sum_x p(x)\log_2(q(x))$$

也就是說交叉熵是評估在 Q 分布訊息量下的 P 機率分布的期望值。

在分類問題上，「觀察預測的機率分布」為 Q 分布，而「實際的機率分布」為 P 分布，所以資料集訓練出的分類模型機率輸出即是「觀察預測的機率分布」，而「實際的機率分布」則是資料的真實類別（*ground truth*），所以在分類學習的損失函數，我們希望學習過程中可以讓「觀察預測的機率分布」逼近「實際的機率分布」（也就是讓 *KL* 散度趨近於 0）。

上式是 Q 分布下 P 分布的交叉熵公式，但實務上我們是分類的應用，所以 P 分布其實就是真實資料的類別分布，Q 分布則是模型預測的機率輸出。

這邊回到本節一開始男生、女生、其他等三類的分類問題，分類上會先將類別進行類別變數編碼，採用 *one-hot encoder*，則真實資料的類別分布為：

表、真實資料的類別分布（P 分布）

真實類別	男生	女生	其他
男生	1	0	0
女生	0	1	0
其他	0	0	1

Q 分布是模型預測的機率輸出：

表、模型預測的機率輸出（Q 分布）

機率	男生	女生	其他
每筆資料	$p(x=男生)$	$p(x=女生)$	$p(x=其他)$

因為事件為男生、女生和其他三種，所以全機率為 1，

$$\sum_{x=\{男生、女生、其他\}} p(x)=1$$

分類問題上的交叉熵為：

$$CE = -\sum_{i=1}^{n}\sum_{c=1}^{L} y_{c,i} \log_2(p_{c,i})$$

L 是分類類別數 (比如男生、女生、其他三類)，n 是訓練資料的樣本數。

$y_{c,i}$ 是類別編碼後的二元指標 (0 或 1)，表示第 i 筆資料屬於第 c 類的編碼。

$p_{c,i}$ 為第 i 筆資料屬於第 c 類的模型預測機率。

假設有一筆資料 x^*，真實類別為男生，經由模型運算結果為：

	男生	女生	其他
機率	$p(x^*=男生)$	$p(x^*=女生)$	$p(x^*=其他)$
真實類別	男生	女生	其他
男生	1	0	0

所以如果我們希望「模型預測的機率輸出」逼近「真實資料的類別分布」，最理想狀況的預測結果為：

$$p(x^* = 男生) = 1$$
$$p(x^* = 女生) = 0$$
$$p(x^* = 其他) = 0$$

範例：我們延續前面男生、女生、其他等三種分類的範例來算算看模型 1：

		模型 1					
		機率輸出			實際 *One-hot encode*		
	真實類別	男生	女生	其他	男生	女生	其他
data 1	男生	0.4	0.3	0.3	1	0	0
data 2	女生	0.3	0.4	0.3	0	1	0
data 3	男生	0.5	0.2	0.3	1	0	0
data 4	其他	0.8	0.1	0.1	0	0	1
		模型 1 錯誤率：1/4＝0.25					

$$CE(\text{model } 1) = -\sum_{i=1}^{4}\sum_{c=1}^{3} y_{c,i} \log_2(p_{c,i}) = \sum_{i=1}^{4} CE(data_i) = \sum_{c=1}^{3} CE(label_c)$$

我們可以從資料來算交叉熵，也可以從類別來算交叉熵，最後針對模型計算的交叉熵為各自交叉熵的總和。

從資料計算交叉熵

第一筆資料 (*data*1) 的交叉熵：

$$CE(data_1) = -\sum_{c=1}^{3} y_{c,1} \log_2(p_{c,1}) = -\left(1\times\log_2(0.4) + 0\times\log_2(0.3) + 0\times\log_2(0.3)\right) = 1.322$$

第二筆資料 (*data*2) 的交叉熵：

$$CE(data_2) = -\sum_{c=1}^{3} y_{c,2} \log_2(p_{c,2}) = 0\times\log_2(0.3) + 1\times\log_2(0.4) + 0\times\log_2(0.3) = 1.322$$

第三筆資料 (*data*3) 的交叉熵：

$$CE(data_3) = -\sum_{c=1}^{3} y_{c,3} \log_2(p_{c,3}) = 1\times\log_2(0.5) + 0\times\log_2(0.2) + 0\times\log_2(0.3) = 1$$

第四筆資料 ($data4$) 的交叉熵：

$$CE(data_4) = -\sum_{c=1}^{3} y_{c,4} \log_2(p_{c,4}) = 0 \times \log_2(0.8) + 0 \times \log_2(0.1) + 1 \times \log_2(0.1) = 3.322$$

從資料來算模型 1 的交叉熵，即將上面 4 筆資料的交叉熵加總：

$$CE(\text{model } 1) = CE(data_1) + CE(data_2) + CE(data_3) + CE(data_4) = 6.966$$

從類別計算交叉熵

第一類 (男生) 的交叉熵：

$$CE(label_1) = -\sum_{i=1}^{4} y_{1,i} \log_2(p_{1,i})$$
$$= -\left(1 \times \log_2(0.4) + 0 \times \log_2(0.3) + 1 \times \log_2(0.5) + 0 \times \log_2(0.8)\right)$$
$$= 2.322$$

第二類 (女生) 的交叉熵：

$$CE(label_2) = -\sum_{i=1}^{4} y_{2,i} \log_2(p_{2,i})$$
$$= -\left(0 \times \log_2(0.3) + 1 \times \log_2(0.4) + 0 \times \log_2(0.2) + 0 \times \log_2(0.1)\right)$$
$$= 1.322$$

第三類 (其他) 的交叉熵：

$$CE(label_3) = -\sum_{i=1}^{4} y_{3,i} \log_2(p_{3,i})$$
$$= -\left(0 \times \log_2(0.4) + 0 \times \log_2(0.3) + 0 \times \log_2(0.3) + 1 \times \log_2(0.1)\right)$$
$$= 3.322$$

從類別來算模型 1 的交叉熵，即將上面三類的交叉熵加總：

$$CE(\text{model } 1) = CE(label_1) + CE(label_2) + CE(label_3) = 2.322 + 1.322 + 3.322 = 6.966$$

所以不論是「從資料」或是「從類別」來算模型的交叉熵的結果是一致的。

範例：仿照前面的做法即可算出模型 2 的交叉熵：

	真實類別	模型 2					
		機率輸出			實際 *One-hot encode*		
		男生	女生	其他	男生	女生	其他
data 1	男生	0.7	0.1	0.2	1	0	0
data 2	女生	0.1	0.8	0.1	0	1	0
data 3	男生	0.9	0.1	0	1	0	0
data 4	其他	0.4	0.3	0.3	0	0	1
		模型 2 錯誤率：1/4＝0.25					

$$CE(\text{model } 2) =$$

$$-\begin{pmatrix} 1\times \log_2(0.7) + 0\times \log_2(0.1) + 0\times \log_2(0.2) \\ +0\times \log_2(0.1) + 1\times \log_2(0.8) + 0\times \log_2(0.1) \\ +1\times \log_2(0.9) + 0\times \log_2(0.1) + 0\times \log_2(0) \\ +0\times \log_2(0.4) + 0\times \log_2(0.3) + 1\times \log_2(0.3) \end{pmatrix}$$

$$= 2.725$$

如此一來，我們得知模型 1 的錯誤率為 25%，交叉熵為 6.966；模型 2 的錯誤率為 25%，交叉熵為 2.725，所以從交叉熵可以知道模型 2 的結果較好。看到這邊讀者應該可以很容易知道為什麼分類的損失函數會採用交叉熵而不是採用錯誤率。

6.6.4 交叉熵與相對熵、最大概似估計的關係

交叉熵和相對熵的關係

我們看一下相對熵(*KL* 散度)的公式，可發現交叉熵和 *KL* 散度是相關的：

$$D_{KL}(P\|Q)$$
$$= \sum_x p(x)\log_2(p(x)) - \sum_x p(x)\log_2(q(x))$$
$$= CE_{P|Q}(X) - H_P(X)$$

所以「基於 Q 分布下，P 分布的 KL 散度」等於「P 分布的熵」減去「基於 Q 分布下 P 分布的交叉熵」。所以當 P 分布已知，可以把 $H_P(X)$ 當作常數，此時交叉熵與 KL 散度是等價的，都可以反應出分布 Q 和分布 P 之間的相似程度，所以在機器學習、深度學習模型學習過程中，進行最小化交叉熵就等價於最小化 KL 散度，此最小化 KL 散度概念會用在對抗式生成網路 (GAN) 之中。

交叉熵和最大概似估計的關係

同樣的概念也等價於統計學的最大概似估計 (MLE)，假設 P 分布未知 (母體分布)，所以利用 Q 分布 (樣本分布，參數為 θ) 來逼近母體分布，也就是最小化 KL 散度：

$$\arg\min_\theta\left\{D_{KL}(P\|Q(\theta))\right\} = \arg\min_\theta\left\{\sum_x p(x)\left[\log_2\left(p(x)\right) - \log_2\left(q(x\,|\,\theta)\right)\right]\right\}$$

所以如果希望最小化 KL 散度，等同於希望 $\log_2\left(q(x\,|\,\theta)\right)$ 項越大越好，也就是希望最大化 Q 分布的訊息量：

$$\arg\min_\theta\left\{D_{KL}(P\|Q(\theta))\right\} = \arg\max_\theta\left\{\sum_x \log_2\left(q(x\,|\,\theta)\right)\right\}$$

這個 $\arg\max_\theta\left\{\sum_x \log_2\left(q(x\,|\,\theta)\right)\right\}$ 也就是最大化 Q 分布的概似函數 $(\hat{\theta} = \arg\max_\theta L(\theta))$。

MEMO

7

迴歸分析

Regression

迴歸分析 (*Regression analysis*) 是統計學中**自變數 (*independent variable*)** 和**依變數 (*dependent variable*，或稱因變數)** 之間關係的模型。當只有一個自變數和一個依變數的情形稱為簡單迴歸 (*Simple regression*)；大於一個自變數的情形稱為多維度迴歸 (*multiple regression*)。

首先，先說明一下什麼是自變數和依變數。

自變數：英文 *independent* 的中文翻譯叫做「獨立」，所以依定義這個變數不受其他變數影響，但會去影響依變數。

依變數：英文 *dependent* 的中文翻譯叫做「相依」，所以這個變數會受到自變數的影響。

例如「體脂肪率」基本上是可從「體重」、「身高」和「三頭肌皮褶厚度」計算出來，所以「體脂肪率」就是依變數，而「體重」、「身高」和「三頭肌皮褶厚度」就是自變數。

7.1 簡單線性迴歸分析

簡單線性迴歸 (*Simple linear regression*) 通常係指只有兩個變數 X 和 Y，一個為自變數 (X)，一個為依變數 (Y)，可利用線性方程式建立兩變數的關係。

假設有一組 n 筆數據 $(x_i, y_i), \forall i = 1, 2, ..., n$，我們建立一個簡單線性迴歸模型為：

$$y_i = \beta_0 + \beta_1 x_i + \varepsilon_i$$

β_0 和 β_1 稱為迴歸係數 (*regression coefficients*)，β_0 為模型截距 (*intercept*)，β_1 為模型斜率 (*slope*) 表示 x 變動一個單位時 y 的變動量，ε_i 為誤差項，也稱為殘差 (*residual*)。關於殘差，我們在 7.1.2 節最後還會再說明。

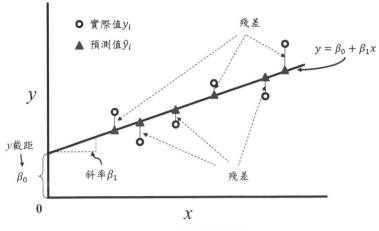

圖 7.1 簡單線性迴歸

請注意！圖 7.1 的座標是 x、y，殘差 $\varepsilon = y - \hat{y}$ 表示 y 軸的差距。而圖 6.12 的座標是 y、$\hat{y}$，殘差 $\varepsilon = y - \hat{y}$ 表示與 $y - \hat{y} = 0$ 這條直線最近的距離。

其中的殘差 ε_i 與自變數 x_i 無關且隨機產生，並且殘差 ε_1、ε_2、……、ε_n 為互相獨立的隨機變數，且皆服從 $N(0, \sigma^2)$ 常態分布，因此殘差的期望值 (平均數) 為 0，即：

$$E[\varepsilon_i] = \frac{\sum_{i=1}^{n}\varepsilon_i}{n} = 0$$

我們稱此隨機變數是獨立共分布 (*iid，independent and identical distributed*)。因為 $y_i = \beta_0 + \beta_1 x_i + \varepsilon_i$，所以 y_i 就是以 $\beta_0 + \beta_1 x_i$ 為中心，以 ε_i 之 σ^2 為變異數之常態分布，所以 y_1、y_2、……、y_n 是服從 $N(\beta_0 + \beta_1 x_i, \sigma^2)$ 的常態分布。

然後，我們將線性迴歸模型取期望值：

$$E[y_i] = E[\beta_0 + \beta_1 x_i + \varepsilon_i]$$

$$= \beta_0 + \beta_1 E[x_i] + E[\varepsilon_i]$$

$$\Rightarrow y_i = \beta_0 + \beta_1 x_i \qquad \text{等於 0}$$

其中 x_i 是自變數，會代入數據的實際值 (數據是已確定的固定值)，因此期望值仍是 x_i。由於我們並不知道 β_0、β_1 確實的值，必須用那 n 筆數據求出估計值，因此用迴歸係數 $\hat{\beta}_0$、$\hat{\beta}_1$ 當做 β_0、β_1 的估計值，用 $\hat{y}_i$ 做為預測值，可得估計迴歸方程式：

$$\hat{y}_i = \hat{\beta}_0 + \hat{\beta}_1 x_i$$

可得實際值 y_i 與預測值 $\hat{y}_i$ 的誤差為：

$$y_i - \hat{y}_i = y_i - \hat{\beta}_0 - \hat{\beta}_1 x_i$$

我們的目標就是希望找到能讓 $y_i - \hat{y}_i$ 最小化的迴歸參數 $\hat{\beta}_0$、$\hat{\beta}_1$，如此即可得到簡單迴歸方程式，做為預測新值之用。

在統計學常用普通最小平方法 (*ordinary least square method*，OLSM)，通常簡稱**最小平方法 (LSM)**，和**最大概似估計法 (MLE)** 兩種方法來進行迴歸係數估計；而在機器學習除了這兩種方式之外，亦可利用**梯度下降法** (*gradient descent*) 來尋找最佳迴歸係數。

7.1.1 用最小平方法找迴歸方程式

在 6.6 節我們介紹過迴歸模型的損失函數，而最小平方法就是採用 MSE 當作損失函數，

$$MSE(y, \hat{y}) = \frac{1}{n}\sum_{i=1}^{n}\left(y_i - \hat{y}_i\right)^2 = \frac{1}{n}\sum_{i=1}^{n}\left(y_i - \hat{\beta}_0 - \hat{\beta}_1 x_i\right)^2$$

最小平方法的目標就是「希望 MSE 最小化」，也就是：

取得能使大括號內出現最小值 (min) 的參數 (arg) β_0、β_1

$$\underset{\hat{\beta}_0, \hat{\beta}_1}{\arg\min}\left\{MSE\left(y, \hat{y}\right)\right\} = \underset{\hat{\beta}_0, \hat{\beta}_1}{\arg\min}\left\{\frac{1}{n}\sum_{i=1}^{n}\left(y_i - \hat{y}_i\right)^2\right\}$$

$$= \underset{\hat{\beta}_0, \hat{\beta}_1}{\arg\min}\left\{\sum_{i=1}^{n}\left(y_i - \hat{y}_i\right)^2\right\}$$

在目標函數明確下，可以利用微積分求極小值的方式來尋找迴歸係數 $\hat{\beta}_0$ 和 $\hat{\beta}_1$ 的估計值。

MSE 對 $\hat{\beta}_0$ 偏微分

推估 $\hat{\beta}_0$，也就是對 $MSE(y,\hat{y})$ 做 $\hat{\beta}_0$ 偏微分等於 0，求 MSE 的極值藉此找出對應的 $\hat{\beta}_0$。對 $\hat{\beta}_0$ 偏微分時，可將參數 $\hat{\beta}_1$ 在推導過程中視為常數，以下為計算過程：

$$\frac{\partial MSE(y,\hat{y})}{\partial \hat{\beta}_0} = \frac{\partial \frac{1}{n}\sum_{i=1}^{n}(y_i-\hat{\beta}_0-\hat{\beta}_1 x_i)^2}{\partial \hat{\beta}_0}=0$$

$$\Rightarrow -\frac{2}{n}\sum_{i=1}^{n}(y_i-\hat{\beta}_0-\hat{\beta}_1 x_i)=0$$

$$\Rightarrow \hat{\beta}_0 = \frac{1}{n}\sum_{i=1}^{n}\left(y_i-\hat{\beta}_1 x_i\right)$$

$$\Rightarrow \hat{\beta}_0 = \overline{y} - \hat{\beta}_1\overline{x} \quad\cdots\cdots (7.1)$$

$\overline{x}=\frac{1}{n}\sum_{i=1}^{n}x_i$ 為自變數的樣本平均數，$\overline{y}=\frac{1}{n}\sum_{i=1}^{n}y_i$ 為依變數的樣本平均數。

所以 (7.1) 式中的 $\overline{x}$、$\overline{y}$ 可用樣本算出，但 $\hat{\beta}_1$ 依然未知。接著我們就來求 $\hat{\beta}_1$。

MSE 對 $\hat{\beta}_1$ 偏微分

要推估 $\hat{\beta}_1$，可對 $MSE(y,\hat{y})$ 做 $\hat{\beta}_1$ 偏微分等於 0，找 MSE 的極值，此時參數 $\hat{\beta}_0$ 可視為常數：

$$\frac{\partial MSE(y,\hat{y})}{\partial \hat{\beta}_1} = \frac{\partial \frac{1}{n}\sum_{i=1}^{n}(y_i-\hat{\beta}_0-\hat{\beta}_1 x_i)^2}{\partial \beta_1}=0$$

$$\Rightarrow -\frac{2}{n}\sum_{i=1}^{n}(y_i-\hat{\beta}_0-\hat{\beta}_1 x_i)x_i=0$$

$$\Rightarrow \sum_{i=1}^{n} y_i x_i - \sum_{i=1}^{n} \hat{\beta}_0 x_i - \sum_{i=1}^{n} \hat{\beta}_1 x_i^2 = 0$$

把前面算出來的 $\hat{\beta}_0 = \overline{y} - \beta_1 \overline{x}$ 代入

$$\Rightarrow \sum_{i=1}^{n} y_i x_i - \sum_{i=1}^{n} \left(\overline{y} - \hat{\beta}_1 \overline{x} \right) x_i - \hat{\beta}_1 \sum_{i=1}^{n} x_i^2 = 0$$

$$\Rightarrow \sum_{i=1}^{n} y_i x_i - \sum_{i=1}^{n} \overline{y} x_i + \sum_{i=1}^{n} \hat{\beta}_1 \overline{x} x_i - \hat{\beta}_1 \sum_{i=1}^{n} x_i^2 = 0$$

$$\Rightarrow \hat{\beta}_1 \sum_{i=1}^{n} \left(x_i - \overline{x} \right) x_i = \sum_{i=1}^{n} \left(y_i - \overline{y} \right) x_i$$

這一步有興趣者可看下面框內推導

$$\Rightarrow \hat{\beta}_1 = \frac{\sum_{i=1}^{n} \left(y_i - \overline{y} \right) \left(x_i - \overline{x} \right)}{\sum_{i=1}^{n} \left(x_i - \overline{x} \right)^2} \quad \text{.........................} \quad (7.2)$$

上述公式最後一步的推導稍微複雜一些，有興趣者可以看這裡的詳細推導：

$$\hat{\beta}_1 \sum_{i=1}^{n} \left(x_i - \overline{x} \right) x_i = \sum_{i=1}^{n} \left(y_i - \overline{y} \right) x_i$$

$$\Rightarrow \hat{\beta}_1 = \frac{\sum_{i=1}^{n} \left(y_i - \overline{y} \right) x_i}{\sum_{i=1}^{n} \left(x_i - \overline{x} \right) x_i}$$

分母部分：

$$\sum_{i=1}^{n} \left(x_i - \overline{x} \right) x_i = \sum_{i=1}^{n} \left(x_i x_i - \overline{x} x_i \right) = \sum_{i=1}^{n} x_i^2 - \overline{x} \sum_{i=1}^{n} x_i = \sum_{i=1}^{n} x_i^2 - n\overline{x}^2 \dots (1)$$

$$\sum_{i=1}^{n} \left(x_i - \overline{x} \right)^2 = \sum_{i=1}^{n} \left(x_i^2 - 2\overline{x} x_i + \overline{x}^2 \right) = \left(\sum_{i=1}^{n} x_i^2 \right) - 2n\overline{x}^2 + n\overline{x}^2 = \sum_{i=1}^{n} x_i^2 - n\overline{x}^2 \dots (2)$$

因為 (1) 和 (2) 一樣，所以

$$\sum_{i=1}^{n} \left(x_i - \overline{x} \right) x_i = \sum_{i=1}^{n} \left(x_i - \overline{x} \right)^2$$

→ 接下頁

分子部分：

$$\sum_{i=1}^{n}\left(y_i-\overline{y}\right)x_i=\sum_{i=1}^{n}\left(y_i x_i-\overline{y}x_i\right)=\sum_{i=1}^{n}x_i y_i-\overline{y}\sum_{i=1}^{n}x_i=\sum_{i=1}^{n}x_i y_i-n\overline{x}\overline{y}\ldots(3)$$

$$\sum_{i=1}^{n}\left(x_i-\overline{x}\right)\left(y_i-\overline{y}\right)=\sum_{i=1}^{n}\left(x_i y_i\right)-\sum_{i=1}^{n}\left(x_i\overline{y}\right)-\sum_{i=1}^{n}\left(\overline{y}y_i\right)+\sum_{i=1}^{n}\left(\overline{x}\overline{y}\right)$$

$$=\sum_{i=1}^{n}\left(x_i y_i\right)-n\overline{x}\overline{y}-n\overline{x}\overline{y}+n\overline{x}\overline{y}=\sum_{i=1}^{n}\left(x_i y_i\right)-n\overline{x}\overline{y}\ldots(4)$$

因為 (3) 和 (4) 一樣，所以

$$\sum_{i=1}^{n}\left(y_i-\overline{y}\right)x_i=\sum_{i=1}^{n}\left(x_i-\overline{x}\right)\left(y_i-\overline{y}\right)$$

計算迴歸係數範例

得到 $\hat{\beta}_0$、$\hat{\beta}_1$ 的最佳估計值公式，我們就用一個例子來實作一下。假設我們有一組 5 筆資料 (x_i, y_i), $i=1,2,\cdots,5$，如下：

x_i	10	20	30	45	60
y_i	5	10	15	25	40

$$\overline{x}=\frac{10+20+30+45+60}{5}=33$$

$$\overline{y}=\frac{5+10+15+25+40}{5}=19$$

可得

$x_i-\overline{x}$	-23	-13	-3	12	27
$y_i-\overline{y}$	-14	-9	-4	6	21

分別代入前面推導出來的 $\hat{\beta}_1$、$\hat{\beta}_0$ (分別是 7.2 式與 7.1 式) 可得：

$$\hat{\beta}_1 = \frac{\sum_{i=1}^{n}(y_i - \overline{y})(x_i - \overline{x})}{\sum_{i=1}^{n}(x_i - \overline{x})^2}$$

$$= \frac{(-23 \times -14) + (-13 \times -9) + (-3 \times -4) + 12 \times 6 + 27 \times 21}{(-23)^2 + (-13)^2 + (-3)^2 + 12^2 + 27^2} = \frac{1090}{1580} \approx 0.6899$$

$$\hat{\beta}_0 = \overline{y} - \hat{\beta}_1 \overline{x} = 19 - 0.6899 \times 33 = -3.7667$$

所以這組資料的迴歸方程式為 $\hat{y} = -3.7667 + 0.6899x$

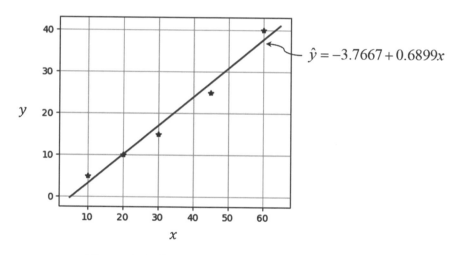

圖 7.2　迴歸範例的資料散佈圖和推估的迴歸方程式

7.1.2　用最大概似函數估計法找迴歸方程式

採用最大概似函數估計法估計迴歸參數，必須先假設依變數 Y 服從常態分佈：

$$y_i \overset{iid}{\sim} N(\beta_0 + \beta_1 x_i, \sigma^2)$$

因此，依變數的機率密度函數為：

$$f(y_i) = \frac{1}{\left(2\pi\sigma^2\right)^{0.5}} \exp\left\{-\frac{\left(y_i - \beta_0 - \beta_1 x_i\right)^2}{2\sigma^2}\right\}$$

依照 6.3 介紹的最大概似估計法，我們要先列出常態分佈的概似函數：

$$L(\beta_0, \beta_1, \sigma^2) = \prod_{i=1}^{n} f(y_i) = \left(\frac{1}{\left(2\pi\sigma^2\right)^{0.5}}\right)^n \prod_{i=1}^{n} \exp\left\{-\frac{\left(y_i - \beta_0 - \beta_1 x_i\right)^2}{2\sigma^2}\right\}$$

$$= \left(\frac{1}{\left(2\pi\sigma^2\right)^{0.5}}\right)^n \exp\left\{-\sum_{i=1}^{n} \frac{\left(y_i - \beta_0 - \beta_1 x_i\right)^2}{2\sigma^2}\right\}$$

然後，對概似函數取自然對數：

$$\ln\left(L(\beta_0, \beta_1, \sigma^2)\right) = \frac{-n}{2}\ln\left(2\pi\sigma^2\right) + \frac{-\sum_{i=1}^{n}\left(y_i - \beta_0 - \beta_1 x_i\right)^2}{2\sigma^2}$$

即可得到對數概似函數，其中有三個參數 β_0、β_1、σ^2，以下會分別做偏微分以求得其推估的解。請注意！因為是求推估的解，所以下面概似函數的參數會用 $\hat{\beta}_0$、$\hat{\beta}_1$、$\hat{\sigma}^2$。

對數概似函數對 $\hat{\beta}_0$ 偏微分

對 $\ln\left(L(\hat{\beta}_0, \hat{\beta}_1, \hat{\sigma}^2)\right)$ 做 $\hat{\beta}_0$ 偏微分等於 0 求解，此時參數 $\hat{\beta}_1$ 和 $\hat{\sigma}^2$ 在推導過程中皆視為常數：

$$\frac{\partial\ln\left(L(\hat{\beta}_0,\beta_1,\hat{\sigma}^2)\right)}{\partial\hat{\beta}_0} = \frac{\partial\left(\dfrac{-n}{2}\ln\left(2\pi\hat{\sigma}^2\right) + \dfrac{-\sum_{i=1}^{n}\left(y_i - \hat{\beta}_0 - \hat{\beta}_1 x_i\right)^2}{2\hat{\sigma}^2}\right)}{\partial\hat{\beta}_0} = 0$$

$$\Rightarrow \frac{2}{2\hat{\sigma}^2}\sum_{i=1}^{n}(y_i - \hat{\beta}_0 - \hat{\beta}_1 x_i) = 0$$

$$\Rightarrow -n\hat{\beta}_0 + \sum_{i=1}^{n}(y_i - \hat{\beta}_1 x_i) = 0$$

$$\Rightarrow \hat{\beta}_0 = \overline{y} - \hat{\beta}_1 \overline{x} \quad \text{.................. (和 7.1 式相同)}$$

對數概似函數對 $\hat{\beta}_1$ 偏微分

對 $\ln\left(L(\hat{\beta}_0,\hat{\beta}_1,\hat{\sigma}^2)\right)$ 做 $\hat{\beta}_1$ 偏微分等於 0 求解，此時參數 $\hat{\beta}_0$ 和 $\hat{\sigma}^2$ 在推導過程中皆視為常數：

$$\frac{\partial\ln\left(L(\hat{\beta}_0,\hat{\beta}_1,\hat{\sigma}^2)\right)}{\partial\hat{\beta}_1} = \frac{\partial\left(\dfrac{-n}{2}\ln\left(2\pi\hat{\sigma}^2\right) + \dfrac{-\sum_{i=1}^{n}\left(y_i - \hat{\beta}_0 - \hat{\beta}_1 x_i\right)^2}{2\hat{\sigma}^2}\right)}{\partial\hat{\beta}_1} = 0$$

$$\Rightarrow \frac{2}{2\hat{\sigma}^2}\sum_{i=1}^{n}(y_i - \hat{\beta}_0 - \hat{\beta}_1 x_i)x_i = 0$$

$$\Rightarrow \sum_{i=1}^{n}y_i x_i - \sum_{i=1}^{n}\hat{\beta}_1 x_i^2 - \sum_{i=1}^{n}\hat{\beta}_0 x_i = 0$$

$$\Rightarrow \hat{\beta}_1\sum_{i=1}^{n}\left(x_i - \overline{x}\right)x_i = \sum_{i=1}^{n}\left(y_i - \overline{y}\right)x_i$$

$$\Rightarrow \hat{\beta}_1 = \frac{\sum_{i=1}^{n}\left(y_i - \overline{y}\right)\left(x_i - \overline{x}\right)}{\sum_{i=1}^{n}\left(x_i - \overline{x}\right)^2} \quad \text{......... (和 7.2 式相同)}$$

上面的推導過程中，會將前面推估的 $\hat{\beta}_0 = \overline{y} - \hat{\beta}_1\overline{x}$ 代入。

對數概似函數對 $\hat{\sigma}^2$ 偏微分

對 $\ln\left(L(\hat{\beta}_0, \hat{\beta}_1, \hat{\sigma}^2)\right)$ 做 $\hat{\sigma}^2$ 偏微分等於 0 求解，參數 $\hat{\beta}_1$ 和 $\hat{\beta}_0$ 在推論過程中皆視為常數：

$$\frac{\partial\ln\left(L(\beta_0, \beta_1, \sigma^2)\right)}{\partial\hat{\sigma}^2} = \frac{\partial\left(\dfrac{-n}{2}\ln\left(2\pi\hat{\sigma}^2\right) + \dfrac{-\sum_{i=1}^{n}\left(y_i - \hat{\beta}_0 - \hat{\beta}_1\right)^2}{2\hat{\sigma}^2}\right)}{\partial\hat{\sigma}^2} = 0$$

$$\Rightarrow \frac{-n}{2}\frac{2\pi}{2\pi\hat{\sigma}^2} - \frac{\sum_{i=1}^{n}\left(y_i - \hat{\beta}_0 - \hat{\beta}_1 x_i\right)^2}{2\hat{\sigma}^4} = 0$$

$$\Rightarrow \frac{-n}{2\hat{\sigma}^2} - \frac{\sum_{i=1}^{n}\left(y_i - \hat{\beta}_0 - \hat{\beta}_1 x_i\right)^2}{2\hat{\sigma}^4} = 0$$

$$\Rightarrow \hat{\sigma}^2\sum_{i=1}^{n}\left(y_i - \hat{\beta}_0 - \hat{\beta}_1 x_i\right)^2 = n\sigma^4$$

$$\Rightarrow \hat{\sigma}^2 = \frac{\sum_{i=1}^{n}\left(y_i - \hat{\beta}_0 - \hat{\beta}_1 x_i\right)^2}{n} = \frac{\sum_{i=1}^{n}\left(y_i - \hat{y}_i\right)^2}{n} = \frac{\sum_{i=1}^{n}\left(\varepsilon_i\right)^2}{n}$$

從 $\hat{\sigma}^2 = \dfrac{1}{n}\sum_{i=1}^{n}\left(\varepsilon_i\right)^2$ 可以發現依變數的變異數等於殘差項的變異數。

最小平方法、最大概似估計法兩者的解相同

將兩種方法推導出 $\hat{\beta}_1$、$\hat{\beta}_0$ 閉合解 (*closed-form solution*，又稱為解析解，即為正確的值，而非用數值逼近方法求得的數值解) 的整理如下：

	最小平方法 閉合解	最大概似函數估計法 閉合解
$\hat{\beta}_0$ 估計	$\overline{y} - \hat{\beta}_1\overline{x}$	$\overline{y} - \hat{\beta}_1\overline{x}$
$\hat{\beta}_1$ 估計	$\dfrac{\displaystyle\sum_{i=1}^{n}(y_i - \overline{y})(x_i - \overline{x})}{\displaystyle\sum_{i=1}^{n}(x_i - \overline{x})^2}$	$\dfrac{\displaystyle\sum_{i=1}^{n}(y_i - \overline{y})(x_i - \overline{x})}{\displaystyle\sum_{i=1}^{n}(x_i - \overline{x})^2}$

所以從最小平方法和最大概似函數估計法來推導迴歸參數得到的閉合解是一致的。

比較有趣的一點是，最大概似函數估計法會比最小平方法多了一個參數(就是依變數的變異數，因為假設依變數服從常態分布)需要估計，結果依變數的變異數 $\hat{\sigma}^2$ 等於殘差項的變異數。

殘差的基本假設

在統計學上針對殘差部分給予了幾項基本假設，資料若違反了此些假設，可能會讓研究結果產生偏誤。殘差 (ε_i) 有以下假設：

1. ε_i 服從常態分佈。

2. 殘差隨機性，期望值 $E(\varepsilon_i) = 0$，變異數 $Var(\varepsilon_i) = \sigma^2$，$\forall i = 1, 2, ..., n$，即殘差的變異數是一致的和 i 無關。

3. 殘差之間彼此是獨立的，換言之就是共變異數 $Cov(\varepsilon_i, \varepsilon_j) = 0, \forall i \neq j$。

所以在這些假設下，最大概似估計依變數 (Y) 也假設服從常態分佈，原因就是統計學上殘差已經假設服從常態分佈，也就是 $\varepsilon_i = y_i - \hat{y}_i \sim N \Rightarrow y_i \sim N$。

以上的殘差基本假設在機器學習中並沒有用到，因為在最小平方法的迴歸模型為：

$$y_i = \beta_0 + \beta_1 x_i + \varepsilon_i$$

然而在機器學習中是直接把迴歸模型設為：

$$y_i = \beta_0 + \beta_1 x_i$$

而此時的殘差就單純是迴歸模型預測值與觀察值之間的差，並不考慮此殘差是否符合殘差的基本假設。

而且用梯度下降法去求解，完全不必用到殘差假設，所以非統計專業者其實不太需要去探討統計學上的殘差分析。

7.2　多元線性迴歸分析

多元迴歸分析 (*multiple regression analysis*) 和簡單迴歸分析的差異在於後者只有一個自變數，但實務上不太可能只有一個自變數，一般會介紹簡單迴歸分析是因為比較簡單，相關的散布圖視覺化比較容易呈現。多元迴歸分析則是簡單迴歸的衍生版本，基本假設和簡單迴歸分析大致相同。

7.2.1　多元迴歸用向量與矩陣表示

假設有多個隨機變數 $X_1, X_2, ..., X_d$，多元線性迴歸為：

$$y_i = \beta_0 + \beta_1 x_{1i} + \beta_2 x_{2i} + ... + + \beta_d x_{di} + \varepsilon_i, \ \forall i = 1, 2, \cdots, n$$

用向量和矩陣的方式來表示此方程式為：

$$\mathbf{y} = \mathbf{X}^T \boldsymbol{\beta}$$

其中

$$\mathbf{y} = \begin{bmatrix} y_1 \\ y_2 \\ \vdots \\ y_n \end{bmatrix}, \ \boldsymbol{\beta} = \begin{bmatrix} \beta_0 \\ \beta_1 \\ \vdots \\ \beta_d \end{bmatrix}$$

$$\mathbf{X} = \begin{bmatrix} \mathbf{x}_1 & \mathbf{x}_2 & \cdots & \mathbf{x}_n \end{bmatrix} = \begin{bmatrix} 1 & 1 & \cdots & 1 \\ x_{11} & x_{21} & \cdots & x_{n1} \\ x_{12} & x_{22} & \cdots & x_{n2} \\ \vdots & \vdots & \ddots & \vdots \\ x_{1d} & x_{2d} & \cdots & x_{nd} \end{bmatrix}, \ \mathbf{x}_i = \begin{bmatrix} 1 \\ x_{i1} \\ x_{i2} \\ \vdots \\ x_{id} \end{bmatrix}$$

7.2.2　用最小平方法求 β 向量

和簡單迴歸一樣，多元迴歸採用普通最小平方法來求解，*MSE* 經由矩陣推導：

$$\begin{aligned} MSE(\mathbf{y}, \hat{\mathbf{y}}) &= \frac{1}{n} \sum_{i=1}^{n} (y_i - \hat{y}_i)^2 \\ &= \frac{1}{n} (\mathbf{y} - \hat{\mathbf{y}})^T (\mathbf{y} - \hat{\mathbf{y}}) \\ &= \frac{1}{n} (\mathbf{y} - \mathbf{X}^T \hat{\boldsymbol{\beta}})^T (\mathbf{y} - \mathbf{X}^T \hat{\boldsymbol{\beta}}) \\ &= \frac{1}{n} (\mathbf{y}^T \mathbf{y} - \mathbf{y}^T \mathbf{X}^T \hat{\boldsymbol{\beta}} - \hat{\boldsymbol{\beta}}^T \mathbf{X} \mathbf{y} + \hat{\boldsymbol{\beta}}^T \mathbf{X} \mathbf{X}^T \hat{\boldsymbol{\beta}}) \\ &= \frac{1}{n} (\mathbf{y}^T \mathbf{y} - 2 \hat{\boldsymbol{\beta}}^T \mathbf{X} \mathbf{y} + \hat{\boldsymbol{\beta}}^T \mathbf{X} \mathbf{X}^T \hat{\boldsymbol{\beta}}) \end{aligned}$$

> $\mathbf{y}^T \mathbf{X}^T \hat{\boldsymbol{\beta}}$ 是 $(1 \times n) \cdot (n \times (d+1)) \cdot ((d+1) \times 1)$ 維的矩陣相乘，結果會是 1×1 的純量。而純量的轉置仍為純量本身，因此 $\mathbf{y}^T \mathbf{X}^T \hat{\boldsymbol{\beta}} = (\mathbf{y}^T \mathbf{X}^T \hat{\boldsymbol{\beta}})^T = \hat{\boldsymbol{\beta}}^T \mathbf{X} \mathbf{y}$

為了推估 $\hat{\boldsymbol{\beta}}$，對 $MSE(\mathbf{y},\hat{\mathbf{y}})$ 做 $\hat{\boldsymbol{\beta}}$ 偏微分等於 0 求解：

$$\frac{\partial MSE(\mathbf{y},\hat{\mathbf{y}})}{\partial\hat{\boldsymbol{\beta}}}=\partial\frac{\dfrac{1}{n}\left(\mathbf{y}^T\mathbf{y}-2\hat{\boldsymbol{\beta}}^T\mathbf{Xy}+\hat{\boldsymbol{\beta}}^T\mathbf{XX}^T\hat{\boldsymbol{\beta}}\right)}{\partial\hat{\boldsymbol{\beta}}}=\mathbf{0}$$

$$\Rightarrow -2\mathbf{Xy}+2\mathbf{XX}^T\hat{\boldsymbol{\beta}}=\mathbf{0}$$

$$\Rightarrow \mathbf{XX}^T\hat{\boldsymbol{\beta}}=\mathbf{Xy}$$

$$\Rightarrow \hat{\boldsymbol{\beta}}=\left(\mathbf{XX}^T\right)^{-1}\mathbf{Xy}$$

上式中的 $\mathbf{XX}^T$ 是共變異數矩陣，$\mathbf{X}\in\mathbb{R}^{(d+1)\times n}$，所以 $\mathbf{XX}^T\in\mathbb{R}^{(d+1)\times(d+1)}$，我們來乘開看看。這邊我們將前一頁 $\mathbf{X}$ 內的第一列常數 1 換成變數的寫法：

$$\mathbf{X}=\begin{bmatrix}x_{10}&x_{20}&\cdots&x_{n0}\\x_{11}&x_{21}&\cdots&x_{n1}\\x_{12}&x_{22}&\cdots&x_{n2}\\\vdots&\vdots&\ddots&\vdots\\x_{1d}&x_{2d}&\cdots&x_{nd}\end{bmatrix},x_{i0}=1,\forall i=1,2,\cdots,n$$

則

$$\mathbf{XX}^T=\begin{bmatrix}x_{10}&x_{20}&\cdots&x_{n0}\\x_{11}&x_{21}&\cdots&x_{n1}\\x_{12}&x_{22}&\cdots&x_{n2}\\\vdots&\vdots&\ddots&\vdots\\x_{1d}&x_{2d}&\cdots&x_{nd}\end{bmatrix}\begin{bmatrix}x_{10}&x_{11}&x_{12}&\cdots&x_{1d}\\x_{20}&x_{21}&x_{22}&\cdots&x_{2d}\\\vdots&\vdots&\vdots&&\vdots\\x_{n0}&x_{n1}&x_{n2}&\cdots&x_{nd}\end{bmatrix}$$

$$= \begin{bmatrix} \sum_{i=1}^{n} x_{i0} x_{i0} & \sum_{i=1}^{n} x_{i0} x_{i1} & \sum_{i=1}^{n} x_{i0} x_{i2} & \cdots & \sum_{i=1}^{n} x_{i0} x_{id} \\ \sum_{i=1}^{n} x_{i1} x_{i0} & \sum_{i=1}^{n} x_{i1} x_{i1} & \sum_{i=1}^{n} x_{i1} x_{i2} & \cdots & \sum_{i=1}^{n} x_{i1} x_{id} \\ \sum_{i=1}^{n} x_{i2} x_{i0} & \sum_{i=1}^{n} x_{i2} x_{i1} & \sum_{i=1}^{n} x_{i2} x_{i2} & \cdots & \sum_{i=1}^{n} x_{i2} x_{id} \\ \vdots & \vdots & \vdots & \ddots & \vdots \\ \sum_{i=1}^{n} x_{id} x_{i0} & \sum_{i=1}^{n} x_{id} x_{i1} & \sum_{i=1}^{n} x_{id} x_{i2} & \cdots & \sum_{i=1}^{n} x_{id} x_{id} \end{bmatrix}$$

所以可以發現 $\mathbf{XX}^T$ 的第 j 行第 k 列的元素，是將 n 個樣本的第 j 個變數乘上第 k 個變數算總和，如果假設每個變數各自的平均數是 0（$\overline{\mathbf{x}}_i = 0, \forall i$），則由 3.2.4 節的共變異數矩陣 (*covariance matrix*) 可得知：

$$Cov(\mathbf{x}_j, \mathbf{x}_k) = \frac{1}{n} \sum_{i=1}^{n} (x_{ij} - \overline{\mathbf{x}}_j)(x_{ik} - \overline{\mathbf{x}}_k) = \frac{1}{n} \sum_{i=1}^{n} x_{ij} x_{ik}$$

所以：

$$\mathbf{XX}^T = n \begin{bmatrix} Cov(\mathbf{x}_0, \mathbf{x}_0) & Cov(\mathbf{x}_0, \mathbf{x}_1) & Cov(\mathbf{x}_0, \mathbf{x}_2) & \cdots & Cov(\mathbf{x}_0, \mathbf{x}_d) \\ Cov(\mathbf{x}_1, \mathbf{x}_0) & Cov(\mathbf{x}_1, \mathbf{x}_1) & Cov(\mathbf{x}_2, \mathbf{x}_2) & \cdots & Cov(\mathbf{x}_1, \mathbf{x}_d) \\ Cov(\mathbf{x}_2, \mathbf{x}_0) & Cov(\mathbf{x}_2, \mathbf{x}_1) & Cov(\mathbf{x}_2, \mathbf{x}_2) & \cdots & Cov(\mathbf{x}_2, \mathbf{x}_d) \\ \vdots & \vdots & \vdots & \ddots & \vdots \\ Cov(\mathbf{x}_d, \mathbf{x}_0) & Cov(\mathbf{x}_d, \mathbf{x}_1) & Cov(\mathbf{x}_d, \mathbf{x}_2) & \cdots & Cov(\mathbf{x}_d, \mathbf{x}_d) \end{bmatrix}$$

當每個變數已經將平均數平移至 0，則矩陣 $\mathbf{XX}^T$ 即是 n 倍 $\mathbf{X}$ 的共變異數矩陣。這邊會特別提到這個寫法「$\mathbf{XX}^T$ 可以用來表達共變異數矩陣」，因為通常在資料的前處理已經經過標準化，若是採用 *z-score* 標準化，則變數的平均數已經平移到 0。

7.3　非線性迴歸分析

非線性迴歸分析 (*Nonlinear regression analysis*) 是基於線性迴歸分析的衍生，原因在於實務上很多變數之間的關係並不是線性的，例如下圖台灣每年出境人數調查，如果利用線性迴歸線預測，從視覺上來看準確率就差很多，此範例 *MSE* 為 5,725,000，此類型的資料就不適合線性迴歸，對這種類型現象的分析預測，一般要應用非線性迴歸預測。

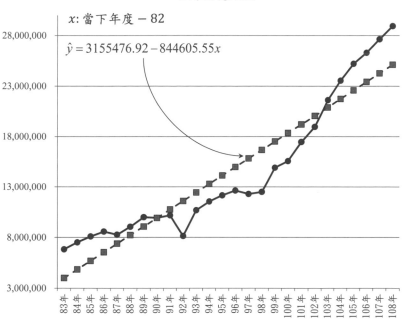

圖 7.3　台灣每年出境人數。　　　　　資料來源：中華民國內政部統計處。

基於一些數學上的技巧，可將變數利用非線性函數轉換後，再進行線性迴歸達到非線性迴歸分析。假設有一組 n 筆數據 (x_i, y_i), $\forall i = 1, 2, ..., n$ ，一般常用的非線性函數有：

1. **多項式函數** (*polynomial function*)

$$y_i = \beta_0 + \beta_1 x_i + \beta_2 x_i^2 + \ldots + \beta_m x_i^m$$

2. **指數函數** (*exponential function*)

$$y_i = \beta_0 \beta_1^{x_i}$$

3. **乘冪函數** (*power function*)

$$y_i = \beta_0 x_i^{\beta_1}$$

4. **對數函數** (*logarithmic function*)

$$y_i = \beta_0 + \beta_1 \ln(x_i)$$

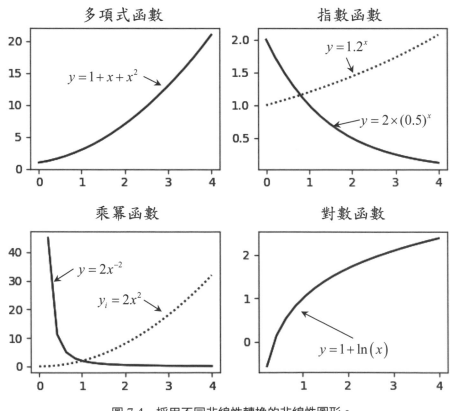

圖 7.4　採用不同非線性轉換的非線性圖形。

利用非線性函數來進行非線性迴歸有一個很大的缺點是「選擇適合的非線性函數並非易事」，常要靠過去經驗法則和專業知識，但最簡單有效的方式是將要分析的資料散布圖畫出來觀察資料的趨勢，然後選擇曲度相似的函數。

以台灣出境人數為範例，若採用多項式函數來訓練迴歸模型則可得到曲線迴歸的結果，此多項式迴歸的 *MSE* 計算結果為 892,139 遠小於線性迴歸的 5,725,000。

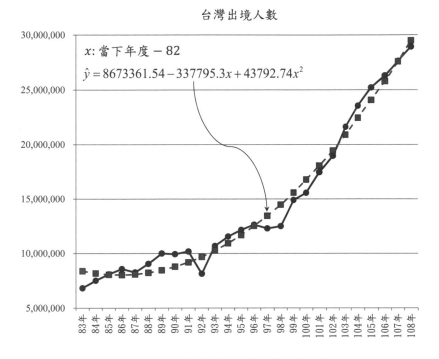

圖 7.5　利用多項式迴歸分析台灣出境人數。

而在多元迴歸上，除了上述非線性函數方式之外，還可以考慮變數之間的交互關係（不同的自變數相乘），假設有 2 個隨機自變數 X_1、X_2 含有交互關係，其多元非線性迴歸可寫為（請注意下式中會出現 $x_{1i}x_{2i}$ 這種的項）

$$y_i = \beta_0 + \beta_1 x_{1i} + \beta_2 x_{2i} + \beta_3 \underline{x_{1i}x_{2i}} + \varepsilon_i, \forall i = 1, 2, \cdots, n$$

有交互關係

除了上述方式，還有其他很多方法進行非線性轉換，例如上述非線性函數的轉換方式再加上變數之間的乘積，如果可用變數變換方式轉換則可用最小平方法求解，但函數若難以轉換，則需要利用其他方式尋找參數，例如用梯度下降法或基因演算法之類，本書就不多做探討。

Chapter

8

分類
Classification

我們在本章要介紹統計學、機器學習中常用的三種線性分類方法,分別為**單純貝氏分類器**(*Naive Bayes Classifier*)、**線性區別分析**(*Linear Discriminant analysis, LDA*)和**羅吉斯迴歸**(*Logistic Regression*)。為了讓讀者可以更清楚分類演算法的核心,我們會在每個方程式步驟下面舉例說明,如果公式部分看不太懂,也可以從範例來理解。

8.1　單純貝氏分類器(*Naive Bayes Classifier*)

我們在第 6 章已經介紹過貝氏法則理論(*Bayesian Decision Theory*)與最大後驗機率(*Maximum a Posteriori*,*MAP*),而單純貝氏分類器(*Naive Bayes Classifier*,簡稱 *NBC*)就是基於這兩個基礎下發展的統計機率分類器。

假設有一個分類問題共有 L 種類別 $C_1, C_2, \cdots, C_L$,輸入的樣本資料 $\mathbf{x}$ 是由 d 個特徵 $x_1 \cdot x_2 \cdot \cdots \cdot x_d$ 組成:

$$\mathbf{x} = \begin{bmatrix} x_1 \\ x_2 \\ \vdots \\ x_d \end{bmatrix}$$

因此單純貝氏分類器將每筆資料 $\mathbf{x}$ 判定為 C_l 類的機率即後驗機率記為:

$$p\left(C_l | \mathbf{x}\right)$$

我們將單純貝氏分類器判定的分類記為 C_{NB}(NB:*Native Bayes*),由 6.4.2 節最大後驗機率法可得:

$$C_{NB} = \arg\max_{l=\{1,2,\dots,L\}} \left\{ p(C_l \mid \mathbf{x}) \right\}$$

$$= \arg\max_{l=\{1,2,\dots,L\}} \left\{ \frac{p(C_l)\,p(\mathbf{x} \mid C_l)}{p(\mathbf{x})} \right\}$$

$$= \arg\max_{l=\{1,2,\dots,L\}} \left\{ p(C_l)\,p(\mathbf{x} \mid C_l) \right\}$$

$$= \arg\max_{l=\{1,2,\dots,L\}} \left\{ p(C_l)\,p(x_1, x_2, \cdots, x_d \mid C_l) \right\}$$

其中 $p(\mathbf{x} \mid C_l) = p(x_1, x_2, \cdots, x_d \mid C_l)$ 是第 C_l 類的**概似函數**，也可以視為第 C_l 類的隨機變數 $(X_1, X_2, \cdots, X_d)$ 的聯合機率。

8.1.1　單純貝氏分類器的公式

單純貝氏分類器會假設特徵彼此之間是統計獨立 (見 2.5.3 節)，所以概似函數可以拆成各統計獨立機率相乘：

$$p(x_1, x_2, \cdots, x_d \mid C_l) = p(x_1 \mid C_l) \times p(x_2 \mid C_l) \times \cdots \times p(x_d \mid C_l) = \prod_{i=1}^{d} p(x_i \mid C_l)$$

注意！x_i 不是第 i 筆樣本，而是第 i 個特徵。

下式就是單純貝氏分類器的公式，

$$C_{NB} = \arg\max_{l=\{1,2,\dots,L\}} \left\{ p(C_l)\,p(x_1, x_2, \cdots, x_d \mid C_l) \right\} = \arg\max_{l=\{1,2,\dots,L\}} \left\{ p(C_l) \prod_{i=1}^{d} p(x_i \mid C_l) \right\}$$

$$\cdots\cdots\cdots\cdots (8.1)$$

聰明的讀者應該有發現，先驗機率 $p(C_l)$ 可以從每一類資料出現的頻率來估計 (見 6.4.2)，而 C_l 類的概似函數 $\prod_{i=1}^{d} p(x_i \mid C_l)$ 可依採用的函數而產生不同的單純貝氏分類器，例如採用高斯函數 (*Gaussian*) 則稱為高斯單純貝氏分類器 (*Gaussian Naive Bayes*)，採用伯努利函數 (*Bernoulli*) 則稱為伯努利單純貝氏分類器 (*Bernoulli Naive Bayes*)。

範例

假設分類問題是要區分「男生」和「女生」，收集到的資料特徵為「身高」
和「體重」，此時單純貝氏分類器的式子為：

資料 $x_{身高,體重}$ 則男生的概似函數為：

$$p(x_{身高,體重} \mid 男生) = p(x_{身高} \mid 男生) \times p(x_{體重} \mid 男生)$$

資料 $x_{身高,體重}$ 則於女生的概似函數為：

$$p(x_{身高,體重} \mid 女生) = p(x_{身高} \mid 女生) \times p(x_{體重} \mid 女生)$$

所以我們要將資料 $x^*_{身高,體重}$ 判斷成男生還是女生的決策為：

$$C_{NB}(x^*_{身高,體重}) = \underset{C_l=\{男生,女生\}}{\arg\max} \left\{ p(C_l) \times p(x^*_{身高} \mid C_l) \times p(x^*_{體重} \mid C_l) \right\}$$

這邊的的 $p(x^*_{身高} \mid C_l)$ 和 $p(x^*_{體重} \mid C_l)$ 就是概似函數，下面我們將介紹以高斯
函數 (*Gaussian*) 為概似函數的單純貝氏分類器。

8.1.2 高斯單純貝氏分類器

高斯單純貝氏分類器 (*GaussianNBC*) 假設每個特徵都服從高斯分布（常態
分布），且特徵之間是統計獨立，如此 8.1 式的 $p(x_i \mid C_l)$ 就用單變量高斯函
數代入：

$$p(x_i \mid C_l) = f(x_i \mid \mu_{iC_l}, \sigma^2_{iC_l}) = \frac{1}{\sigma_{iC_l}\sqrt{2\pi}} \exp \left\{ -\frac{\left(x_i - \mu_{iC_l}\right)^2}{2\sigma^2_{iC_l}} \right\}$$

μ_{iC_l} 和 $\sigma^2_{iC_l}$ 分別為第 i 個特徵的第 C_l 類的平均數和變異數。

如此，我們就可得到概似函數：

$$\prod_{i=1}^{d} p\left(x_i|C_l\right) = \prod_{i=1}^{d} p\left(x_i|C_l\right) \frac{1}{\sigma_{iC_l}\sqrt{2\pi}} \exp\left\{ -\frac{\left(x_i - \mu_{iC_l}\right)^2}{2\sigma_{iC_l}^2} \right\}$$

如此即可推導出高斯單純貝氏分類器公式：

$$
\begin{aligned}
C_{GaussianNB} &= \operatorname*{arg\,max}_{l=\{1,2,...,L\}} \left\{ p(C_l)\prod_{i=1}^{d} p(x_i \mid C_l) \right\} \\
&= \operatorname*{arg\,max}_{l=\{1,2,...,L\}} \left\{ p(C_l)\prod_{i=1}^{d} \frac{1}{\sigma_{iC_l}\sqrt{2\pi}} \exp\left\{ -\frac{\left(x_i - \mu_{iC_l}\right)^2}{2\sigma_{iC_l}^2} \right\} \right\} \\
&= \operatorname*{arg\,max}_{l=\{1,2,...,L\}} \left\{ p(C_l)(2\pi)^{-\frac{d}{2}}\left[\prod_{i=1}^{d}\left(\sigma_{iC_l}\right)^{-1}\right] \exp\left\{ -\sum_{i=1}^{d}\frac{\left(x_i - \mu_{iC_l}\right)^2}{2\sigma_{iC_l}^2} \right\} \right\} \\
&= \operatorname*{arg\,max}_{l=\{1,2,...,L\}} \left\{ \ln\left(p(C_l)\right) - \sum_{i=1}^{d}\sigma_{iC_l} - \frac{1}{2}\sum_{i=1}^{d}\frac{\left(x_i - \mu_{iC_l}\right)^2}{\sigma_{iC_l}^2} \right\} \quad\text{……………}(8.2)
\end{aligned}
$$

取對數不影響分類判斷

所以高斯單純貝氏分類器只需要計算每類的先驗機率、每一個特徵和每一類的平均數 μ_{iC_l} 和標準差 σ_{iC_l}，與計算未知樣本 **x** 和每一類的馬氏距離（見6.5.5），即可計算高斯單純貝氏分類器的判讀結果。

範例

延續上節的範例：假設男生和女生的「身高」、「體重」特徵服從常態分佈。從收集的訓練資料中，我們計算出男生和女生的身高、體重的平均數與標準差，這些從資料計算出來的身高和體重的平均數和標準差，就是常態分布的估計參數，如下：

男生的身高平均數為 175 公分，標準差為 10 公分

$$\rightarrow x_{身高} \sim N(\mu_{男生}=175, \sigma^2_{男生}=10^2)$$

女生的身高平均數為 160 公分，標準差為 8 公分

$$\rightarrow x_{身高} \sim N(\mu_{女生}=160, \sigma^2_{女生}=8^2)$$

男生的體重平均數為 80 公斤，標準差為 5 公斤

$$\rightarrow x_{體重} \sim N(\mu_{男生}=80, \sigma^2_{男生}=5^2)$$

女生的體重平均數為 50 公斤，標準差為 9 公斤

$$\rightarrow x_{體重} \sim N(\mu_{女生}=50, \sigma^2_{女生}=9^2)$$

這邊我們假設男生和女生的先驗機率都是 0.5，也就是 $p(男生) = p(女生) = 0.5$，高斯單純貝氏分類器於男生的函數為：

$$f(x_{身高,體重}|男生) = \ln(p(男生)) - \sum_{i=\{身高,體重\}} \sigma_{i男生} - \frac{1}{2} \sum_{i=\{身高,體重\}} \frac{\left(x_i - \mu_{i男生}\right)^2}{\sigma^2_{i男生}}$$

$$\Rightarrow f(x_{身高,體重}|男生) = \ln(0.5) - (10+5) - \frac{1}{2}\left[\frac{\left(x_{身高}-175\right)^2}{10^2} + \frac{\left(x_{體重}-80\right)^2}{5^2}\right]$$

高斯單純貝氏分類器於女生的函數為：

$$f(x_{身高,體重}|女生) = \ln(p(女生)) - \sum_{i=\{身高,體重\}} \sigma_{i女生} - \frac{1}{2} \sum_{i=\{身高,體重\}} \frac{\left(x_i - \mu_{i女生}\right)^2}{\sigma^2_{i女生}}$$

$$\Rightarrow f(x_{身高,體重}|女生) \ln(0.5) - (8+9) - \frac{1}{2}\left[\frac{\left(x_{身高}-160\right)^2}{8^2} + \frac{\left(x_{體重}-50\right)^2}{9^2}\right]$$

我們接下來把一筆未知性別的資料 $x^*_{身高,體重} = [身高:170, 體重:75]$ 代入上列男生和女生的分類器函數，算出哪個的值比較大。

● 此資料帶入男生的高斯單純貝氏分類器函數：

$$f(x^*_{身高,體重} | 男生) = \ln(0.5) - (10+5) - \frac{1}{2}\left[\frac{(170-175)^2}{10^2} + \frac{(75-80)^2}{5^2}\right]$$

$$= -0.6931 - 15 - \frac{1}{2}\left[\frac{25}{100} + \frac{25}{25}\right] = -0.6931 - 15 - \frac{5}{8} = -16.3181$$

● 此資料帶入女生的高斯單純貝氏分類器函數：

$$f(x^*_{身高,體重} | 女生) = \ln(0.5) - (8+9) - \frac{1}{2}\left[\frac{(170-160)^2}{8^2} + \frac{(75-50)^2}{9^2}\right]$$

$$= -0.6931 - 17 - \frac{1}{2}\left[\frac{100}{64} + \frac{625}{81}\right] = -0.6931 - 17 - 4.6393 = -22.3324$$

因為

$$f(x^*_{身高,體重} | 男生) = -16.3181 > f(x^*_{身高,體重} | 女生) = -22.3324$$

所以此資料 $x^*_{身高,體重} = [身高:170, 體重:75]$ 經由高斯單純貝氏分類器推論後，判斷此資料屬於男生。

8.1.3　單純貝氏分類器的缺點與優點

使用單純貝氏分類器要稍微注意一下，因為實務上的資料特徵不可能彼此統計獨立。單純貝氏分類器的統計獨立假設過強，比如說身高和體重確實相關而非獨立，則單純貝氏分類器模型並無法滿足特徵可能統計相依的問題。但機器學習比較著重於分類器效果好不好，如果效果好就會直接忽略掉特徵可能會統計相依的情況。

使用單純貝氏分類器最大的好處是訓練數很少，執行速度快。以高斯單純貝氏分類器為例，參數有：

1. 先驗機率（$p(C_l)$），共 L 個參數。

2. μ_{iC_l} 每一類每一個特徵的平均數共 $L \times d$ 個參數。

3. $\sigma^2_{iC_l}$ 每一類每一個特徵的變異數共 $L \times d$ 個參數。

所以高斯單純貝氏分類器只有 $L + L \times d + L \times d = L \times (2d+1)$ 個參數需要從資料中學習。

8.2 線性區別分析 (LDA)

線性區別分析 (*Linear Discriminant Analysis*，LDA) 分類法為機器學習最常用的分類方法之一，其演算過程和單純貝氏分類器非常類似，都是基於最大後驗機率法進行分類比較。不同的部分是兩者在最大後驗機率法的聯合概似函數的假設不同，**單純貝氏分類器是假設特徵彼此之間是統計獨立，而 LDA 並沒有對特徵之間進行統計獨立的假設**，也就是說，**LDA** 的實用性要比單純貝氏分類器來得高。讀者如果對單純貝氏分類器的概念已經瞭解了，就比較容易瞭解線性區別分析 (*LDA*)。

8.2.1 *LDA* 的概似函數

假設有一個分類問題共有 L 種類別 $C_1, C_2, \cdots, C_L$，輸入的樣本資料 $\mathbf{x}$ 是由 d 個特徵 $x_1 、 x_2 、 \cdots 、 x_d$ 組成，我們將 *LDA* 分類器判定的分類記為 C_{LDA}：

$$
\begin{aligned}
C_{LDA} &= \underset{l=\{1,2,\ldots,L\}}{\arg\max} \left\{ p(C_l \mid \mathbf{x}) \right\} \\
&= \underset{l=\{1,2,\ldots,L\}}{\arg\max} \left\{ p(C_l) p(x_1, x_2, \cdots, x_d \mid C_l) \right\}
\end{aligned}
$$

$p(x_1, x_2, \cdots, x_d \mid C_l)$：第 C_l 類的聯合概似函數。

但 LDA 並無特徵之間為統計獨立的假設，因此最大概似函數內的聯合概似函數 $p(x_1, x_2, \cdots, x_d \mid C_l)$ 不能拆解成 d 個獨立機率連乘，所以 LDA 和單純貝氏分類器只差在聯合概似函數的部分。

單變量的高斯函數為：

$$f(x \mid \mu, \sigma^2) = \frac{1}{\sigma\sqrt{2\pi}} \exp\left\{-\frac{(x-\mu)^2}{2\sigma^2}\right\}$$

μ 為平均數

σ^2 為變異數

假設有 d 個隨機變數，其多變量高斯函數為：

$$f(\mathbf{x} \mid \boldsymbol{\mu}, \boldsymbol{\Sigma}) = (2\pi)^{-\frac{d}{2}} |\boldsymbol{\Sigma}|^{-0.5} \exp\left\{-\tfrac{1}{2}(\mathbf{x}-\boldsymbol{\mu})^T \boldsymbol{\Sigma}^{-1}(\mathbf{x}-\boldsymbol{\mu})\right\} \cdots\cdots (8.3)$$

$$\mathbf{x} = \begin{bmatrix} x_1 \\ x_2 \\ \vdots \\ x_d \end{bmatrix}, \quad \boldsymbol{\mu} = \begin{bmatrix} \mu_1 \\ \mu_2 \\ \vdots \\ \mu_d \end{bmatrix}$$

$\boldsymbol{\mu}$ 為平均數向量，μ_i 為第 i 個特徵的平均數，$\boldsymbol{\Sigma}$ 為共變異數矩陣（見 3.2.4 節），其中 $|\boldsymbol{\Sigma}|$ 為 $\boldsymbol{\Sigma}$ 的行列式值 (*determinant*)。

因此 C_l 類的聯合高斯概似函數寫為：

$$f(\mathbf{x} \mid \boldsymbol{\mu}_{C_l}, \boldsymbol{\Sigma}_{C_l}) = (2\pi)^{-\frac{d}{2}} |\boldsymbol{\Sigma}_{C_l}|^{-0.5} \exp\left\{-\tfrac{1}{2}(\mathbf{x}-\boldsymbol{\Sigma}_{C_l})^T \boldsymbol{\mu}_{C_l}^{-1}(\mathbf{x}-\boldsymbol{\mu}_{C_l})\right\}$$

8.2.2 *LDA* 分類器公式

基於高斯函數的 *LDA* 為：

$$C_{LDA} = \arg\max_{l=\{1,2,\ldots,L\}} \left\{ p(C_l) f(\mathbf{x} \mid \boldsymbol{\mu}_{C_l}, \boldsymbol{\Sigma}_{C_l}) \right\}$$

$$= \arg\max_{l=\{1,2,\ldots,L\}} \left\{ p(C_l)(2\pi)^{-\frac{d}{2}} \left|\boldsymbol{\Sigma}_{C_l}\right|^{-0.5} \exp\left\{ -\frac{1}{2}\left(\mathbf{x}-\boldsymbol{\mu}_{C_l}\right)^T \boldsymbol{\Sigma}_{C_l}^{-1}\left(\mathbf{x}-\boldsymbol{\mu}_{C_l}\right) \right\} \right\}$$

對 $\arg\max$ 內方程式取自然對數：

$$C_{LDA} = \arg\max_{l=\{1,2,\ldots,L\}} \left\{ \ln\left(p(C_l)(2\pi)^{-\frac{d}{2}} \left|\boldsymbol{\Sigma}_{C_l}\right|^{-0.5} \exp\left\{ -\frac{1}{2}\left(\mathbf{x}-\boldsymbol{\mu}_{C_l}\right)^T \boldsymbol{\Sigma}_{C_l}^{-1}\left(\mathbf{x}-\boldsymbol{\mu}_{C_l}\right) \right\} \right) \right\}$$

$$= \arg\max_{l=\{1,2,\ldots,L\}} \left\{ \ln\left(p(C_l) \right) - \frac{d}{2}\ln(2\pi) - 0.5\ln\left(\left|\boldsymbol{\Sigma}_{C_l}\right|\right) - \frac{1}{2}\left(\mathbf{x}-\boldsymbol{\mu}_{C_l}\right)^T \boldsymbol{\Sigma}_{C_l}^{-1}\left(\mathbf{x}-\boldsymbol{\mu}_{C_l}\right) \right\}$$

$$= \arg\max_{l=\{1,2,\ldots,L\}} \left\{ \ln\left(p(C_l) \right) - 0.5\ln\left(\left|\boldsymbol{\Sigma}_{C_l}\right|\right) - \frac{1}{2}\left(\mathbf{x}-\boldsymbol{\mu}_{C_l}\right)^T \boldsymbol{\Sigma}_{C_l}^{-1}\left(\mathbf{x}-\boldsymbol{\mu}_{C_l}\right) \right\} \quad \cdots (8.4)$$

其中，$\dfrac{d}{2}\ln(2\pi)$ 為純量常數，所以在 $\arg\max$ 內可以被忽略掉。

因為 $\left(\mathbf{x}-\boldsymbol{\Sigma}_{C_l}\right)^T \boldsymbol{\Sigma}_{C_l}^{-1}\left(\mathbf{x}-\boldsymbol{\mu}_{C_l}\right)$ 為「多變量二次式方程式（*multivariate quadratic function*）」，所以此線性區別分析也被稱為「二次式區別分析（*quadratic discriminant analysis*，*QDA*）」。

二次式方程式應該為非線性函數，那線性區別分析跟二次式區別分析有什麼差別？線性區別分析其實只是一個一般化的名稱，從上式我們在共變異數矩陣 $(\boldsymbol{\Sigma}_{C_l})$ 上假設：

1. 用 $\boldsymbol{\Sigma}$ 取代 $\boldsymbol{\Sigma}_{C_l}$，也就是每一類的共變異數矩陣都用一樣的共變異數矩陣 $\boldsymbol{\Sigma}$ 取代，$\boldsymbol{\Sigma}$ 通常為全部樣本資料計算出的共變異數矩陣，則此時稱為「線性區別分析（*Linear Discriminant Analysis*，*LDA*）」。

2. 用 I_d 取代 Σ_{C_l}，I_d 為 d 維度的單位矩陣，因此在 QDA 的馬氏距離計算 $\left(\left(\mathbf{x}-\boldsymbol{\mu}_{C_l}\right)^T \Sigma_{C_l}^{-1}\left(\mathbf{x}-\boldsymbol{\mu}_{C_l}\right)\right)$ 會變成計算歐幾里得距離 $\left(\left(\mathbf{x}-\boldsymbol{\mu}_{C_l}\right)^T I_d\left(\mathbf{x}-\boldsymbol{\mu}_{C_l}\right)\right.$ $\left.=\left(\mathbf{x}-\boldsymbol{\mu}_{C_l}\right)^T\left(\mathbf{x}-\boldsymbol{\mu}_{C_l}\right)\right)$，因此此時的分類器會稱為「最小歐氏距離分類器 (*minimum Euclidean classifier*，*MEC*)」。

因為聯合概似函數會採用多變量的高斯函數，所以線性區別分析有時候也稱為「高斯分類器 (*Gaussian classifier*，*GC*)」，線性區別分類器其實有很多衍生的名稱，這邊做個整理：

1. **二次式區別分析 (*quadratic discriminant analysis*，*QDA*) 或高斯分類器 (*Gaussian classifier*，*GC*)：**

$$C_{QDA} = C_{GC} = \underset{l=\{1,2,\dots,L\}}{\arg\max}\left\{\ln\left(p(C_l)\right) - 0.5\ln\left(\left|\Sigma_{C_l}\right|\right) - \frac{1}{2}\left(\mathbf{x}-\boldsymbol{\mu}_{C_l}\right)^T \Sigma_{C_l}^{-1}\left(\mathbf{x}-\boldsymbol{\mu}_{C_l}\right)\right\}$$

$$\text{……………} (8.5)$$

2. **線性區別分析 (*linear discriminant analysis*，*LDA*)：**

$$C_{LDA} = \underset{l=\{1,2,\dots,L\}}{\arg\max}\left\{\ln\left(p(C_l)\right) - 0.5\ln\left(\left|\Sigma\right|\right) - \frac{1}{2}\left(\mathbf{x}-\boldsymbol{\mu}_{C_l}\right)^T \Sigma^{-1}\left(\mathbf{x}-\boldsymbol{\mu}_{C_l}\right)\right\}$$

$$= \underset{l=\{1,2,\dots,L\}}{\arg\max}\left\{\ln\left(p(C_l)\right) - \frac{1}{2}\left(\mathbf{x}-\boldsymbol{\mu}_{C_l}\right)^T \Sigma^{-1}\left(\mathbf{x}-\boldsymbol{\mu}_{C_l}\right)\right\} \quad \text{……………} (8.6)$$

因為每一類都共用同一個共變異數矩陣 (Σ)，所以在 $\arg\max$ 內可以被忽略。

3. **最小歐氏距離分類器 (*minimum Euclidean classifier*，*MEC*)：**

$$C_{MEC} = \underset{l=\{1,2,\dots,L\}}{\arg\max}\left\{\ln\left(p(C_l)\right) - \frac{1}{2}\left(\mathbf{x}-\boldsymbol{\mu}_{C_l}\right)^T\left(\mathbf{x}-\boldsymbol{\mu}_{C_l}\right)\right\} \quad \text{………} (8.7)$$

$\boxed{範例}$

在前面的範例，我們假設男生和女生的特徵「身高」和「體重」服從常態分佈，但在單純貝氏分類器並沒有考慮到「身高」和「體重」之間的相關性，也就是在估計變數的概似函數時，單純貝氏分類器已經假設特徵彼此之間是統計獨立，而忽略聯合機率的特性，因此 *LDA* 基於常態分佈來進行聯合概似函數的估計。

因此可以從收集的訓練資料中，估計出男生和女生的身高與體重的平均數向量，身高和體重的共變異數矩陣，如下 (提醒，請複習 3.2.4 共變異數矩陣公式)：

男生的身高平均數為 175 公分，標準差為 10 公分；平均體重為 80 公斤，標準差為 5 公斤，共變異數 (*Cov*) 為 30：

$$\rightarrow \mathbf{x} \sim N\left(\boldsymbol{\mu}_{男生} = \begin{bmatrix} 175 \\ 80 \end{bmatrix}, \boldsymbol{\Sigma}_{男生} = \begin{bmatrix} 10^2 & 30 \\ 30 & 5^2 \end{bmatrix} \right)$$

女生的身高平均數為 160 公分，標準差為 8 公分；平均體重為 50 公斤，標準差為 9 公斤，共變異數為 50：

$$\rightarrow \mathbf{x} \sim N\left(\boldsymbol{\mu}_{女生} = \begin{bmatrix} 160 \\ 50 \end{bmatrix}, \boldsymbol{\Sigma}_{女生} = \begin{bmatrix} 8^2 & 50 \\ 50 & 9^2 \end{bmatrix} \right)$$

LDA (此範例採二次式區別分析) 的決策式子為：

$$C_{QDA} = \underset{l=\{1,2,\dots,L\}}{\arg\max} \left\{ \ln\left(p(C_l) \right) - 0.5\ln\left(\left| \boldsymbol{\Sigma}_{C_l} \right| \right) - \frac{1}{2} \left(\mathbf{x} - \boldsymbol{\mu}_{C_l} \right)^T \boldsymbol{\Sigma}_{C_l}^{-1} \left(\mathbf{x} - \boldsymbol{\mu}_{C_l} \right) \right\}$$

此範例為男女生分類，因此：

$$C_{QDA} = \underset{l=\{男生，女生\}}{\arg\max} \left\{ \ln\left(p(C_l) \right) - 0.5\ln\left(\left| \boldsymbol{\Sigma}_{C_l} \right| \right) - \frac{1}{2} \left(\mathbf{x} - \boldsymbol{\mu}_{C_l} \right)^T \boldsymbol{\Sigma}_{C_l}^{-1} \left(\mathbf{x} - \boldsymbol{\mu}_{C_l} \right) \right\}$$

這邊假設男生和女生的先驗機率都是 0.5（亦即 $p(C_{男生})=p(C_{女生})=0.5$），則 *LDA* 決策式子為（*arg max* 中的第一項男女相等可忽略）：

$$C_{QDA} = \underset{l=\{男生，女生\}}{\arg\max} \left\{ -0.5\ln\left(\left|\mathbf{\Sigma}_{C_l}\right|\right) - \frac{1}{2}\left(\mathbf{x}-\mathbf{\mu}_{C_l}\right)^T \mathbf{\Sigma}_{C_l}^{-1}\left(\mathbf{x}-\mathbf{\mu}_{C_l}\right) \right\}$$

LDA 男生的隸屬函數為：

$$-0.5\ln\left(\left|\mathbf{\Sigma}_{C_{男生}}\right|\right) - \frac{1}{2}\left(\mathbf{x}-\mathbf{\mu}_{C_{男生}}\right)^T \mathbf{\Sigma}_C^{-1}\left(\mathbf{x}-\mathbf{\mu}_{C_{男生}}\right)$$

$$= -0.5\ln\left(\left|\begin{bmatrix} 10^2 & 30 \\ 30 & 5^2 \end{bmatrix}\right|\right) - \frac{1}{2}\left(\mathbf{x}-\begin{bmatrix} 175 \\ 80 \end{bmatrix}\right)^T \begin{bmatrix} 10^2 & 30 \\ 30 & 5^2 \end{bmatrix}^{-1}\left(\mathbf{x}-\begin{bmatrix} 175 \\ 80 \end{bmatrix}\right)$$

$$= -0.5\ln\left(1600\right) - \frac{1}{2}\left(\mathbf{x}-\begin{bmatrix} 175 \\ 80 \end{bmatrix}\right)^T \begin{bmatrix} 10^2 & 30 \\ 30 & 5^2 \end{bmatrix}^{-1}\left(\mathbf{x}-\begin{bmatrix} 175 \\ 80 \end{bmatrix}\right)$$

LDA 女生的隸屬函數為：

$$-0.5\ln\left(\left|\mathbf{\Sigma}_{C_{女生}}\right|\right) - \frac{1}{2}\left(\mathbf{x}-\mathbf{\mu}_{C_{女生}}\right)^T \mathbf{\Sigma}_C^{-1}\left(\mathbf{x}-\mathbf{\mu}_{C_{女生}}\right)$$

$$= -0.5\ln\left(\left|\begin{bmatrix} 8^2 & 50 \\ 50 & 9^2 \end{bmatrix}\right|\right) - \frac{1}{2}\left(\mathbf{x}-\begin{bmatrix} 160 \\ 50 \end{bmatrix}\right)^T \begin{bmatrix} 8^2 & 50 \\ 50 & 9^2 \end{bmatrix}^{-1}\left(\mathbf{x}-\begin{bmatrix} 160 \\ 50 \end{bmatrix}\right)$$

$$= -0.5\ln\left(2684\right) - \frac{1}{2}\left(\mathbf{x}-\begin{bmatrix} 160 \\ 50 \end{bmatrix}\right)^T \begin{bmatrix} 8^2 & 50 \\ 50 & 9^2 \end{bmatrix}^{-1}\left(\mathbf{x}-\begin{bmatrix} 160 \\ 50 \end{bmatrix}\right)$$

所以我們要將資料 $\mathbf{x}^* = \begin{bmatrix} 身高 \\ 體重 \end{bmatrix} = \begin{bmatrix} 170 \\ 75 \end{bmatrix}$ 分別帶入上列的男生和女生的隸屬函數，可得：

- 男生的隸屬函數值為：

$$-0.5\ln(1600) - \frac{1}{2}\left(x^* - \begin{bmatrix} 175 \\ 80 \end{bmatrix}\right)^T \begin{bmatrix} 10^2 & 30 \\ 30 & 5^2 \end{bmatrix}^{-1} \left(x^* - \begin{bmatrix} 175 \\ 80 \end{bmatrix}\right)$$

$$-0.5\ln(1600) - \frac{1}{2}\left(\begin{bmatrix} 170 \\ 75 \end{bmatrix} - \begin{bmatrix} 175 \\ 80 \end{bmatrix}\right)^T \begin{bmatrix} 10^2 & 30 \\ 30 & 5^2 \end{bmatrix}^{-1} \left(\begin{bmatrix} 170 \\ 75 \end{bmatrix} - \begin{bmatrix} 175 \\ 80 \end{bmatrix}\right)$$

$$= -0.5\ln(1600) - \frac{1}{2}\begin{bmatrix} -5 \\ -5 \end{bmatrix}^T \begin{bmatrix} 100 & 30 \\ 30 & 25 \end{bmatrix}^{-1} \begin{bmatrix} -5 \\ -5 \end{bmatrix}$$

$$= -0.5\ln(1600) - \frac{1}{2}\frac{1}{1600}\begin{bmatrix} -5 \\ -5 \end{bmatrix}^T \begin{bmatrix} 25 & -30 \\ -30 & 100 \end{bmatrix}\begin{bmatrix} -5 \\ -5 \end{bmatrix} \approx -4.1966915$$

- 女生的隸屬函數值為：

$$-0.5\ln(2684) - \frac{1}{2}\left(x^* - \begin{bmatrix} 160 \\ 50 \end{bmatrix}\right)^T \begin{bmatrix} 8^2 & 50 \\ 50 & 9^2 \end{bmatrix}^{-1} \left(x^* - \begin{bmatrix} 160 \\ 50 \end{bmatrix}\right)$$

$$-0.5\ln(2684) - \frac{1}{2}\left(\begin{bmatrix} 170 \\ 75 \end{bmatrix} - \begin{bmatrix} 160 \\ 50 \end{bmatrix}\right)^T \begin{bmatrix} 8^2 & 50 \\ 50 & 9^2 \end{bmatrix}^{-1} \left(\begin{bmatrix} 170 \\ 75 \end{bmatrix} - \begin{bmatrix} 160 \\ 50 \end{bmatrix}\right)$$

$$= -0.5\ln(2684) - \frac{1}{2}\begin{bmatrix} 10 \\ 25 \end{bmatrix}^T \begin{bmatrix} 64 & 50 \\ 50 & 81 \end{bmatrix}^{-1} \begin{bmatrix} 10 \\ 25 \end{bmatrix}$$

$$= -0.5\ln(2684) - \frac{1}{2}\frac{1}{2684}\begin{bmatrix} 10 \\ 25 \end{bmatrix}^T \begin{bmatrix} 81 & -50 \\ -50 & 64 \end{bmatrix}\begin{bmatrix} 10 \\ 25 \end{bmatrix} \approx -8.250811$$

因此可知：

$$C_{QDA}\left(x^* = \begin{bmatrix} 170 \\ 75 \end{bmatrix}\right) = \text{argmax}\left\{C_{男生} = -4.1966915, \ C_{女生} = -8.250811\right\}$$

$$= C_{男生}$$

所以此資料 $\mathbf{x}^* = \begin{bmatrix} 身高 \\ 體重 \end{bmatrix} = \begin{bmatrix} 170 \\ 75 \end{bmatrix}$ 經由 *LDA* 推論後判斷此資料屬於男生。

由此範例可以知道當分類類別數量為 *L* 類，則需要 (1) 推論 *L* 類別的聯合概似函數值，然後 (2) 取概似函數隸屬值最大的類別。

8.2.3　二分類的 *LDA*

一個 2 類別 $\{C_1, C_2\}$ 的分類問題，有一個未知樣本 $\mathbf{x}$，其 *QDA* 為：

$$QDA(\mathbf{x}|C_1) = \ln\left(p(C_1)\right) - 0.5\ln\left(\left|\mathbf{\Sigma}_{C_1}\right|\right) - \frac{1}{2}\left(\mathbf{x} - \mathbf{\mu}_{C_1}\right)^T \mathbf{\Sigma}_{C_1}^{-1}\left(\mathbf{x} - \mathbf{\mu}_{C_1}\right)$$

$$QDA(\mathbf{x}|C_2) = \ln\left(p(C_2)\right) - 0.5\ln\left(\left|\mathbf{\Sigma}_{C_2}\right|\right) - \frac{1}{2}\left(\mathbf{x} - \mathbf{\mu}_{C_2}\right)^T \mathbf{\Sigma}_{C_2}^{-1}\left(\mathbf{x} - \mathbf{\mu}_{C_2}\right)$$

$$C_{QDA} = \begin{cases} C_1 & QDA(\mathbf{x}|C_1) \geq QDA(\mathbf{x}|C_2) \\ C_2 & O.W. \end{cases} = \begin{cases} C_1 & QDA(\mathbf{x}|C_1) - QDA(\mathbf{x}|C_2) \geq 0 \\ C_2 & O.W. \end{cases}$$

其中，

$QDA(\mathbf{x}|C_1) - QDA(\mathbf{x}|C_2)$

$= \ln\left(p(C_1)\right) - 0.5\ln\left(\left|\mathbf{\Sigma}_{C_1}\right|\right) - \frac{1}{2}\left(\mathbf{x} - \mathbf{\mu}_{C_1}\right)^T \mathbf{\Sigma}_{C_1}^{-1}\left(\mathbf{x} - \mathbf{\mu}_{C_1}\right) - \ln\left(p(C_1)\right) + 0.5\ln\left(\left|\mathbf{\Sigma}_{C_2}\right|\right) + \frac{1}{2}\left(\mathbf{x} - \mathbf{\mu}_{C_2}\right)^T \mathbf{\Sigma}_{C_2}^{-1}\left(\mathbf{x} - \mathbf{\mu}_{C_2}\right)$

$= \left[\ln\left(p(C_1)\right) - \ln\left(p(C_2)\right)\right] - 0.5\left\{\ln\left(\left|\mathbf{\Sigma}_{C_1}\right|\right) + \left(\mathbf{x} - \mathbf{\mu}_{C_1}\right)^T \mathbf{\Sigma}_{C_1}^{-1}\left(\mathbf{x} - \mathbf{\mu}_{C_1}\right) - \ln\left(\left|\mathbf{\Sigma}_{C_2}\right|\right) - \left(\mathbf{x} - \mathbf{\mu}_{C_2}\right)^T \mathbf{\Sigma}_{C_2}^{-1}\left(\mathbf{x} - \mathbf{\mu}_{C_2}\right)\right\}$

$= \ln\left(\frac{p(C_1)}{p(C_2)}\right) - 0.5\ln\left(\frac{\left|\mathbf{\Sigma}_{C_1}\right|}{\left|\mathbf{\Sigma}_{C_2}\right|}\right) - 0.5\left\{\left(\mathbf{x} - \mathbf{\mu}_{C_1}\right)^T \mathbf{\Sigma}_{C_1}^{-1}\left(\mathbf{x} - \mathbf{\mu}_{C_1}\right) - \left(\mathbf{x} - \mathbf{\mu}_{C_2}\right)^T \mathbf{\Sigma}_{C_2}^{-1}\left(\mathbf{x} - \mathbf{\mu}_{C_2}\right)\right\}$

所以在二分類的問題上，只需要計算此公式，如果大於等於 0 即判斷是 C_1 類別，否則為 C_2 類別。

範例 1、單維度的線性區別分析

在此我們利用圖示呈現單維度和二維度在線性區別分析在二分類問題上的差異，前提假設先驗機率 (*prior*) 是一致的。

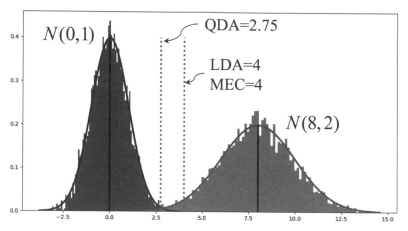

圖 8.1　單維度線性區別分析 *QDA*、*LDA*、*MEC* 的分類決策

單維度的線性區別分析例子，我們會從兩個常態分佈 $N(0,1)$ 和 $N(8,2)$ 各生成 5000 個樣本，並採用常態分佈 $N(0,1)$ 和 $N(8,2)$ 利用 *QDA*、*LDA* 和 *MEC* 推論出分類決策值：

- **二次式區別分析 *QDA*：**

$$QDA(\mathbf{x}|C_1) - QDA(\mathbf{x}|C_2) = 0$$

$$\Rightarrow \ln\left(\frac{0.5}{0.5}\right) - 0.5\ln\left(\frac{1}{2}\right) - 0.5\left\{\frac{(x-0)^2}{1^2} - \frac{(x-8)^2}{2^2}\right\} = 0$$

$$\Rightarrow \frac{1}{2}\ln(2) - \left\{\frac{3x^2+16x-64}{8}\right\} = 0$$

$$\Rightarrow 3x^2 + 16x - 64 - 4\ln(2) = 0$$

$$\Rightarrow 3x^2 + 16x - 66.77 = 0$$

$$\Rightarrow x = \frac{-16 \pm \sqrt{16^2 + 4\times3\times66.77}}{2\times3} = -8.09 \text{ or } 2.75$$

從資料分布可以得知，聯立解取「正值」進行最後的決策。採用 *QDA* 進行分類任務，當資料的值大於等於 2.75，表示此筆資要屬於 $N(8,2)$ 這個類別，反之則表示此筆資料屬於 $N(0,1)$ 這個類別。可參考圖 8.1。

● **線性區別分析 *LDA*：**

$$LDA(\mathbf{x}|C_1) - LDA(\mathbf{x}|C_2) = 0$$

$$\Rightarrow \ln\left(\frac{0.5}{0.5}\right) - 0.5\left\{\frac{(x-0)^2}{\sigma^2} - \frac{(x-8)^2}{\sigma^2}\right\} = 0$$

$$\Rightarrow \frac{(x-0)^2}{\sigma^2} - \frac{(x-8)^2}{\sigma^2} = 0$$

$$\Rightarrow x^2 - (x-8)^2 = 0$$

$$\Rightarrow 16x - 64 = 0$$

$$\Rightarrow x = 4$$

採用 *LDA* 進行分類任務，當資料的值大於等於 4，表示此筆資料要屬於 $N(8,2)$ 這類，反之則表示此筆資料屬於 $N(0,1)$ 這個類別。

● **最小歐氏距離分類器 *MEC*：**

$$MEC(\mathbf{x}|C_1) - MEC(\mathbf{x}|C_2)$$

$$= \ln\left(\frac{0.5}{0.5}\right) - 0.5\ln\left(\frac{1}{1}\right) - 0.5\left\{\frac{(x-0)^2}{1^2} - \frac{(x-8)^2}{1^2}\right\}$$

$$\Rightarrow x^2 - (x-8)^2 = 0$$

$$\Rightarrow 16x - 64 = 0$$

$$\Rightarrow x = 4$$

採用 *MEC* 進行分類任務，當資料的值大於等於 4，表示此筆資料要屬於 $N(8,2)$ 這類，反之則表示此筆資料屬於 $N(0,1)$ 這個類別。

因為 *LDA* 在單維度資料求解 σ^2 不影響最後找解過程，所以可以當成常數項，因此可以得知在一維度的資料在 *LDA* 的決策值會等於 *MEC*。

在二維度的線性區別分析例子，我們會從常態分布上每個類別各取 150 個樣本，看看在以下 2 種假設情況下的差別。

1. 每個類別的共變異數矩陣一致，但平均數不同：

類別 1：$N\left(\boldsymbol{\mu}_{C_1} = \begin{bmatrix} 0 \\ 1 \end{bmatrix}, \boldsymbol{\Sigma} = \begin{bmatrix} 2 & 1 \\ 1 & 1 \end{bmatrix}\right)$

類別 2：$N\left(\boldsymbol{\mu}_{C_2} = \begin{bmatrix} 1 \\ 0 \end{bmatrix}, \boldsymbol{\Sigma} = \begin{bmatrix} 2 & 1 \\ 1 & 1 \end{bmatrix}\right)$

我們將生成後的資料畫在平面上，並且依據不同的分類器，分成下面三個圖，×代表錯誤分類的樣本，星星符號為平均數，圖中的白線為決策邊界（*Decision Boundary*）。

在線性區別分析和二次區別分析因為有用到資料的共變異數矩陣，所以圖上決策邊界兩邊各有三個圈，由平均數內而外，第一個圈為一倍的共變異數範圍，第二個圈為二倍的共變異數範圍，第三個圈為三倍的共變異數範圍。

最小歐氏距離分類器
minimum Euclidean classifier

線性區別分析
linear discriminant analysis

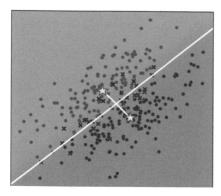

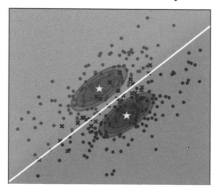

二次式區別分析
quadratic discriminant analysis

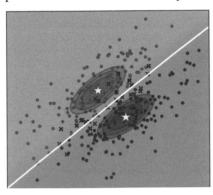

圖 8.2　共變異數矩陣相同，平均數不同的
　　　　三種分類器分類圖

在最小歐氏距離分類器的決策線，為兩類平均數的中心點上和兩平均數向
量的垂直線。

2. 每個類別的共變異數矩陣和平均數皆不同：

類別 $1：N\left(\mathbf{\mu}_{C_1} = \begin{bmatrix} 0 \\ 1 \end{bmatrix}, \mathbf{\Sigma}_1 = \begin{bmatrix} 1 & 1 \\ 1 & 2 \end{bmatrix} \right)$

類別 $2：N\left(\mathbf{\mu}_{C_2} = \begin{bmatrix} 2 \\ 2 \end{bmatrix}, \mathbf{\Sigma} = \begin{bmatrix} 1 & -1 \\ -1 & 2 \end{bmatrix} \right)$

最小歐氏距離分類器
minimum Euclidean classifier

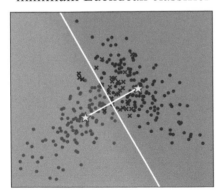

線性區別分析
linear discriminant analysis

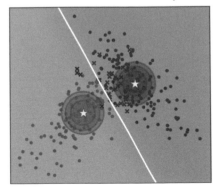

二次式區別分析
quadratic discriminant analysis

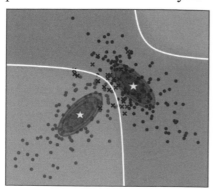

圖 8.3　共變異數矩陣與平均數皆不同的
　　　　三種分類器分類圖

以上，在二維度的線性區別分析例子，我們在分類問題上舉了不同類別的
共變異數矩陣**相同**時，線性區別分析等同於二次式區別分析。但二個類別
之間當共變異數矩陣**不同**時，**二次式區別分析可以找到非線性的分類曲
線**。這也表示說，當類別之間的分布不同的狀況下，採用二次區別分析進
行分類可以得到更佳的結果。

8.3　羅吉斯迴歸 (*Logistic Regression*)

羅吉斯迴歸 (*Logistic regression*) 和線性迴歸名稱看起來類似，兩個方法都
是在處理依變數和自變數之間的關係。不過，線性迴歸是用利用自變數來
建立預測模型去預測依變數，依變數通常為連續數值；而羅吉斯迴歸是用
在二分類問題上，利用自變數來建立預測模型去進行分類，通常此時的依
變數為類別變數，例如：男或女、是或否、有或無、成功與失敗、同意或
不同意之類的。

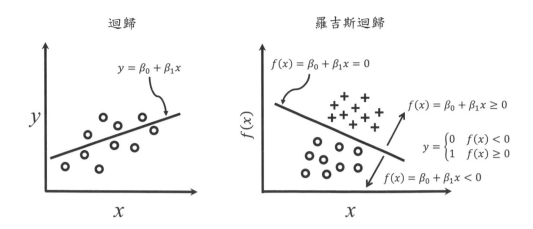

圖 8.4 迴歸和羅吉斯迴歸差異

從上圖來看，線性迴歸跟羅吉斯迴歸公式是一樣的 (但要分清楚，前者在算出數值，後者在做分類)，在單維度狀況下為：

$$線性迴歸：y = \beta_0 + \beta_1 x$$

羅吉斯迴歸的決策線：$f(x) = \beta_0 + \beta_1 x$

多維度資料情況下，假設為 d 維度，

$$線性迴歸：y = \mathbf{x}^T \boldsymbol{\beta}$$

$$羅吉斯迴歸的決策線：f(\mathbf{x}) = \mathbf{x}^T \boldsymbol{\beta}$$

$$\mathbf{x} = \begin{bmatrix} 1 \\ x_1 \\ \vdots \\ x_d \end{bmatrix}, \quad \boldsymbol{\beta} = \begin{bmatrix} \beta_0 \\ \beta_1 \\ \vdots \\ \beta_d \end{bmatrix}$$

8.3.1 羅吉斯迴歸用 *Sigmoid* 函數限制值域

線性迴歸是希望所有的資料能和迴歸線越靠近越好,而羅吉斯迴歸則是希望線性迴歸的輸出可以將兩類的資料能越區隔開越好,最簡單的方式就是任意資料帶入迴歸方程式中判斷輸出值是否大於 0,若大於 0 是一類(類別:1),小於 0 則是另一類(類別:0):

$$y = \sigma\big(f(\mathbf{x})\big) = \begin{cases} 1 & f(\mathbf{x}) \ge 0 \\ 0 & f(\mathbf{x}) < 0 \end{cases} \quad\cdots\cdots\cdots\cdots\cdots (8.8)$$

此判斷 $\sigma(.)$ 在機器學習上稱為單位階梯函數(*unit step function*),大於一個閾值(*threshold*)是一類,反之為另一類,此例的閾值為 0。但由於無法限制迴歸函數 $f(\mathbf{x})$ 的值域範圍($f(x) \in (-\infty, \infty)$),所以羅吉斯迴歸在進行單位階梯函數前會先用 *Sigmoid* 函數來限制 $f(\mathbf{x})$ 的值域。任意值代入 *Sigmoid* 函數後的輸出值會介於 0~1 之間,

$$Sigmoid \text{ 函數}: s\big(x\big) = \frac{1}{1+e^{-x}} = \frac{e^x}{1+e^x}, x \in \big[-\infty, \infty\big], s(x) \in \big[0,1\big]$$

羅吉斯迴歸的公式為:

$$s\big(f(\mathbf{x})\big) = \frac{1}{1+e^{-f(\mathbf{x})}} = \frac{1}{1+e^{-\mathbf{x}^T\boldsymbol{\beta}}} \quad\cdots\cdots\cdots\cdots\cdots (8.9)$$

或寫成:

$$s\big(f(\mathbf{x})\big) = \frac{e^{f(\mathbf{x})}}{1+e^{f(\mathbf{x})}} = \frac{e^{\mathbf{x}^T\boldsymbol{\beta}}}{1+e^{\mathbf{x}^T\boldsymbol{\beta}}}$$

因為 *Sigmoid* 函數是對稱於 0.5 且輸出介於 0~1 的函數,所以判斷類別單位階梯函數的閾值設定在 0.5:

$$y = \sigma\big(s\big(f(\mathbf{x})\big)\big) = \begin{cases} 1 & s\big(f(\mathbf{x})\big) \ge 0.5 \\ 0 & s\big(f(\mathbf{x})\big) < 0.5 \end{cases} \quad\cdots\cdots\cdots (8.10)$$

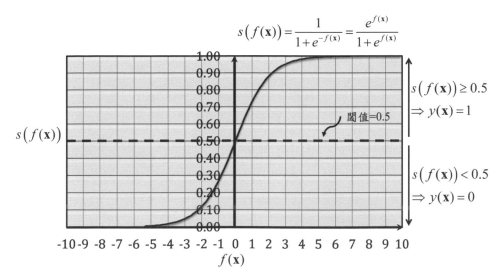

$$s\big(f(\mathbf{x})\big)=\frac{1}{1+e^{-f(\mathbf{x})}}=\frac{e^{f(\mathbf{x})}}{1+e^{f(\mathbf{x})}}$$

圖 8.5　經由 *Sigmoid* 函數轉換，羅吉斯迴歸的判斷類別準則。

注意！因為 *Sigmoid* 函數的寫法不同，所以羅吉斯迴歸的式子看起來好像不太一樣，但實際上是一樣的：

$$s(x)=\frac{1}{1+e^{-x}}=\frac{e^{x}}{e^{x}}\frac{1}{1+e^{-x}}=\frac{e^{x}}{1+e^{x}}$$

我們重新整理一下羅吉斯迴歸的公式：

$$y=\sigma\big(s\big(f(\mathbf{x})\big)\big)=\begin{cases}1 & s\big(f(\mathbf{x})\big)\ge 0.5\\ 0 & s\big(f(\mathbf{x})\big)<0.5\end{cases}$$

$$s\big(f(\mathbf{x})\big)=\frac{e^{f(\mathbf{x})}}{1+e^{f(\mathbf{x})}}=\frac{e^{\mathbf{x}^{T}\boldsymbol{\beta}}}{1+e^{\mathbf{x}^{T}\boldsymbol{\beta}}}$$

$$f(\mathbf{x})=\mathbf{x}^{T}\boldsymbol{\beta}$$

$$\mathbf{x}=\begin{bmatrix}1\\ x_{1}\\ \vdots\\ x_{d}\end{bmatrix},\ \ \boldsymbol{\beta}=\begin{bmatrix}\beta_{0}\\ \beta_{1}\\ \vdots\\ \beta_{d}\end{bmatrix}$$

8.3.2　羅吉斯迴歸求參數的方法

在線性迴歸章節 (見 7.1) 已經介紹過線性迴歸是計算目標值和預測值的 *MSE*，即利用普通最小平方法推估 *MSE* 最小化的解析解 (閉合解)。羅吉斯迴歸是分類問題，所以羅吉斯迴歸是採用最大概似估計法來估計參數。在損失函數章節 (見 6.6) 我們介紹過分類問題是採用最小化交叉熵來推估模型損失函數，最小化交叉熵是分類問題的通用解，而且在交叉熵章節有介紹最小化交叉熵和最大化概似函數是等價的 (見 6.6.4)，所以用最小化交叉熵和用最大概似估計法推估出來的解，理論上是一致的。

剛剛前面有提到羅吉斯迴歸是用在二分類問題，例如：男或女、是或否、有或無、成功與失敗、同意或不同意之類的，這個二分類問題的機率函數是對應到伯努利機率函數。

回顧一下伯努利機率函數 (見 2.8.1)，假設伯努利試驗結果為成功的機率為 p，不成功的機率即為 $1-p$，伯努利機率函數為：

$$f(x) = p^x(1-p)^{1-x} = \begin{cases} p & x=1 \\ 1-p & x=0 \end{cases}$$

所以在羅吉斯迴歸的輸出類別為 1 (成功) 的機率是：

$$p = p(y=1|\mathbf{x})$$

輸出類別為 0 的機率是：

$$p(y=0|\mathbf{x}) = 1 - p(y=1|\mathbf{x}) = 1 - p$$

假設我們有 n 組資料，其概似函數為：

$$L(\boldsymbol{\beta}) = \prod_{i=1}^{n} p_i^{y_i} \left(1-p_i\right)^{(1-y_i)}$$

$$p_i = p(y_i=1|\mathbf{x}_i), \forall i=1,....,n$$

我們先簡化概似函數，將 $L(\boldsymbol{\beta})$ 取 $-\ln$ ， $\angle(\boldsymbol{\beta}) = -\ln(L(\boldsymbol{\beta}))$ ，因為取 $-\ln$ ，所以最大化概似函數變成最小化對數概似函數，此步驟也稱為取 *log-loss* ，

$$\angle(\boldsymbol{\beta}) = -\ln\left(L(\boldsymbol{\beta})\right)$$

$$= -\ln\left(\prod_{i=1}^{n} p_i^{y_i}\left(1-p_i\right)^{(1-y_i)}\right)$$

$$= -\sum_{i=1}^{n}\left[y_i \ln\left(p_i\right)+\left(1-y_i\right)\ln\left(1-p_i\right)\right]$$

$-\sum_{i=1}^{n}\left[y_i \ln\left(p_i\right)+\left(1-y_i\right)\ln\left(1-p_i\right)\right]$ 就是交叉熵的公式，所以呼應到最小化交叉熵和最大化概似函數是等價的。

在羅吉斯迴歸為：

$$p_i = s\left(f(\mathbf{x}_i)\right) = \frac{e^{\mathbf{x}_i^T \boldsymbol{\beta}}}{1+e^{\mathbf{x}_i^T \boldsymbol{\beta}}}$$

$$\ln\left(p_i\right) = \ln\left(\frac{e^{\mathbf{x}_i^T \boldsymbol{\beta}}}{1+e^{\mathbf{x}_i^T \boldsymbol{\beta}}}\right) = \mathbf{x}_i^T \boldsymbol{\beta} - \ln\left(1+e^{\mathbf{x}_i^T \boldsymbol{\beta}}\right)$$

$$\ln\left(1-p_i\right) = \ln\left(1-\frac{e^{\mathbf{x}_i^T \boldsymbol{\beta}}}{1+e^{\mathbf{x}_i^T \boldsymbol{\beta}}}\right) = \ln\left(\frac{1}{1+e^{\mathbf{x}_i^T \boldsymbol{\beta}}}\right) = -\ln\left(1+e^{\mathbf{x}_i^T \boldsymbol{\beta}}\right)$$

所以

$$\angle(\boldsymbol{\beta}) = -\sum_{i=1}^{n}\left[y_i \ln\left(p_i\right)+\left(1-y_i\right)\ln\left(1-p_i\right)\right]$$

$$= -\sum_{i=1}^{n}\left[y_i\left(\mathbf{x}_i^T \boldsymbol{\beta} - \ln\left(1+e^{\mathbf{x}_i^T \boldsymbol{\beta}}\right)\right)-\left(1-y_i\right)\ln\left(1+e^{\mathbf{x}_i^T \boldsymbol{\beta}}\right)\right]$$

$$= -\sum_{i=1}^{n}\left[y_i\mathbf{x}_i^T \boldsymbol{\beta} - y_i\ln\left(1+e^{\mathbf{x}_i^T \boldsymbol{\beta}}\right)-\ln\left(1+e^{\mathbf{x}_i^T \boldsymbol{\beta}}\right)+y_i\ln\left(1+e^{\mathbf{x}_i^T \boldsymbol{\beta}}\right)\right]$$

$$= -\sum_{i=1}^{n}\left[y_i\mathbf{x}_i^T \boldsymbol{\beta} - \ln\left(1+e^{\mathbf{x}_i^T \boldsymbol{\beta}}\right)\right]$$

利用偏微分求得此函數的梯度（*Gradient*），

$$g(\boldsymbol{\beta}) = \partial \frac{\angle(\boldsymbol{\beta})}{\partial \boldsymbol{\beta}} = \partial \frac{-\sum_{i=1}^{n} \left[y_i \mathbf{x}_i^T \boldsymbol{\beta} - \ln\left(1 + e^{\mathbf{x}_i^T \boldsymbol{\beta}}\right) \right]}{\partial \boldsymbol{\beta}}$$

$$= -\sum_{i=1}^{n} \left[y_i \mathbf{x}_i^T - \frac{e^{\mathbf{x}_i^T \boldsymbol{\beta}}}{1 + e^{\mathbf{x}_i^T \boldsymbol{\beta}}} \mathbf{x}_i^T \right]$$

$$= -\sum_{i=1}^{n} \left(y_i - p_i \right) \mathbf{x}_i^T$$

梯度下降法（*Gradient descent*）求羅吉斯迴歸參數

所以利用梯度下降法不斷迭代的方式可求得近似解，此處我們僅列出梯度下降法的公式，詳細內容會在 11 章介紹，

$$\boldsymbol{\beta}^{(t+1)} \leftarrow \boldsymbol{\beta}^{(t)} - \alpha \times \partial \frac{\angle(\boldsymbol{\beta})}{\partial \boldsymbol{\beta}} = \boldsymbol{\beta}^{(t)} + \alpha \sum_{i=1}^{n} \left(y_i - p_i \right) \mathbf{x}_i^T$$

α 為學習率

牛頓法（*Newton's Method*）求羅吉斯迴歸參數

在羅吉斯迴歸，因為 $\angle(\boldsymbol{\beta})$ 可以求得二次導數的矩陣，也就是 $\angle(\boldsymbol{\beta})$ 的 *Hessian* 矩陣，記為 $H(\boldsymbol{\beta})$：

$$H(\boldsymbol{\beta}) = \partial^2 \frac{\angle(\boldsymbol{\beta})}{\partial^2 \boldsymbol{\beta}}$$

$$= \partial \frac{-\sum_{i=1}^{n} \left[y_i \mathbf{x}_i^T - \frac{e^{\mathbf{x}_i^T \boldsymbol{\beta}}}{1 + e^{\mathbf{x}_i^T \boldsymbol{\beta}}} \mathbf{x}_i^T \right]}{\partial \boldsymbol{\beta}}$$

$$= \sum_{i=1}^{n} \left[\mathbf{x}_i \frac{\left[e^{\mathbf{x}_i^T \boldsymbol{\beta}} (1 + e^{\mathbf{x}_i^T \boldsymbol{\beta}}) - e^{\mathbf{x}_i^T \boldsymbol{\beta}} e^{\mathbf{x}_i^T \boldsymbol{\beta}} \right]}{\left(1 + e^{\mathbf{x}_i^T \boldsymbol{\beta}} \right)^2} \right] \mathbf{x}_i^T$$

$$= \sum_{i=1}^{n} \left[\mathbf{x}_i \frac{e^{\mathbf{x}_i^T \boldsymbol{\beta}}}{\left(1 + e^{\mathbf{x}_i^T \boldsymbol{\beta}} \right)^2} \mathbf{x}_i^T \right]$$

$$= \sum_{i=1}^{n} \left[\mathbf{x}_i p_i (1 - p_i) \mathbf{x}_i^T \right]$$

$$= \mathbf{XAX}^T$$

其中，

$$\mathbf{A} = \begin{bmatrix} p_1(1-p_1) & 0 & \cdots & 0 \\ 0 & p_2(1-p_2) & \cdots & 0 \\ \vdots & \vdots & \ddots & 0 \\ 0 & 0 & \cdots & p_n(1-p_n) \end{bmatrix}, \ \mathbf{X} = \begin{bmatrix} \mathbf{x}_1 & \mathbf{x}_2 & \cdots & \mathbf{x}_n \end{bmatrix}$$

$$p_i(1-p_i) = \frac{e^{\mathbf{x}_i^T \boldsymbol{\beta}}}{1 + e^{\mathbf{x}_i^T \boldsymbol{\beta}}} \left(1 - \frac{e^{\mathbf{x}_i^T \boldsymbol{\beta}}}{1 + e^{\mathbf{x}_i^T \boldsymbol{\beta}}} \right) = \frac{e^{\mathbf{x}_i^T \boldsymbol{\beta}}}{1 + e^{\mathbf{x}_i^T \boldsymbol{\beta}}} \left(\frac{1}{1 + e^{\mathbf{x}_i^T \boldsymbol{\beta}}} \right) = \frac{e^{\mathbf{x}_i^T \boldsymbol{\beta}}}{\left(1 + e^{\mathbf{x}_i^T \boldsymbol{\beta}} \right)^2}$$

所以可以用牛頓法來進行迭代的方式求解，

$$\boldsymbol{\beta}^{(t+1)} \leftarrow \boldsymbol{\beta}^{(t)} - H^{-1}(\boldsymbol{\beta}) g(\boldsymbol{\beta})$$

用牛頓數值最佳解法的好處是在求解過程中的收斂速度會更快，且不會像梯度下降法需要設定學習率參數，但這也需要在損失函數可以求得二次導數下才能成立，如無法求得二次導數則只能採用梯度下降法。近年深度學習領域有往二次導數更深入的方向走，不過那不在本書的討論範圍。

MEMO

9

統計降維法
Dimension Reduction

在資料科學或是機器學習上，資料特徵的取得一直都是非常重要的議題，若能選擇到好的特徵，即使是非常簡單的模型都可以有好的預測或分類效果。比如說在預測體脂肪率的過程中，選擇用「體重」當特徵來預測體脂肪顯然會比選擇用「擁有的手機品牌」來預測體脂肪的準確度高。然而在收集原始數據 (*raw data*) 時，往往會將有用和無用的資訊都收集進資料庫，這時候若採用到**錯誤特徵**或是**不合適的特徵**就可能造成模型效能不佳的問題出現。

上述範例用「擁有的手機品牌」來預測體脂肪就屬於**錯誤特徵**，而用「體重」來預測體脂肪就非常合適，所以「體重」對於此任務就是**高價值特徵**，而「擁有的手機品牌」就是**低價值特徵**。但高價值的特徵有時候卻是**不合適的特徵**，本身雖然是高價值特徵，但卻非常難取得，例如水底測量法可以得到較合適的體脂肪估計特徵，但要將整個人泡到水裡量測水中和平地重量的差異，這個方式就非常難做到，因此用水底量測法得到的差異量當作體脂肪估計的特徵就非常不合適。

由於本章節假設資料是已經收集完成的狀況，所以不合適的資料通常只會發生在某些特徵資料遺失、收集不完全，這時候可以靠一些手法，例如用中位數取代或是眾數取代遺失的資料或是直接捨去此特徵。

從資料科學的觀點來說，資料科學著重在解釋特徵的選擇，為何這些特徵對於模型效能能有提升的幫助，好的特徵能夠幫助了解資料特性和結構，可以進一步分析背後的資料特性和特點。

而研究者最常採用的特徵選擇方式往往是採用主觀選擇，但主觀選擇的特徵也許並非模型的重要特徵。另外，原始數據的收集有時候會多達上千或是上萬個特徵，也很難由主觀的方式選擇重要的特徵，因此大數據資料驅動 (*data-driven approach*) 的精神，就是直接從數據中探索挖掘數據背後真正的寶藏。

9.1　特徵數過多的問題

從機器學習觀點來說，模型採用的特徵數越多，進行分類問題時資料的分散量就越好，對於模型的預測分類成效就越高，往往在單一特徵上無法有效分類為兩個不同類別(下圖特徵 1 和特徵 2 都無法單獨將分類任務做得很好)，但兩個特徵組合起來就能明顯區隔兩類別。

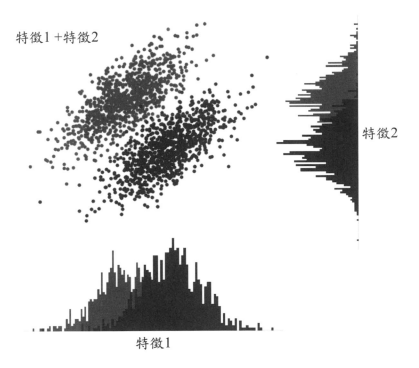

圖 9.1　難以用單一特徵分類的資料，組合起來有可能較容易分類。

但特徵數也非無上限的去收集，因為在建立預測模型時，容易因為**特徵數大於資料樣本數**造成模型參數估計錯誤，導致模型無法有效進行預測，在機器學習稱此現象為「**休斯現象**(*Hughes phenomenon*)」，也稱為「**維度詛咒**(*Curse of dimensionality*)」，見下圖：

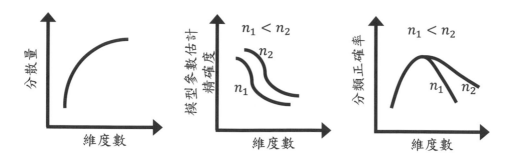

圖 9.2　維度數與樣本數的關係。

當樣本的特徵數越多，可採用的維度數就越高，理論上維度數越高則不同類別之間的分散量越高(上左圖)，同時統計估計的準確率就會變差。相對的維度數越高，模型參數估計精確度就會隨著維度數上升慢慢下降(上中圖)。

當資料樣本數 (n_2) 越高則參數的估計精準度就會比樣本數少 (n_1) 來的準確。分類也會隨著維度提高而得到更好的分類正確率(上右圖的上升段)，但若達到最好的分類正確率後繼續提高維度，會因為參數估計的精準度變差，使得分類的正確率開始下滑(上右圖下降段)，此問題會因為樣本數的增加慢慢被消弭。理論上 n 趨近無窮大時此問題可被忽略，但實務上 n 不可能趨近無窮大，所以需要一些特徵降維的手法。

也許有些讀者不太理解上圖的意思，在此舉個範例，例如用兩個特徵：脖圍 (x_1) 和體重 (x_2) 來預測體脂肪 (y)，這時候的迴歸模型為：

$$y = \beta_0 + \beta_1 x_1 + \beta_2 x_2 = \mathbf{X}^T \boldsymbol{\beta}$$

但收集到的訓練資料只有一筆 $(x_1, x_2, y) = (30, 80, 30)$，$x_0 = 1$。

迴歸參數估計為：

$$\mathbf{X}^T \hat{\boldsymbol{\beta}} = y$$

$$\Rightarrow \mathbf{X}\mathbf{X}^T \hat{\boldsymbol{\beta}} = \mathbf{X}y$$

$$\Rightarrow \left(\mathbf{X}\mathbf{X}^T\right)^{-1} \left(\mathbf{X}\mathbf{X}^T\right) \hat{\boldsymbol{\beta}} = \left(\mathbf{X}\mathbf{X}^T\right)^{-1} \mathbf{X}y$$

$$\Rightarrow \hat{\boldsymbol{\beta}} = \left(\mathbf{X}\mathbf{X}^T\right)^{-1} \mathbf{X}y$$

$$\mathbf{X}\mathbf{X}^T = \begin{bmatrix} 1 \\ 30 \\ 80 \end{bmatrix} \begin{bmatrix} 1 & 30 & 80 \end{bmatrix} = \begin{bmatrix} 1 & 30 & 80 \\ 30 & 900 & 2400 \\ 80 & 2400 & 6400 \end{bmatrix}$$

$\det\left(\mathbf{X}\mathbf{X}^T\right) = \det\left(\begin{bmatrix} 1 & 30 & 80 \\ 30 & 900 & 2400 \\ 80 & 2400 & 6400 \end{bmatrix}\right) = 0$，因此逆矩陣不存在，無法用公式解。

所以我們隨便代一組解讓方程式滿足下式：

$$30 = \beta_0 + 30\beta_1 x_1 + 80\beta_2 x_2$$

其中 $\hat{\boldsymbol{\beta}} = [30, 0, 0]^T$ 可以滿足上式，因此我們可以說找到了一組解，所以

$$迴歸模型：y = \beta_0 + \beta_1 x_1 + \beta_2 x_2 = 30 + 0 \times x_1 + 0 \times x_2$$

然而不管我們怎麼預測結果體脂肪都是 30，這樣合理嗎？

如果從國中數學角度來看，我們將只有一筆訓練資料帶入方程式內，

$$30 = \beta_0 + 30\beta_1 + 80\beta_2$$

此方程式為 3 元一次方程式，此方程式的解有無限多組，例如剛剛的解 $\hat{\boldsymbol{\beta}} = [30, 0, 0]^T$ 和 $\hat{\boldsymbol{\beta}} = [0, 1, 0]^T$ 都可以讓方程式成立。

而當我們將資料多增加一筆，即（$(x_1, x_2, y) = (30, 80, 30), (20, 70, 20)$），

$$\begin{cases} 30 = \beta_0 + 30\beta_1 + 80\beta_2 \\ 20 = \beta_0 + 20\beta_1 + 70\beta_2 \end{cases}$$

還是無法從三元一次方程式得到唯一解，至少要有三個方程式才能解聯立解，因此這個例子至少需要三筆資料，才能得到合適的迴歸參數。假設我們將資料多增加至三筆，即（$(x_1, x_2, y) = (30, 80, 30), (20, 70, 20),$ $(20, 60, 10)$），

$$\begin{cases} 30 = \beta_0 + 30\beta_1 + 80\beta_2 \\ 20 = \beta_0 + 20\beta_1 + 70\beta_2 \\ 10 = \beta_0 + 20\beta_1 + 60\beta_2 \end{cases}$$

就可以得到唯一聯立解為 $\hat{\boldsymbol{\beta}} = [-50, 0, 1]^T$。

同樣地，我們將 $\mathbf{X}$ 帶入迴歸公式解計算：

$$\hat{\boldsymbol{\beta}} = \left(\mathbf{X}\mathbf{X}^T \right)^{-1} \mathbf{X}y$$

$$= \left(\begin{bmatrix} 1 & 1 & 1 \\ 30 & 20 & 20 \\ 80 & 70 & 60 \end{bmatrix} \begin{bmatrix} 1 & 30 & 80 \\ 1 & 20 & 70 \\ 1 & 20 & 60 \end{bmatrix} \right)^{-1} \begin{bmatrix} 1 & 1 & 1 \\ 30 & 20 & 20 \\ 80 & 70 & 60 \end{bmatrix} \begin{bmatrix} 30 \\ 20 \\ 10 \end{bmatrix}$$

$$= [-50, 0, 1]^T$$

答案和聯立解一致。但當資料筆數多了很多就可能沒有解，只能依據損失函數找到能讓損失函數最小的近似解。

由上面簡單的舉例，讀者應該比較有概念，在進行資料分析和統計建模分析第一件事情是至少樣本數要大於特徵數（維度數），若資料數無法大於特徵數，則需要進行本章後面要介紹的統計資料降維。統計資料降維方式可

將屬性分成「**特徵選取 (*Feature Selection*)**」和「**特徵萃取 (*Feature extraction*)**」，以下我們會介紹這兩類常用來降維度的基本方法。

9.2 特徵選取法

特徵選取法 (*feature selection*) 的目的是希望從原有的特徵中挑選出最合適的特徵，使其預測率或是辨識率能夠達到最高，這些具有鑑別力的特徵資料可以簡化建模過程的運算和參數量，也可以幫助我們探討資料特徵和任務之間的關聯。例如下圖我們有 6 種收集到的特徵資料，任務是進行性別分類 (男生和女生的區隔)，這時候特徵選取則是希望從這 6 個特徵選到最適合分類任務的特徵。

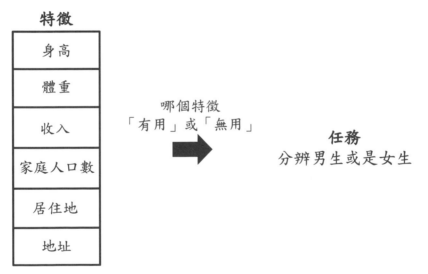

圖 9.3 選出最適合分類的特徵。

最理想的狀況是利用窮舉法 (暴力法) 把所有組合都考慮過一輪，然後建立出所有模型，從訓練資料和測試資料的結果來挑選最合適的特徵。此範例中包括 6 個特徵資料，則需要考慮到 $2^6 - 1 = 64 - 1 = 63$ 個特徵組合，然後比較訓練資料選出最合適的特徵組合。看起來也還好才 63 組，感覺電腦也

是一下就處理結束，但當我們的特徵資料多達 100 個，這時候我們需要窮舉出 $2^{100}-1$ 組特徵組合，因此不太可能採用窮舉的方式來處理，所以接下來要介紹一些常用的特徵選取方法。

9.2.1 刪除變異量最小的特徵資料

在敘述統計 (也就是將收集到的大量資料做整理與運算，以瞭解資料的趨勢、分布等) 上最能直接表達資料特性的方式即為變異數，我們可以透過分析變異數的方式先刪除一些對分析無用的特徵，例如變異數為 0 的特徵，表示每筆資料在此特徵上的值完全一樣，這樣的特徵對於資料分析完全無用，例如說某個資料的特徵都是 1，表示此特徵的變異數為 0，此特徵變數對於迴歸、分類任務或是資料分析皆是無用特徵，因此可以採用此方式設定最小變異量的閾值，小於此閾值的特徵變數即可刪除不納入分析，減少進入後續分析的複雜度。

但此方法可能發生的問題，例如採用了錯誤的特徵資料單位，容易導致資料變異量很小的情況，這時候就不應設定一個閾值來刪除此特徵。例如，採用公分為單位來量測男生和女生身高的變異量，可能的變異量為 10~20 公分，但若將單位轉換成公里來量測男生和女生身高的變異量，此時的變異量就可能在 0.0001~0.0002 公里，這時候就可能因為採用錯誤的單位而誤將此特徵刪除。

9.2.2 單一變數特徵選擇：迴歸任務

單一變數特徵選擇是統計學蠻常採用的選擇方式，此方法為透過統計檢定 (*Statistical test*) 的方法來選擇最合適任務 (迴歸任務、分類任務) 的特徵資料。在不同任務下採用的檢定方式也不同，但相同的是在不同任務下都可以定義一個指標，來決定此特徵是否需要保留在模型內。

在迴歸任務上，我們可以採用相關係數作為指標，來判斷哪些特徵需要保留在模型內，當依變數和自變數相關度越高則代表在迴歸預估上越有幫助，因為迴歸本身就是在找出依變數和自變數之間的線性關係。例如在體脂肪預測上，依變數為體脂肪，自變數 (特徵) 為體重和身高，經由計算體重和體脂肪的相關係數 (r) 為 0.94，而身高和體脂肪相關係數 (r) 為 0.02，這時候就可以選擇「體重」作為特徵，而「身高」較不相關可以去除，所以在建立體脂肪的迴歸預測模型，可以只採用體重來預測體脂肪。

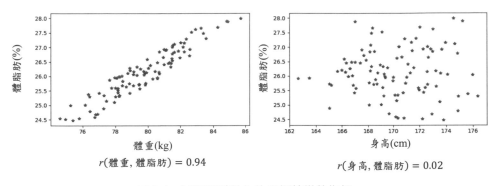

$$r(體重, 體脂肪) = 0.94$$

$$r(身高, 體脂肪) = 0.02$$

圖 9.4　以相關係數作為選擇特徵的指標。

有些文章會採用 t 值和 p 值來寫迴歸特徵選擇的方法，其本質也是採用相關係數的方式，而自變數和依變數的相關係數 r 如何產生 t 值和 p 值？因為相關係數的樣本分布近似自由度為 $n-2$ 的 t 分布，因此可由相關係數 r 得到 t 值為：

$$t = \frac{r}{\sqrt{\dfrac{1-r^2}{n-2}}}$$

有了 t 值後即可算 p 值。

兩個 t 值的意義不同

此處的 t 值和先前第 4 章提到的 t 值概念上都是統計量，即隨機變數，不過在第 4 章的 t 值是用於統計檢定上比較兩隨機變數「x 和 y 平均數是否有差異」而推估出的統計參數：

$$虛無假設為 H_0 : \mu_x = \mu_y$$

而此處提到的 t 值則是用來評估兩隨機變數「x 和 y 的相關係數是否為 0」：

$$虛無假設為 H_0 : r(x, y) = 0$$

藉此用來檢定 x 和 y 的相似程度是否有統計上的顯著性。

迴歸任務挑選特徵的範例

上述迴歸範例是由體重和身高預測體脂肪，當我們把自變數 (特徵) 擴充到 5 個，分別為體重、身高、性別、收入、年紀，這時候的迴歸方程式為：

$$體脂肪 = w_0 + w_1 體重 + w_2 身高 + w_3 性別 + w_4 收入 + w_5 年紀$$

假設經由 100 筆訓練資料計算，得到 5 個特徵的 t 值與 p 值 (以下相關係數的數值為示範用)：

- 體重和體脂肪的相關係數 (r) 為 0.94，

$$t = \frac{r}{\sqrt{\frac{1-r^2}{n-2}}} = \frac{0.94}{\sqrt{\frac{1-0.94^2}{100-2}}} = 27.2750 \Rightarrow p \approx 0.000$$

- 身高和體脂肪相關係數 (r) 為 0.02，

$$t = \frac{r}{\sqrt{\frac{1-r^2}{n-2}}} = \frac{0.02}{\sqrt{\frac{1-0.02^2}{100-2}}} = 0.1984 \Rightarrow p \approx 0.843$$

- 性別和體脂肪相關係數 (r) 為 0.3，

$$t = \frac{r}{\sqrt{\frac{1-r^2}{n-2}}} = \frac{0.3}{\sqrt{\frac{1-0.3^2}{100-2}}} = 3.1132 \Rightarrow p \approx 0.002$$

- 收入和體脂肪相關係數 (r) 為 0.1，

$$t = \frac{r}{\sqrt{\frac{1-r^2}{n-2}}} = \frac{0.1}{\sqrt{\frac{1-0.1^2}{100-2}}} = 0.9949 \Rightarrow p \approx 0.322$$

- 年紀和體脂肪相關係數 (r) 為 0.4，

$$t = \frac{r}{\sqrt{\frac{1-r^2}{n-2}}} = \frac{0.4}{\sqrt{\frac{1-0.4^2}{100-2}}} = 4.3205 \Rightarrow p \approx 0.000$$

由以上計算得到的 p 值可以發現「體重」、「性別」、「年紀」三個變數和「體脂肪」計算出的相關係數所對應的 p 值都小於 0.05(5%)，所以用這三個變數就足以用來預測「體脂肪」，因此經由特徵選取我們只取「體重」、「性別」、「年紀」三個變數即可建立體脂肪的迴歸方程式：

$$體脂肪 = w_0 + w_1 體重 + w_2 性別 + w_3 年紀$$

9.2.3 單一變數特徵選擇：分類任務

在分類任務上，我們可以利用卡方檢定 (*Chi-square*) 或是變異數分析 (*Analysis of variance*，ANOVA) 來檢定每個特徵不同類別的差異度。卡方統計量可以用來量測特徵變數和分類類別的相關性，藉由卡方檢定可以得到卡方值和對應的 p 值，因此可以用來刪除和分類無關的特徵。

假設分類問題為 C 類的分類，$ANOVA$ 則是用來檢定：

$$H_0 : \mu_1 = \mu_2 = ... = \mu_C$$
$$H_1 : \mu_i \neq \mu_j, i, j = 1, ..., C$$

虛無假設 H_0 為所有的平均數皆相等，所以可以針對每個特徵資料來進行 $ANOVA$ 檢定得到 F 值 (即變異數分析的統計檢定值) 和相對應的 p 值，若此特徵拒絕 H_0，則代表至少有一個配對的類別平均數是有差異的，因此表示此特徵為有用的特徵。在卡方檢定和 $ANOVA$ 都可以得到每個特徵的 p 值，所以此 p 值可以表示為此特徵在分類任務特徵選取的指標 (重要度)。

不論在迴歸任務或是分類任務上，我們都可以計算出每個特徵的特徵選取指標 (p 值)，這時候我們就可以採用 (1) 強制設定要選取多少個特徵資料，或是 (2) 設定 p 值的閾值，進行特徵篩選的工作。但設定 p 值閾值的方式有可能因為 p 值都過大，容易造成特徵資料都不被保留，因此建議採用「強制設定要選取多少個的特徵資料」較合適。

分類任務挑選特徵的範例

假設我們有一個性別分類問題 (男生和女生)，特徵資料分別為體重、身高、收入、年紀四個參數，這時候的分類函數 (f) 為：

$$性別 = f \left(\begin{bmatrix} 體重 \\ 身高 \\ 收入 \\ 年紀 \end{bmatrix} \right)$$

所以我們可以分別檢定每個特徵變數在不同群體間的 $ANOVA$ 檢定，此範例因為只有兩個類別 (男、女) 因此直接用 t 檢定即可：

$$\left\{ \begin{array}{l} H_0 : \mu_{男生}(x) = \mu_{女生}(x) \\ H_1 : \mu_{男生}(x) \neq \mu_{女生}(x) \end{array} \right\}, x \in \{體重，身高、收入、年紀\}$$

假設經由訓練資料計算得到(以下 p 值為示範用):

- 當特徵為體重時,檢定後的 $p = 0.000$
- 當特徵為身高時,檢定後的 $p = 0.001$
- 當特徵為收入時,檢定後的 $p = 0.003$
- 當特徵為年紀時,檢定後的 $p = 0.45$

這時候經由 p 值可以發現「體重」、「身高」、「收入」三個變數對於「性別」(男生和女生)上有統計上顯著的差異($p<0.05$),所以取「體重」、「身高」、「收入」來做分類即可,因此分類函數可以只用三個特徵來重新訓練分類函數(f):

$$性別 = f\left(\begin{bmatrix} 體重 \\ 身高 \\ 收入 \end{bmatrix}\right)$$

9.2.4 順序特徵選取

順序特徵選取法(*Sequential feature selection*)是統計上最常被使用到的特徵選取方式,依據選取方式可分為**向前順序特徵選取法**(*forward sequential feature selection*)、**向後順序特徵選取法**(*backward sequential feature selection*)和**逐步特徵選取法**(*Stepwise feature selection*)。

向前特徵選取法

向前特徵選取法做法是秉持「一次挑選一個特徵」進行辨識,其程序為:

1. 每個特徵都去進行辨識正確率運算,並挑選可以讓辨識正確率最高的特徵,當作選定特徵集。下頁圖 (A) Step1 中的 f_1、f_2、⋯、f_d 表示有 d 個特徵 (*feature*) 進行辨識率運算,分別得到辨識正確率為 acc_1、acc_2、⋯、acc_d。其中 acc_3 為 Step1 的最高值,因此將特徵 f_3 選進來,其辨識率為 acc_{step1}。

2. 下一次挑選會將選定特徵集的特徵和剩餘的特徵合併進行辨識率的計算，選取可以讓辨識率最高的特徵，並將此特徵放入選定特徵集。接著在 Step2 將 f_3 組合其他特徵個別再進行辨識率運算，得到最高的辨識率是 acc_2，就將其對應的 f_2 特徵選進來，辨識率寫為 acc_{step2}。

3. 重覆步驟 2 直到選完全部特徵。

4. 特徵選取過程中不同特徵數算出的最佳辨識正確率當作指標，從中選取最高辨識率的特徵組合做為特徵選取的最佳數量。因此我們將每一步算出來的辨識正確率用下圖中的 (B) 畫出來，可以看出 acc_{step2} 的值最高，也就是用 f_3、f_2 這 2 個特徵組合算出來的正確率最高，因此就選出這 2 個特徵。

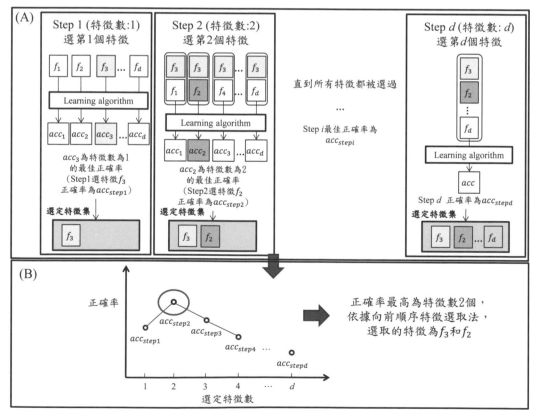

圖 9.5　向前特徵選取法的程序

向後特徵選取法

向後特徵選取法程序如同向前特徵選取法,但向後特徵選取法的做法是秉持「一次刪除一個特徵」:

1. 全部特徵都去算辨識正確率,一次刪除一個辨識正確率最低的特徵,剩餘特徵當作選定特徵集。

2. 下一次將從選定特徵集中,繼續刪除一個辨識率最低的特徵,剩餘特徵當作選定特徵集。

3. 重覆步驟 2 直到全部不具統計意義的特徵都被刪除。

4. 特徵選取過程中,不同特徵數算出的最佳辨識率當作指標,從中選取最高辨識率的特徵組合作為特徵的最佳數量。

向前特徵選取法和向後特徵選取法都有個特性,就是特徵被選定(向前)或是刪除(向後)後就不會再被剔除(向前)或是納入(向後)特徵選取模型,因此這兩種作法容易讓特徵選取的選取組合落入局部最佳解。

逐步特徵選取法

逐步特徵選取法結合「**向前特徵選取法可增加特徵的特性**」和「**向後特徵選取法可剔除特徵的特性**」,讓向前特徵選取法被選到的特徵,在向後特徵選取法的過程中可以從模型被剔除掉,也讓向後特徵選取法被刪除的特徵在向前特徵選取法的過程中又可被納入模型。

逐步特徵選取法程序有兩種,第一種是如同向前特徵選取法,一開始假設選定特徵為空的:

1. 每個特徵都去進行辨識率運算，並挑選可以讓辨識率最高的特徵，當作選定特徵集。

2. (向前)下一次挑選會將選定特徵集的特徵和剩餘的特徵合併進行辨識率的計算，選取可以讓辨識率最高的特徵，並將此特徵放入選定特徵集。

3. (向後)從步驟 2 選定特徵集中，刪除讓辨識率最低的特徵，並且比較步驟 3 的正確率結果是否比步驟 2 的正確率佳，若步驟 3 結果比步驟 2 佳，則此特徵從候選特徵集刪除；反之則保留此特徵。

4. 重覆步驟 2 和 3 直到全部需要的特徵都被選取。

第二種逐步特徵選取法是如同向後特徵選取法，一開始假設選定特徵為全部的特徵：

1. 全部特徵都去進行辨識率計算，並刪除辨識率最低的特徵，剩餘特徵當作選定特徵集。

2. (向後)下一次將從選定特徵集中，刪除讓辨識率最低的特徵，剩餘特徵當作選定特徵集。

3. (向前)從步驟 2 選定特徵集中，和未在特徵選定集內的特徵逐一合併，並保留可以讓辨識率最佳的特徵，並且比較步驟 3 選定特徵正確率結果是否比步驟 2 的正確率佳，若步驟 3 結果比步驟 2 佳，則此特徵加入候選特徵集；反之則不加入任何特徵。

4. 重覆步驟 2 和 3 直到全部不需要的特徵都被刪除。

上述特徵選取法是用分類正確率進行特徵選取程序，實際上進行順序特徵選取不限定採用分類正確率當指標，也可以改用其他指標當作特徵選取指標，例如分類過程中也可以採用費雪分散量當作特徵選取的指標；在迴歸

模型則可以採用 *Akaike information criterion*（*AIC*）、*Bayesian information criterion*（*BIC*）、預測模型 *MSE* 或是依變數和自變數之間的 *t* 值來選取迴歸模型需要選取的特徵。

9.3 特徵萃取法

特徵萃取的方法不同於特徵選取，特徵選取是如何從資料特徵中「選取」對任務最有幫助的特徵，而在**特徵萃取法則是透過特徵投影的方法「合成」特徵資料，讓新合成的特徵資料取代舊的特徵資料**。

例如下圖，假設我們有一組資料的特徵有身高和體重，是否能用一個投影特徵就可以保留兩者的特性，如此亦可降低特徵數。

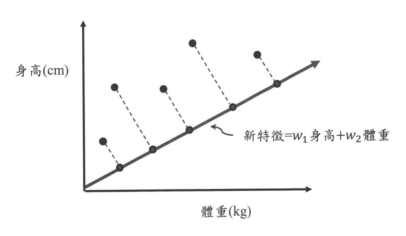

圖 9.6 身高、體重投影圖。

9.3.1 向量做投影空間轉換

因為後面的方法需要熟悉向量轉換到不同空間的投影運算，因此讓我們稍微複習一下投影向量和向量投影的方式，下圖的點 $\mathbf{x} = \begin{bmatrix} x_1 \\ x_2 \end{bmatrix}$ 在原始歐氏空

間，此點的向量為 $\vec{x} = \mathbf{x} - \mathbf{0} = \begin{bmatrix} x_1 \\ x_2 \end{bmatrix}$ （後續直接簡寫為 $\mathbf{x}$ ），而有一個投影向量 $\mathbf{v}$ ，此向量為 $\mathbf{x}$ 投影到 $\mathbf{v}$ 向量後的 $\mathbf{y} = \begin{bmatrix} y_1 \\ y_2 \end{bmatrix}$ 向量，所以向量 $(\mathbf{x} - \mathbf{y})$ 垂直於向量 $\mathbf{v}$ ，向量 $\mathbf{x}$ 和向量 $\mathbf{v}$ 的夾角角度為 θ 。

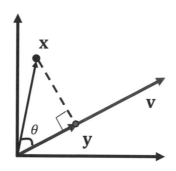

圖 9.7　$\mathbf{x}$ 向量投影到 $\mathbf{v}$ 向量上得到 $\mathbf{y}$ 向量。

所以向量 $\mathbf{y}$ 的長度為 $\|\mathbf{x}\|\cos(\theta)$ ，投影點的向量 $\mathbf{y}$ 的計算方式為：

$$\mathbf{y} = \|\mathbf{x}\|\cos(\theta)\frac{\mathbf{v}}{\|\mathbf{v}\|}$$

經由推算可得：

$$\mathbf{y} = \|\mathbf{x}\|\cos(\theta)\frac{\mathbf{v}}{\|\mathbf{v}\|} = \|\mathbf{x}\|\frac{\mathbf{v}^T\mathbf{x}}{\|\mathbf{v}\|\|\mathbf{x}\|}\frac{\mathbf{v}}{\|\mathbf{v}\|} = \frac{\mathbf{v}^T\mathbf{x}}{\|\mathbf{v}\|^2}\mathbf{v}$$

假設向量 $\mathbf{v}$ 是單位 (unit) 向量（$\|\mathbf{v}\| = 1$），則：

$$\mathbf{y} = (\mathbf{v}^T\mathbf{x})\mathbf{v}$$

所以 $\mathbf{x}$ 投影到 $\mathbf{v}$ 上得到 $\mathbf{y}$ ，而有一個投影向量 $\mathbf{v}$ ，此向量為 $\mathbf{x}$ 投影到 $\mathbf{v}$ 的向量為 $\mathbf{v}^T\mathbf{x}$ 。

我們從下圖可以更清楚知道投影是怎麼運作的。$\mathbf{X}$ 空間為我們一般看到的歐

氏空間，有兩個向量 $\mathbf{v}_1$ 和 $\mathbf{v}_2$，兩者為正交向量。$\mathbf{x} = \begin{bmatrix} 1 \\ 3 \end{bmatrix}$ 投影到 $\mathbf{v}_1$ 後的值

為 $\mathbf{v}_1^T \mathbf{x} = \sqrt{8}$，代表的意義在於 $\mathbf{x}$ 對向量 $\mathbf{v}_1$ 的投影為 $\mathbf{v}_1^T \mathbf{x} = \sqrt{8}$；$\mathbf{x}$ 投影到

$\mathbf{v}_2$ 後為 $\mathbf{v}_2^T \mathbf{x} = \sqrt{2}$，所以 $\mathbf{x}$ 在 $\mathbf{V}$ 特徵空間的座標為 $\mathbf{v} = \begin{bmatrix} \mathbf{v}_1^T \mathbf{x} \\ \mathbf{v}_2^T \mathbf{x} \end{bmatrix} = \begin{bmatrix} \sqrt{8} \\ \sqrt{2} \end{bmatrix}$。

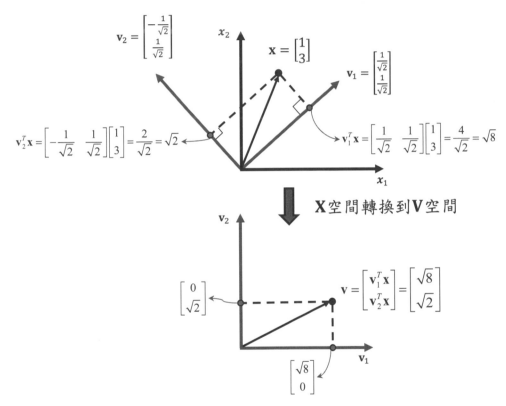

圖 9.8　向量投影就是做空間轉換。

瞭解向量投影的空間轉換之後，接下來就要進入本節重點了。

9.3.2　*PCA* 主成分分析

主成分分析 (*Principal components analysis*，*PCA*) 是在機器學習方法中最常被用於非監督式學習特徵萃取的降維方法，其核心概念是希望在**盡可能不損失太多的資料特性下減少資料的特徵數**。而在統計資料處理上則是最常被拿來進行統計多變量分析的方法，希望從主成分分析的結果，結合因素分析來探索資料特徵之間的結構和資料內相似特徵特性。不管從哪方面出發來進行主成分分析，其運算過程是完全一樣的。

資料投影後的變異量

前面提到主成分分析核心概念是希望在盡可能不損失太多的資料特性下減少資料的特徵數，這裡提到的資料特性也就是資料的變異量，因為在描述一份資料除了平均數、中位數等，最能代表資料特性的即是資料的變異數。

例如希望用考試來區別學生的能力，我們都希望考試出來的成績差異度範圍要大一點，也就是科目成績變異量要大一點才具有鑑別度，如果考出來的成績變異量很小則代表沒有鑑別度，在資料分析時可能就是無用參數。因此主成分分析就是希望保留最大資料特性基礎下進行資料降維度，也就是所有的資料能夠在投影後的特徵空間保有最大的資料變異量。

假設有一組資料包括五個點 $\{\mathbf{x}_1, \mathbf{x}_2, \mathbf{x}_3, \mathbf{x}_4, \mathbf{x}_5\}$，有兩個投影向量 $\mathbf{v}$ 和 $\mathbf{v}'$，投影後得到投影點如下頁圖。我們可以發現二維度資料投影到 $\mathbf{v}$ 軸或 $\mathbf{v}'$ 軸後的一維度資料 $\{y_1, y_2, y_3, y_4, y_5\}$，簡單觀察比較左圖投影後的資料範圍 (粗體黑色線段) 比右圖投影後的資料範圍 (粗體黑色線段) 長，所以左圖投影 ($\mathbf{v}$) 的變異量 ($\mathrm{var}_\mathbf{v}(y)$) 會比右圖投影 ($\mathbf{v}'$) 的變異量 ($\mathrm{var}_{\mathbf{v}'}(y)$) 大。主成分分析就是希望找到一個最佳的投影向量 $\mathbf{v}*$ 能讓 $\mathrm{var}_{\mathbf{v}*}(y)$ 最大。

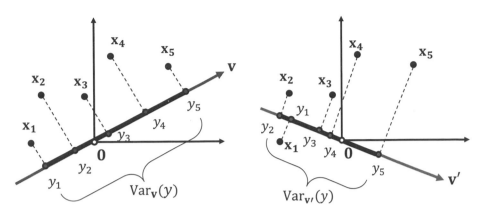

圖 9.9　資料投影在不同軸的變異量。

零平均數向量

主成分分析在公式推導和實際運作的過程中，都必須先對資料進行資料前處理。前處理方式為**零平均數向量**，也就是讓資料處理後的每個特徵值 (維度) 的平均數都是 0，此作法並不會影響到的主成分分析所找到的投影向量 (下圖所示)，但這個前處理可以讓後續的理論推導省去不少麻煩。

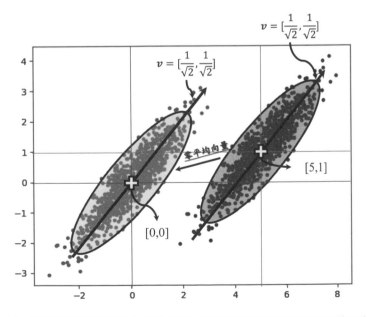

圖 9.10　資料進行零平均數向量前處理，整個資料的分布從右圖平移至左邊，
　　　　所以找到的投影向量不變。

假設有 n 個 d 維度的樣本 $\{\mathbf{x}_1, \mathbf{x}_2, \cdots, \mathbf{x}_n\}$，$\mathbf{x}_i \in \mathbb{R}^d$，假設只有一個投影軸 $\mathbf{v}$，所有樣本投影在 $\mathbf{v}$ 軸上的空間我們稱為特徵空間，$y = \mathbf{v}^T\mathbf{x}$，$y \in \mathbb{R}^1$，在特徵空間的點座標為 $\{y_1, y_2, \cdots, y_n\} = \{\mathbf{v}^T\mathbf{x}_1, \mathbf{v}^T\mathbf{x}_2, \cdots, \mathbf{v}^T\mathbf{x}_n\}$（見下圖），因此投影後的變異數計算方式為：

$$\sigma_y^2 = \frac{1}{n}\sum_{i=1}^{n}\left(y_i - \mu_y\right)^2$$

$$= \frac{1}{n}\sum_{i=1}^{n}\left(\mathbf{v}^T\mathbf{x}_i - \mathbf{v}^T\frac{\sum_{i=1}^{n}\mathbf{x}_i}{n}\right)^2$$

$$= \frac{1}{n}\sum_{i=1}^{n}\left(\mathbf{v}^T\mathbf{x}_i - \mathbf{v}^T\mu_x\right)^2 = \frac{1}{n}\sum_{i=1}^{n}\left(\mathbf{v}^T\mathbf{x}_i\right)^2$$

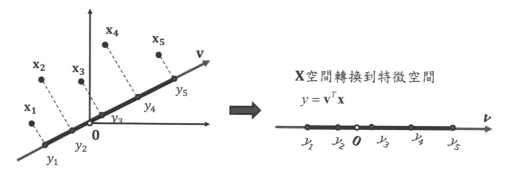

圖 9.11　從 $\mathbf{X}$ 空間轉換到特徵空間，計算所有投影後資料的變異數。

一般資料通常為多變量 $(\mathbf{x}_i \in \mathbb{R}^d)$，所以可以投影到 d 個正交向量組成的特徵空間，投影後的新空間我們稱為 $\mathbf{Y}$ 空間，而 d 個正交向量組成的投影矩陣為 $\mathbf{V} = \begin{bmatrix} \mathbf{v}_1 & \mathbf{v}_2 & \cdots & \mathbf{v}_d \end{bmatrix}$，所以投影後的點座標為：

$$\mathbf{y} = \begin{bmatrix} y_1 \\ y_2 \\ \vdots \\ y_d \end{bmatrix} = \mathbf{V}^T\mathbf{x} = \begin{bmatrix} \mathbf{v}_1^T \\ \mathbf{v}_2^T \\ \vdots \\ \mathbf{v}_d^T \end{bmatrix}\mathbf{x}, \ y_i = \mathbf{v}_i^T\mathbf{x}, \forall i = 1, 2, \cdots, d$$

$$\mathbf{V} = \begin{bmatrix} \mathbf{v}_1 & \mathbf{v}_2 & \cdots & \mathbf{v}_d \end{bmatrix} = \begin{bmatrix} v_{11} & v_{12} & \cdots & v_{1d} \\ v_{21} & v_{22} & \cdots & v_{2d} \\ \vdots & \vdots & \ddots & \vdots \\ v_{d1} & v_{d2} & \cdots & v_{dd} \end{bmatrix}, \mathbf{v}_i = \begin{bmatrix} v_{1i} \\ v_{2i} \\ \vdots \\ v_{di} \end{bmatrix}$$

下圖我們舉例說明二維度空間進行投影空間轉換的示意圖：

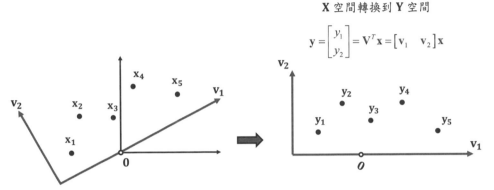

X 空間轉換到 **Y** 空間

$$\mathbf{y} = \begin{bmatrix} y_1 \\ y_2 \end{bmatrix} = \mathbf{V}^T \mathbf{x} = \begin{bmatrix} \mathbf{v}_1 & \mathbf{v}_2 \end{bmatrix} \mathbf{x}$$

圖 9.12　二維度空間投影轉換。

求得多維度投影後的共變異數矩陣

在多維度上的資料，需要共變異數矩陣來表示這組資料的分散程度，因此投影後 **y** 的共變異數矩陣計算方式為：

$$
\begin{aligned}
\Sigma_{\mathbf{Y}} &= \frac{1}{n}\sum_{i=1}^{n}\left(\mathbf{y}_i - \boldsymbol{\mu}_y\right)\left(\mathbf{y}_i - \boldsymbol{\mu}_y\right)^T \\
&= \frac{1}{n}\sum_{i=1}^{n}\left(\mathbf{V}^T\mathbf{x}_i - \mathbf{V}^T\boldsymbol{\mu}_x\right)\left(\mathbf{V}^T\mathbf{x}_i - \mathbf{V}^T\boldsymbol{\mu}_x\right)^T \\
&= \frac{1}{n}\sum_{i=1}^{n}\left(\mathbf{V}^T\mathbf{x}_i - \mathbf{0}\right)\left(\mathbf{V}^T\mathbf{x}_i - \mathbf{0}\right)^T \\
&= \frac{1}{n}\sum_{i=1}^{n}\left(\mathbf{V}^T\mathbf{x}_i\mathbf{x}_i^T\mathbf{V}\right) \\
&= \mathbf{V}^T C \mathbf{V}
\end{aligned}
$$

上面因為做了資料前處理，μ_x 為零向量。其中的 $C = \dfrac{1}{n}\sum\limits_{i=1}^{n}(\mathbf{x}_i\mathbf{x}_i^{T})$ 可繼續推導：

$$
\begin{aligned}
C &= \frac{1}{n}\sum_{i=1}^{n}\left(\mathbf{x}_i\mathbf{x}_i^{T}\right) \\[2mm]
&= \frac{1}{n}\sum_{i=1}^{n}\left(\begin{bmatrix} x_{i1} \\ x_{i2} \\ \vdots \\ x_{id} \end{bmatrix}\begin{bmatrix} x_{i1} & x_{i2} & \cdots & x_{id} \end{bmatrix}\right) \\[2mm]
&= \begin{bmatrix}
\frac{1}{n}\sum_{i=1}^{n}(x_{i1}x_{i1}) & \frac{1}{n}\sum_{i=1}^{n}(x_{i1}x_{i2}) & \cdots & \frac{1}{n}\sum_{i=1}^{n}(x_{i1}x_{id}) \\
\frac{1}{n}\sum_{i=1}^{n}(x_{i2}x_{i1}) & \frac{1}{n}\sum_{i=1}^{n}(x_{i2}x_{i2}) & \cdots & \frac{1}{n}\sum_{i=1}^{n}(x_{i2}x_{id}) \\
\vdots & \vdots & \ddots & \vdots \\
\frac{1}{n}\sum_{i=1}^{n}(x_{id}x_{i1}) & \frac{1}{n}\sum_{i=1}^{n}(x_{id}x_{i2}) & \cdots & \frac{1}{n}\sum_{i=1}^{n}(x_{id}x_{id})
\end{bmatrix} \\[2mm]
&= \begin{bmatrix}
Cov(x_{i1},x_{i1}) & Cov(x_{i1},x_{i2}) & \cdots & Cov(x_{i1},x_{id}) \\
Cov(x_{i2},x_{i1}) & Cov(x_{i2},x_{i2}) & \cdots & Cov(x_{i2},x_{id}) \\
\vdots & \vdots & \ddots & \vdots \\
Cov(x_{id},x_{i1}) & Cov(x_{id},x_{i2}) & \cdots & Cov(x_{id},x_{id})
\end{bmatrix} \\[2mm]
&= \Sigma_{\mathbf{X}}
\end{aligned}
$$

由上式推導就可以得知投影後的共變異數矩陣 $\Sigma_{\mathbf{Y}}$ 為：

$$
\Sigma_{\mathbf{Y}} = \mathbf{V}^{T}\Sigma_{\mathbf{X}}\mathbf{V} \quad\text{.................................. (9.1)}
$$

求解特徵值與特徵向量

主成分分析就是在解投影後資料的變異量最大的最佳化問題：

$$
\mathbf{V}^{*} = \underset{\mathbf{V},\,\|\mathbf{V}\|=I_d}{\arg\max}\left\{\mathbf{V}^{T}\Sigma_{\mathbf{X}}\mathbf{V}\right\}
$$

這邊有個限制式 $\|\mathbf{V}\| = I_d$，I_d 為 d 維度的單位矩陣，所以需要將最佳化的目標函數轉成拉格朗日 (*Lagrange*，請參考線性代數的書籍或網路資料) 方程式去處理：

$$L(\mathbf{V}, \lambda) = \mathbf{V}^T \Sigma_\mathbf{X} \mathbf{V} - \lambda \left(\|\mathbf{V}\| - I_d\right)$$
$$= \mathbf{V}^T \Sigma_\mathbf{X} \mathbf{V} - \lambda \left(\mathbf{V}^T \mathbf{V} - I_d\right)$$

$$\lambda = \begin{bmatrix} \lambda_1 & 0 & \cdots & 0 \\ 0 & \lambda_2 & \cdots & 0 \\ \vdots & \vdots & \ddots & \vdots \\ 0 & 0 & \cdots & \lambda_d \end{bmatrix}$$

所以最佳化問題變成找出能讓拉格朗日方程式的值最大化的 $\mathbf{V}$ 與 λ：

$$\mathbf{V}^*, \lambda^* = \underset{\mathbf{V}, \lambda}{\arg\max} \left\{L(\mathbf{V}, \lambda)\right\}$$

然後 $L(\mathbf{V}, \lambda)$ 分別對 $\mathbf{V}$ 與 λ 偏微分等於 0，求出可得到極值的解：

$$\partial \frac{L(\mathbf{V}, \lambda)}{\partial \mathbf{V}} = 2\Sigma_\mathbf{X} \mathbf{V} - 2\lambda \mathbf{V} = 0$$
$$\Rightarrow \Sigma_\mathbf{X} \mathbf{V} = \lambda \mathbf{V}$$

$$\partial \frac{L(\mathbf{V}, \lambda)}{\partial \lambda} = \mathbf{V}^T \mathbf{V} - I_d = 0$$
$$\Rightarrow \|\mathbf{V}\| = I_d$$

所以得到解析解 (閉合解，*close form*) 為：

$$\Sigma_\mathbf{X} \mathbf{V} = \lambda \mathbf{V} \quad \cdots\cdots\cdots\cdots\cdots\cdots\cdots\cdots\cdots\cdots (9.2)$$

$$\|\mathbf{V}\| = I_d \quad \cdots\cdots\cdots\cdots\cdots\cdots\cdots\cdots\cdots\cdots (9.3)$$

從公式來看主成分分析，就是解共變異數矩陣 ($\Sigma_\mathbf{X}$) 的特徵向量 (*Eigenvector*) 及特徵值矩陣 (*Eigenvalue matrix*)。特徵向量即是資料投影的投影軸，且求出的特徵向量 $\mathbf{V}$ 必須進行標準化才能滿足 $\|\mathbf{V}\| = I_d$。

通常我們會將特徵值從大到小排序也就是 $\lambda_1 \geq \lambda_2 \geq \cdots \geq \lambda_d$，$\lambda_1$ 對應到特徵向量 $\mathbf{v}_1$，λ_2 對應到特徵向量 $\mathbf{v}_2$，$\cdots$，λ_d 對應到特徵向量 $\mathbf{v}_d$，所以投影到 $\mathbf{v}_1$ 的資料有最大的變異量，以此類推。

PCA 的共變異數矩陣與特徵矩陣之間的關係

由 (9.1) 式：

$$
\begin{aligned}
\boldsymbol{\Sigma}_{\mathbf{Y}} &= \mathbf{V}^{\mathrm{T}} \boldsymbol{\Sigma}_{\mathbf{X}} \mathbf{V} \\
&= \mathbf{V}^{\mathrm{T}} \boldsymbol{\lambda} \mathbf{V} \qquad \text{依 (9.2) 式} \\
&= \boldsymbol{\lambda} \mathbf{V}^{\mathrm{T}} \mathbf{V} \\
&= \boldsymbol{\lambda} \|\mathbf{V}\| \\
&= \boldsymbol{\lambda} \mathbf{I}_d \qquad \text{依 (9.3) 式} \\
&= \boldsymbol{\lambda}
\end{aligned}
$$

主成分分析解出來的特徵值矩陣就是投影後 $\mathbf{Y}$ 的共變異數矩陣，另外前面我們有列出：

$$
\boldsymbol{\lambda} = \begin{bmatrix} \lambda_1 & 0 & \cdots & 0 \\ 0 & \lambda_2 & \cdots & 0 \\ \vdots & \vdots & \ddots & \vdots \\ 0 & 0 & \cdots & \lambda_d \end{bmatrix} \quad \text{且 } \boldsymbol{\lambda} = \boldsymbol{\Sigma}_{\mathbf{Y}}
$$

因此

$$
\boldsymbol{\lambda} = \begin{bmatrix} \lambda_1 & 0 & \cdots & 0 \\ 0 & \lambda_2 & \cdots & 0 \\ \vdots & \vdots & \ddots & \vdots \\ 0 & 0 & \cdots & \lambda_d \end{bmatrix} = \boldsymbol{\Sigma}_{\mathbf{Y}} = \begin{bmatrix} Cov(y_1, y_1) & Cov(y_1, y_2) & \cdots & Cov(y_1, y_d) \\ Cov(y_2, y_1) & Cov(y_2, y_2) & \cdots & Cov(y_2, y_d) \\ \vdots & \vdots & \ddots & \vdots \\ Cov(y_d, y_1) & Cov(y_d, y_2) & \cdots & Cov(y_d, y_d) \end{bmatrix}
$$

$$
\Rightarrow \begin{bmatrix} \lambda_1 & 0 & \cdots & 0 \\ 0 & \lambda_2 & \cdots & 0 \\ \vdots & \vdots & \ddots & \vdots \\ 0 & 0 & \cdots & \lambda_d \end{bmatrix} = \begin{bmatrix} Var(y_1) & 0 & \cdots & 0 \\ 0 & Var(y_2) & \cdots & 0 \\ \vdots & \vdots & \ddots & \vdots \\ 0 & 0 & \cdots & Var(y_d) \end{bmatrix}
$$

從上式可以得到結論，主成分分析解出的特徵值 $\left(\lambda_i\right)$，即是投影後特徵資料的變異量 $\left(Var\left(y_i\right)\right)$。

PCA 主成分分析範例

用電腦模擬一千筆二維常態分佈資料 $N\left(\mu_X = \begin{bmatrix} 0 \\ 0 \end{bmatrix}, \Sigma_X = \begin{bmatrix} 1 & 0.9 \\ 0.9 & 1 \end{bmatrix}\right)$ 進行

主成分分析，因為是模擬數據所以會有誤差，筆者實際計算出圖 9.13 資料

的共變異數矩陣為 $\Sigma_X = \begin{bmatrix} 0.944 & 0.854 \\ 0.854 & 0.956 \end{bmatrix}$

特徵值矩陣為 $\lambda = \begin{bmatrix} \lambda_1 & 0 \\ 0 & \lambda_2 \end{bmatrix} = \begin{bmatrix} 1.804 & 0 \\ 0 & 0.096 \end{bmatrix}$

特徵向量為 $\mathbf{V} = \begin{bmatrix} \mathbf{v}_1 & \mathbf{v}_2 \end{bmatrix} = \begin{bmatrix} 0.7095 & -0.7047 \\ 0.7047 & 0.7095 \end{bmatrix}$

結果如下圖

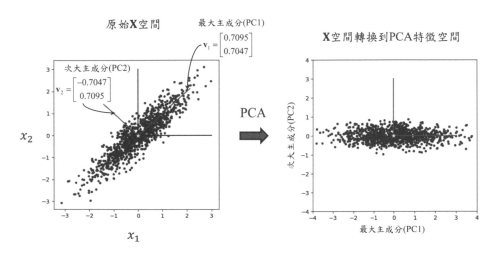

圖 9.13　模擬資料從原始空間經過 *PCA* 後

此例的最大主成分變異量為 1.804（前頁求出的特徵值），次大主成分變異量
為 0.096，所以此二維資料只要投影到最大主成分即可保留原有資料的
$\frac{1.804}{0.096 + 1.804} \times 100\% \approx 95\%$ 變異量。

9.3.3　*LDA* 線性區別分析

我們在 8.2.2 節已介紹過 *LDA* 在二分類上的應用。線性區別分析 (*Linear
Discriminant Analysis*，*LDA*) 是一種監督式學習特徵萃取降維方法，也稱
為區別分析特徵萃取 (*Discriminant Analysis Feature Extraction*, *DAFE*) 用
來區隔分類線性區別分析。因為是監督式學習，所以**訓練資料本身帶有類
別訊息**，因此 *LDA* 主要目的是希望利用類別之間的訊息，將高維度的資料
投影到具有最佳鑑別度的特徵空間中。

LDA 如同 *PCA* 一樣也是希望資料投影到特徵向量擁有最大的分散量，但
LDA 因為帶有類別訊息，所以它的目的是希望投影後的資料，在不同類別
之間的分散量最大化且同類別內的分散量最小化。不同類別間的分散量稱
為「**組間分散量** (*Between-class scatter*)」，類別內的分散量稱為「**組內分
散量** (*Within-class scatter*)」，這個分散量在多維度和 *PCA* 一樣用共變異數
矩陣來描述，所以稱為**分散矩陣** (*Scatter matrix*)。因此會有「**組間分散矩
陣** (*Between-class scatter matrix*)」與「**組內分散矩陣** (*Within-class scatter
matrix*)」，以下我們分別說明。

組內分散矩陣

組內分散量就是每一個類別內的資料變異量，此變異量希望越小越好，因
為每一個類別內的資料的變異量越小，則代表每一類別內的資料越相似。

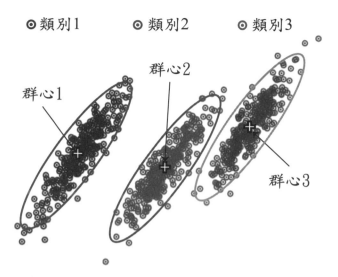

組內分散量＝類別1共變異數矩陣＋類別2共變異數矩陣＋類別3共變異數矩陣

圖 9.14　組內分散量是每一個類別內的資料變異量

上圖為了讓讀者可以有清楚的概念知道組內分散量如何計算，因此舉了 3 個類別的範例，後面介紹的一般化式子都將以總共有 L 類進行說明。

假設有 L 類共 n 個 d 維度的樣本 $\{(\mathbf{x}_1, y_1),(\mathbf{x}_2, y_2),\cdots,(\mathbf{x}_n, y_n)\}$，$\mathbf{x}_i \in \mathbb{R}^d$，$y_i \in \{1, 2, \cdots, L\}$，假設只有一個投影軸 $\mathbf{w}$，投影後的特徵資料為 $\{\mathbf{w}^T\mathbf{x}_1, \mathbf{w}^T\mathbf{x}_2, \cdots, \mathbf{w}^T\mathbf{x}_n\}$。我們將投影前的組內分散矩陣用 $\mathbf{S}_W$ 表示，此矩陣中第 c 類別的組內分散矩陣（$\mathbf{S}_w(c)$）為：

$$\mathbf{S}_w(c) = \sum_{j \in c} \left(\mathbf{x}_j - \mathbf{m}_c\right)\left(\mathbf{x}_j - \mathbf{m}_c\right)^T$$

$$\mathbf{m}_c = \frac{1}{n_c}\sum_{j \in c}\mathbf{x}_j$$

$\mathbf{m}_c$ 為第 c 類別資料的平均向量，n_c 為第 c 類別的樣本資料筆數；組內分散矩陣（$\mathbf{S}_W$）就是把每一個類別的分散矩陣（$\mathbf{S}_w(c)$）加起來：

$$\mathbf{S}_W = \sum_{c=1}^{L}\mathbf{S}_w(c)$$

投影後的第 c 類別的組內分散矩陣 ($\mathbf{S}'_w(c)$) 為：

$$\mathbf{S}'_w(c) = \sum_{j \in c} \left(\mathbf{w}^T \mathbf{x}_j - \boldsymbol{\mu}_c \right) \left(\mathbf{w}^T \mathbf{x}_j - \boldsymbol{\mu}_c \right)^T$$

$$\boldsymbol{\mu}_c = \frac{1}{n_c} \sum_{j \in c} \mathbf{w}^T \mathbf{x}_j = \mathbf{w}^T \frac{1}{n_c} \sum_{j \in c} \mathbf{x}_j = \mathbf{w}^T \mathbf{m}_c$$

$\boldsymbol{\mu}_c$ 為第 c 類別投影後資料的平均向量；投影後的組內分散矩陣 ($\mathbf{S}'_W$) 為：

$$\mathbf{S}'_W = \sum_{c=1}^{L} \mathbf{S}'_w(c)$$

第 c 類別的分散矩陣和投影後的關係如下：

$$
\begin{aligned}
\mathbf{S}'_w &= \sum_{j \in c} \left(\mathbf{w}^T \mathbf{x}_j - \boldsymbol{\mu}_c \right) \left(\mathbf{w}^T \mathbf{x}_j - \boldsymbol{\mu}_c \right)^T \\
&= \sum_{j \in c} \left(\mathbf{w}^T \mathbf{x}_j - \mathbf{w}^T \mathbf{m}_c \right) \left(\mathbf{w}^T \mathbf{x}_j - \mathbf{w}^T \mathbf{m}_c \right)^T \\
&= \mathbf{w}^T \left(\sum_{j \in c} \left(\mathbf{x}_j - \mathbf{m}_c \right) \left(\mathbf{x}_j - \mathbf{m}_c \right)^T \right) \mathbf{w} \\
&= \mathbf{w}^T \mathbf{S}_w \mathbf{w}
\end{aligned}
$$

所以

$$\mathbf{S}'_W = \sum_{c=1}^{L} \mathbf{S}'_w(c) = \sum_{c=1}^{L} \mathbf{w}^T \mathbf{S}_w(c) \mathbf{w} = \mathbf{w}^T \left(\sum_{c=1}^{L} \mathbf{S}_w(c) \right) \mathbf{w} = \mathbf{w}^T \mathbf{S}_W \mathbf{w} \cdots \text{ (9.4)}$$

於是我們得到組內分散矩陣在投影前後的關係式。

組間分散矩陣

組間分散矩陣 (*Between-class scatter matrix*) 則是希望不同類別之間的差異
度越大越好，所以會採用每一類的群心 (平均數向量) 來表示每一類，然後

計算群心之間的變異量，而此變異量則是希望越大越好，因為所有群心的變異量越大，就代表每一類資料的差異度越大。由圖例可以清楚知道群心跟群心之間的距離越遠，代表群心之間的變異量越大。

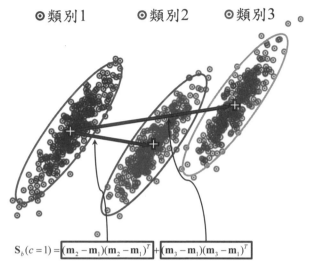

$$\mathbf{S}_b(c=1) = \boxed{(\mathbf{m}_2 - \mathbf{m}_1)(\mathbf{m}_2 - \mathbf{m}_1)^T} + \boxed{(\mathbf{m}_3 - \mathbf{m}_1)(\mathbf{m}_3 - \mathbf{m}_1)^T}$$

類別1組間共變異數矩陣($S_b(c=1)$) ＝ 群心2到群心1的分散矩陣＋群心3到群心1的分散矩陣

組間共變異數矩陣($S_{between}$) ＝ 類別1組間共變異數矩陣($S_b(c=1)$)
$\qquad\qquad\qquad\qquad$ ＋ 類別2組間共變異數矩陣($S_b(c=2)$)
$\qquad\qquad\qquad\qquad$ ＋ 類別3組間共變異數矩陣($S_b(c=3)$)

圖 9.15　每一類群心之間的變異量

上圖為了讓讀者可以有清楚的概念知道組間分散量如何計算，因此舉了 3 個類別的範例，後面介紹的一般化式子都將以總共有 L 類進行說明。

我們將投影前的組間分散矩陣用 $\mathbf{S}_B$ 表示，此矩陣中第 c 類別的組間分散矩陣($\mathbf{S}_b(c)$)為：

$$\mathbf{S}_b(c) = \sum_{\substack{i=1 \\ i \neq c}}^{L} (\mathbf{m}_c - \mathbf{m}_i)(\mathbf{m}_c - \mathbf{m}_i)^T$$

組間分散矩陣（$\mathbf{S}_B$）就是把每一個類別計算的組間分散矩陣（$\mathbf{S}_b(c)$）加起來：

$$\mathbf{S}_B = \sum_{c=1}^{L} \mathbf{S}_b(c)$$

投影後的第 c 類別的組間分散矩陣（$\mathbf{S}_b'(c)$）為：

$$
\begin{aligned}
\mathbf{S}_b'(c) &= \sum_{\substack{i=1 \\ i \neq c}}^{L} \left(\boldsymbol{\mu}_c - \boldsymbol{\mu}_i\right)\left(\boldsymbol{\mu}_c - \boldsymbol{\mu}_i\right)^T \\
&= \sum_{\substack{i=1 \\ i \neq c}}^{L} \left(\boldsymbol{\mu}_c - \boldsymbol{\mu}_i\right)\left(\boldsymbol{\mu}_c - \boldsymbol{\mu}_i\right)^T \\
&= \sum_{\substack{i=1 \\ i \neq c}}^{L} \left(\mathbf{w}^T \mathbf{m}_c - \mathbf{w}^T \mathbf{m}_i\right)\left(\mathbf{w}^T \mathbf{m}_c - \mathbf{w}^T \mathbf{m}_i\right)^T \\
&= \mathbf{w}^T \left[\sum_{\substack{i=1 \\ i \neq c}}^{L} \left(\mathbf{m}_c - \mathbf{m}_i\right)\left(\mathbf{m}_c - \mathbf{m}_i\right)^T\right] \mathbf{w} \\
&= \mathbf{w}^T \mathbf{S}_b(c) \mathbf{w}
\end{aligned}
$$

投影後的組間分散矩陣（$\mathbf{S}_B'$）為：

$$\mathbf{S}_B' = \sum_{c=1}^{L} \mathbf{S}_b'(c) = \sum_{c=1}^{L} \mathbf{w}^T \mathbf{S}_b(c) \mathbf{w} = \mathbf{w}^T \left[\sum_{c=1}^{L} \mathbf{S}_b(c)\right] \mathbf{w} = \mathbf{w}^T \mathbf{S}_B \mathbf{w} \cdots (9.5)$$

於是我們得到組間分散矩陣在投影前後的關係式。

費雪準則（Fisher criterion）

上述我們已經求得組間分散矩陣和組內分散矩陣，也已經知道組內分散量是越小越好，組間分散量是越大越好，但目前求的是組間分散矩陣和組內

分散矩陣，而非純量，因此費雪準則 (下式) 定義了組間和組內分佈的分散量是基於組間和組內變異量的比值來計算，以 $J(\mathbf{w})$ 表示：

$$J(\mathbf{w}) = trace\left(\left(\mathbf{S}_W'\right)^{-1}\mathbf{S}_B'\right) = trace\left(\left(\mathbf{w}^T\mathbf{S}_W\mathbf{w}\right)^{-1}\left(\mathbf{w}^T\mathbf{S}_B\mathbf{w}\right)\right)$$

 上式的 *trace* 即為方陣對角線 (左上到右下) 的值加總，亦稱為方陣的「跡」。

線性區別分析希望這個費雪準則 ($J(\mathbf{w})$) 越大越好，因此我們可以將目標函數定為：

$$\max_{\mathbf{w}} J(\mathbf{w})$$

最大化費雪準則等價於下列最佳化問題：

$$\max_{\mathbf{w}}\left\{\mathbf{w}^T\mathbf{S}_B\mathbf{w}\right\}$$
$$\text{基於 } \mathbf{w}^T\mathbf{S}_W\mathbf{w} = 1$$

利用拉格朗日 (*Lagrange*) 來解：

$$L(w, \lambda) = w^T S_B w - \lambda\left(w^T S_W w - 1\right)$$

$L(\mathbf{w}, \lambda)$對 $\mathbf{w}$ 偏微分：

$$\partial\frac{L(\mathbf{w}, \lambda)}{\partial\mathbf{w}} = 2\mathbf{S}_B\mathbf{w} - 2\lambda\mathbf{S}_W\mathbf{w} = 0$$
$$\Rightarrow \mathbf{S}_B\mathbf{w} = \lambda\mathbf{S}_W\mathbf{w}$$
$$\Rightarrow \mathbf{S}_W^{-1}\mathbf{S}_B\mathbf{w} = \lambda\mathbf{w}$$

所以最大化費雪準則等價於求解廣義特徵值問題：

$$\mathbf{S}_W^{-1}\mathbf{S}_B\mathbf{w} = \lambda\mathbf{w}$$

也就是解組間共變異數矩陣（$\mathbf{S}_B$）乘上組內共變異數矩陣的逆矩陣（$\mathbf{S}_W^{-1}$）的特徵向量（*Eigenvector*）及特徵值矩陣（*Eigenvalue matrix*）。

通常組內分散矩陣（$\mathbf{S}_W$）為一個對稱半正定矩陣（見 3.2.4），如果樣本數大於資料的維度數，$\mathbf{S}_W$ 通常是正定矩陣，且為可逆矩陣。但往往現實可能發生的狀況是小樣本的情況，就可能發生 $\mathbf{S}_W$ 為不可逆矩陣的情況，所以通常我們會在 $\mathbf{S}_W$ 的斜對角線上加上一個常數（a）進行矩陣正規化，也就是 $\mathbf{S}_W + a\mathbf{I}$ 來避免不可逆的情況發生。

9.3.4 主成分分析 (*PCA*) 和線性區別分析 (*LDA*) 的差異

主成分分析和線性區別分析都是統計或機器學習上相當常用的降維技術，基本概念都是希望將高維度的資料投影到具有最佳鑑別度的特徵空間，以達到利用特徵壓縮維度數方式，保證樣本在投影後的特徵空間上保有最大的資料變異量。

兩者皆是從資料的共變異數矩陣為出發點來考量，不同的是**線性區別分析比主成分分析多考慮資料類別的訊息**，也就是線性區別分析希望投影後，不同類別數據之間的距離可以最大化，而同一類的資料可以達到緊湊群聚的效果。也因為線性區別分析比主成分分析多了「資料類別的訊息」，因此在主成分分析是非監督式（*unsupervised learning*）方法，而線性區別分析是一種監督式（*supervised learning*）方法。

在此我們舉個圖例來說明主成分分析和線性區別分析在資料投影上的差異。下頁圖可以清楚看到三個類別的資料經由主成分分析找到的投影軸見右上圖，線性區別分析的投影軸則見右下圖，投影後的資料最大變異量為實線軸，次大變異量軸為虛線軸。

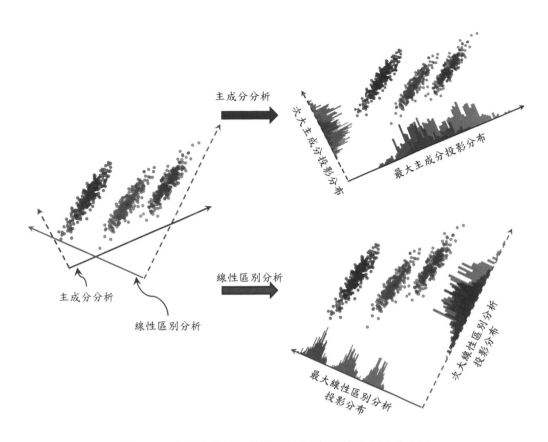

圖 9.16　主成分分析、線性區別分析在資料投影上的差異

主成分分析下投影後的資料是考慮整體資料最大的變異量,並未考慮類別的訊息,此例經由主成分分析的投影分布,不同類別之間幾乎都重疊在一起,並未對分類任務有任何幫助(右上圖)。而在線性區別分析則因為考慮了組間和組內變異的差異,因此在線性區別分析的最大投影軸上幾乎可以完美將三個類別的分布區隔開來(右下圖)。因此在此例上,線性區別分析可以找到一個投影軸(特徵向量),在此特徵上即可處理此三類別的分類任務。

MEMO

10

類神經網路
Artificial Neural Network

類神經網路亦稱為人工神經網路或直接簡稱為神經網路，是模仿人類神經元結構與參考神經元運作模式而提出來的數學模型。其多層的非線性轉換方式可以讓模型可以做到分類預測，屬於機器學習的一個子領域，亦為深度學習的前身。類神經網路的概念促成現今深度學習蓬勃發展。本章從介紹神經網路最基礎的運作原理開始。

類神經網路到底怎麼模仿腦神經？

人類的腦神經並不是像類神經網路這樣一層接著一層，而是更複雜的結構，且大腦可以分成很多區塊，每個區塊都有不同的功能。但類神經網路將它簡單化，以一層一層的概念來組成神經網路，其基本的神經元稱為節點 (*node*)，其輸入 (*input*) 是上一層神經元的突觸，輸出 (*output*) 則是這個神經元的突觸，然後再傳給下一層細胞。

10.1 感知機神經網路(*Perceptron Neural Network*)

類神經網路是基於生物神經元運作而發展的一種學習模型，其基礎運算單元稱為感知機 (*Perceptron*)，感知機可以被視為最簡單形式的前向傳遞神經網路 (*feedforward neural network*)，其組成包含：

1. 輸入元 (*Input node*)

2. 權重連結 (*Weights*)

3. 激活函數 (*Activation function*)

4. 輸出元 (*Output node*)

下圖是一個感知機神經網路：

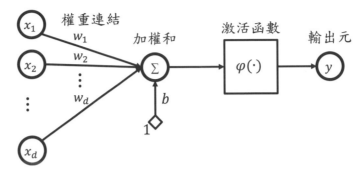

圖 10.1　單一感知機神經網路。

我們將感知機神經網路圖轉換成數學式子，如下：

$$y = \varphi\left(w_1 x_1 + w_2 x_2 + \cdots w_d x_d + b\right) = \varphi\left(\sum_{i=1}^{d} w_i x_i + b\right) = \varphi\left(\mathbf{w}^T \mathbf{x} + b\right)$$

上式中的 $\varphi(\bullet)$ 為激活函數。

10.1.1　常用的激活函數 (*Activation function*)

常用的激活函數有 1. 單位階梯函數 (*unit step function*)、2. *Sigmoid* 函數、3. 雙曲正切函數 (*hyperbolic tangent function*，*tanh*) 和 4. 整流線性單位函數 (*Rectified Linear Unit*, *ReLU*)。

1. 單位階梯函數

$$\varphi(x) = \begin{cases} 1 & x \geq 0 \\ 0 & x < 0 \end{cases}$$

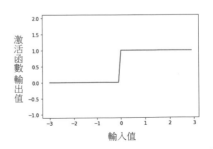

圖 10.2　單位階梯函數

2. *Sigmoid* 函數

$$\varphi(x) = \text{sigmoid}(x) = \frac{1}{1+e^{-x}} = \frac{e^x}{1+e^x}$$

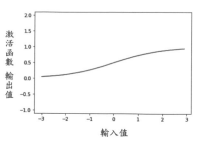

圖 10.3 *Sigmoid* 函數

3. 雙曲正切函數 (*tanh*)

$$\varphi(x) = \tanh(x) = \frac{e^x - e^{-x}}{e^x + e^{-x}}$$

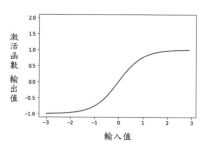

圖 10.4 *tanh* 函數

4. 整流線性單位函數 (*ReLU*)

$$\text{ReLU}(x) = \max\left(0, x\right) = \begin{cases} x & x > 0 \\ 0 & x \le 0 \end{cases}$$

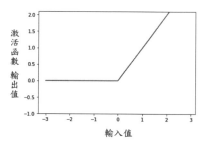

圖 10.5 *ReLU* 函數

ReLU 函數是深度學習最常使用的激活函數，原因在於其微分特性非 1 即 0：

$$\text{ReLU}(x) = \begin{cases} x & x > 0 \\ 0 & x \le 0 \end{cases} \Rightarrow \text{ReLU}'(x) = \begin{cases} 1 & x > 0 \\ 0 & x \le 0 \end{cases}$$

> 注意！激活函數必須是可微分的函數。*ReLU* 函數在數學上並非處處可微分，但在深度學習當函數輸入為 0 時採用「偽梯度」，讓輸入為小於等於 0 的部分在 *ReLU* 微分時，函數還是可以有輸出，通常輸出設為 0。*ReLU* 函數的微分特性使得神經網路過於深層的時候，可以稍微減緩梯度消失或是梯度爆炸的問題（細節請看第 11 章）。

ReLU 函數的變形也在最近的研究被提出，例如 *Leaky ReLU*：

$$\text{Leaky ReLU}(x)=\begin{cases} x & x>0 \\ \lambda x & x\le 0 \end{cases},$$

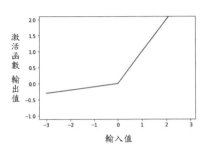

$$\lambda \in (0,1) \Rightarrow \text{ReLU}'(x)=\begin{cases} 1 & x>0 \\ \lambda & x\le 0 \end{cases}$$

圖 10.6　*Leaky ReLU* 函數

上式中 λ 為常數，一般設定為 0.1。因為 *ReLU* 可能會發生神經元死亡 (*dead neuron*)，也就是 *ReLU* 的輸出永遠是 0（此書不細說此部分，有興趣的讀者可參考其他深度學習書籍，見書末的參考書目）。因此將 *ReLU* 換成 *Leaky ReLU* 確保當激活函數的輸入小於 0 的情況下也會有非零的輸出，這樣在做倒傳遞(反向傳播)的過程中可以確保仍有梯度可進行更新。

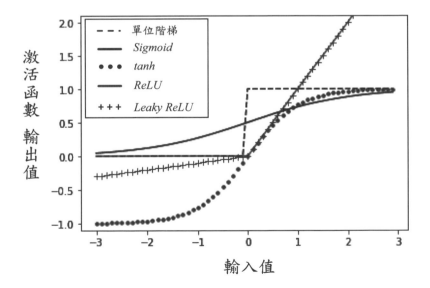

圖 10.7　不同激活函數放在一起比較

在此我們舉一個範例來說明感知機神經網路如何運作。假設有四個樣本分成兩類(A 和 B)，四個樣本分別為：

$$(x_1, x_2, y) = \{(0,0,B), (1,0,A), (0,1,A), (1,1,A)\}$$

只需要一個簡單的決策線 (*decision boundary*，或稱決策邊界) 即可完美分類出兩類的問題 (下圖)，因此採用**單一感知機神經網路的神經元運算** $f(\mathbf{x}) = x_1 + x_2 - 0.5$ 和**單位階梯函數**即可將 A 和 B 這兩類分開，請注意！這裡 x_1、x_2 的係數 w_1、w_2 皆為1。

$$\varphi(x) = \begin{cases} A & f(\mathbf{x}) \geq 0 \\ B & f(\mathbf{x}) < 0 \end{cases}$$

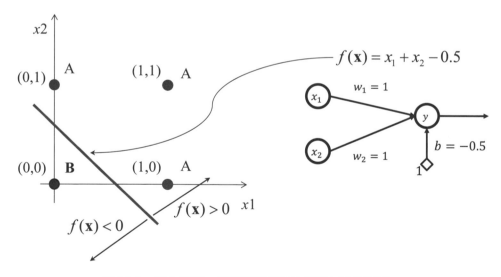

圖 10.8　用右邊單一感知機即可完美分類左圖的問題。

讀者應該有發現到，感知機神經網路運算的 $\mathbf{w}^T\mathbf{x} + b$ 跟線性迴歸 $\mathbf{y} = \mathbf{x}^T\boldsymbol{\beta}$ 看起來做的事一樣，但**感知機神經網路在運算後多了一個非線性的激活函數**，才讓神經網路突破以往線性迴歸無法做到的非線性運算。

我們將焦點轉回分類問題上,感知機神經網路的神經元經過運算後,若激活函數採用 *Sigmoid* 函數,則此感知機神經網路等同於羅吉斯迴歸 (*Logistic regression*)。其實線性迴歸和羅吉斯迴歸皆為感知機神經網路的特例,不同的是線性迴歸和羅吉斯迴歸在推導過程中是採用基礎統計的假設,例如羅吉斯迴歸用到的機率函數為伯努利機率函數,而線性迴歸的最大概似函數估計法是假設依變數服從常態分佈。

線性迴歸的殘差也有一些基礎假設,而在感知機神經網路上則無任何假設(我們在第 7 章就有講到),它是利用倒傳遞法(見第 12 章)讓感知機神經網路的輸出和真實結果的差值最小化。

10.2 多層感知機神經網路(*Multilayer perceptron,MLP*)

如果將問題難度提升為樣本分別為:

$$(x_1, x_2, y) = \{(0, 0, B), (1, 0, A), (0, 1, A), (1, 1, B)\}$$

這時候單一感知機神經網路已經無法完美將此問題分類好,如下圖:

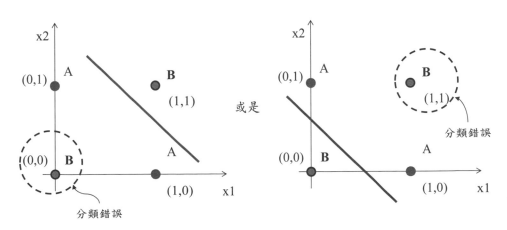

圖 10.9 單一感知機神經網路,無論怎麼用單一神經元運算都無法完美分類。

由上圖應該可發現到用一條線分不出來，那就用兩條啊！也就是說如果我們將兩個 A 神經元用兩條線做夾擊 (下圖)，即可將上述問題完美分類，

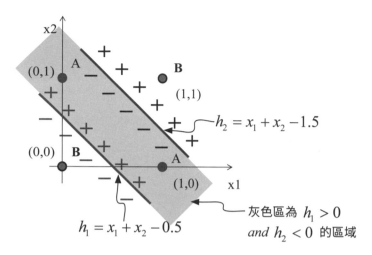

圖 10.10　兩個神經元夾擊的灰色部分屬於一類，其他區域屬於另一類。

所以兩個神經元 ($h_1 = x_1 + x_2 - 0.5$ 和 $h_2 = x_1 + x_2 - 1.5$) 只需要將判斷條件設定為下面這樣即可：

$$類別(\mathbf{x}) = \begin{cases} 若\,(h_1 \geq 0)\,and\,(h_2 < 0) \Rightarrow A\,類 \\ 若\,(h_1 < 0)\,or\,(h_2 \geq 0) \quad \Rightarrow B\,類 \end{cases}$$

但，這樣的式子還是有點複雜，因此我們將兩個神經元的輸出 (h_1 和 h_2)，再用一個神經元來運算，此神經元運算為：

$$z = h_1 - 2h_2 - 1$$

則最後判斷方式為：

$$類別(\mathbf{x}) = \begin{cases} 若\quad z \geq 0 \Rightarrow A\,類 \\ 若\quad z < 0 \Rightarrow B\,類 \end{cases}$$

我們將上述過程的數學式子用感知機神經網路的方式來呈現：

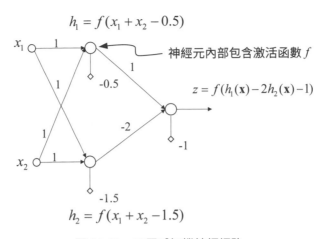

圖 10.11 三層感知機神經網路。

圖中的 f 為激活函數，不過為了簡化起見，我們將激活函數在上圖中併入神經元內。上圖的例子是有三層結構的感知機神經網路，$\mathbf{x} = \begin{bmatrix} x_1 \\ x_2 \end{bmatrix}$ 為**輸入層** (*Input layer*)，$\mathbf{h} = \begin{bmatrix} h_1 \\ h_2 \end{bmatrix}$ 為**隱藏層** (*Hidden layer*)，z 為**輸出層** (*Output layer*)。此結構稱為**多層感知機神經網路** (*Multilayer perceptron*，*MLP*)。

一般化的多層感知機神經網路除了固定需要一個輸入層和輸出層外，隱藏層個數可介於零至無窮多，下圖為四層的感知機神經網路：

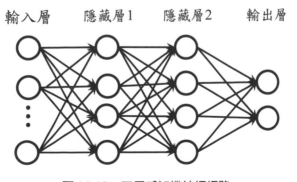

圖 10.12 四層感知機神經網路。

10.2.1 多層感知機神經網路與深度學習的區別

當隱藏層數量多一些，就是更深層的神經網路模型，然而多層感知機神經網路就算層數達到 100 層依然還是多層感知機神經網路，仍非深度學習（*Deep Learning*）。兩者的區隔在於深度學習本身是一種特徵表徵學習（*feature representation learning*），藉由大量資料直接處理非結構資料，自行學習找出特徵來建模，透過建構多層非線性的神經網路，進行高維度資料轉換，從中萃取出足以描述資料特性的特徵。

不過多層感知機神經網路其實還是有被廣泛使用在深度學習的方法中，在深度學習中所採用的全連結層（*fully connection layer*）其實就是多層感知機神經網路的一層，但在深度學習中並非用全連結層來達到前述「透過建構多層非線性的神經網路，從非結構資料中自行學習特徵資料」，例如使用卷積神經網路（*Convolutional Neural Network*，*CNN*）等來達到此目的。

10.2.2 透過激活函數做到特徵非線性轉換

接下來我們利用下圖來說明前述範例，如何在多層感知機神經網路中利用非線性轉換進行分類。在此，激活函數採用單位階梯函數（*step function*）來說明如何做到非線性轉換。

由右頁圖可以發現神經網路每一層之間的計算都是在進行特徵轉換，所以輸入層的兩個維度特徵，可藉由神經網路層內神經元數量的設定達到特徵轉換的工作。在神經元內的計算為線性特徵轉換，再藉由激活函數做非線性轉換。此例的激活函數是採用單位階梯函數，若激活函數是用 *Sigmoid* 函數，其實方法也類似，詳見本書最後面的參考書目 Ref2、Ref3。

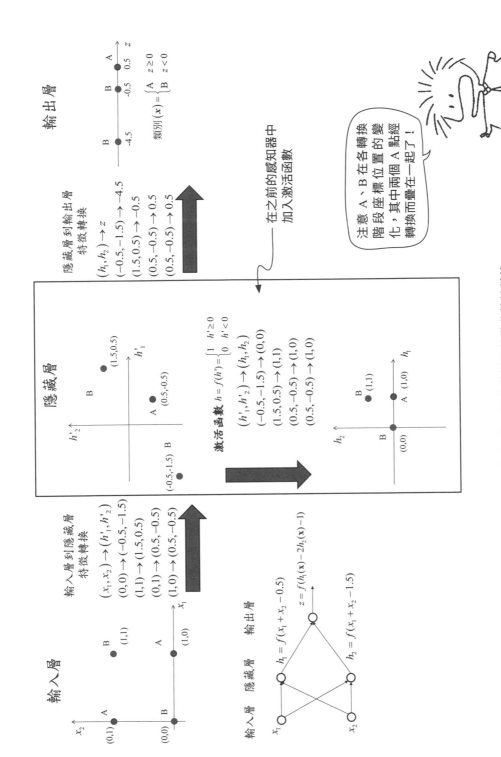

圖 10.13　激活函數用單位階梯函數做非線性轉換。

最後在輸出層部分，再依據應用方式進行輸出層的運算。一般輸出層若設定為一個神經元通常是用在迴歸問題上，而此例是二分類問題（要分隔出 A、B 兩個分類），所以也可以藉由一個神經元的輸出，然後設定閾值來進行分類。

當分類問題是要進行多類別分類時，用此方式在模型訓練會變得非常困難，因此如果是多類別分類問題，我們需要將輸出層的神經元輸出設定為總類別數，然後採用交叉熵（見 5.6.3）來進行損失函數的計算，即可處理多類別分類問題。損失函數計算出來的結果則利用第 11 章要介紹的倒傳遞學習法來進行神經網路參數的學習。

讀者看到這邊有沒有發現到，讓神經網路可以達到有效分類的權重，也就是下圖神經元之間的連線部分（即圈起來的部分）：

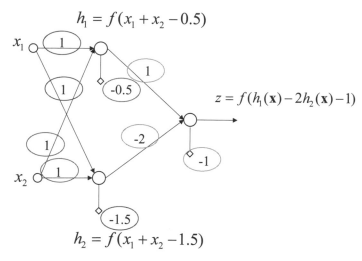

圖 10.14　神經網路的權重

上圖這些被圈起來的稱為神經網路的權重（$weights$），也稱為參數（$parameters$）；所以如何有效學習把這些權重參數修正成最適合的值，是神經網路發展很重要的一個方向，倒傳遞學習法即為神經網路修正參數最常用的方法。

10.3　神經網路的前向傳遞

多層感知機神經網路的前向傳遞 (*feedforward or forward pass*) 運作，就是
依照輸入層→隱藏層→輸出層的運算程序，說明如下。

10.3.1　輸入層到隱藏層的前向傳遞

假設有個 3 層感知機神經網路的結構 (下圖)，輸入層為 d 個神經元，隱藏
層有 p 個，輸出層有 m 個，隱藏層的激活函數為 f_1，輸出層的激活函數為
f_2：

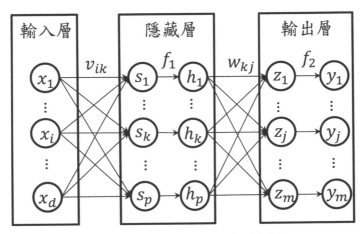

圖 10.15　三層感知機神經網路架構

輸入層到隱藏層的前向傳遞後的值為 $s_k, k = 1, 2, ..., p$，經由激活函數 f_1 後，
結果為 $h_k, k = 1, 2, ..., p$。而輸入層到隱藏層的前向傳遞運算為輸入層神經元
經由**加權線性和** (v_{ik} 為第 i 個輸入到第 k 個隱藏層神經元的權重)：

$$s_k = \sum_{i=1}^{d} v_{ik} x_i$$

經過激活函數 (f_1) 的非線性轉換後,得到隱藏層的輸出 h_k:

$$h_k = f_1\left(s_k\right)$$

10.3.2 隱藏層到輸出層的前向傳遞

隱藏層到輸出層的前向傳遞後的值為 $z_j, j = 1, 2, ..., m$,經由激活函數 f_2 後,結果為 $y_j, j = 1, 2, ..., m$,其中隱藏層到輸出層的前向傳遞運算為隱藏層神經元經由**加權線性和** (w_{kj} 為第 k 個隱藏層神經元到第 j 個輸出層神經元的權重):

$$z_j = \sum_{k=1}^{p} w_{kj} h_k \, \circ$$

再經過激活函數 (f_2) 的非線性轉換後,得到輸出層的輸出 $\hat{y}_j$:

$$\hat{y}_j = f_2(z_j) \, \circ$$

本章先瞭解神經網路前向傳遞的運作,在第 12 章會結合倒傳遞學習法將整個神經網路求權重參數的運算流程實作一遍,就更能理解了。

11

梯度下降法
Gradient Descent

本章介紹機器學習、深度學習在訓練模型時使用的梯度下降法 (*Gradient Descent*)，此演算法是藉由最小化損失函數來不斷更新模型參數以得到最佳解。機器學習和深度學習主流方法都是基於梯度下降法或其改良方法來進行模型參數更新求解，因此非常重要。

11.1　梯度是微分的觀念

梯度下降法為神經網路最常用於尋找最佳模型參數的演算法，我們先來說明梯度下降法需具備的基本知識。

11.1.1　用微分找函數的極小值

機器學習與深度學習是藉由計算損失函數極小值的方式來得到模型參數。我們先來看一個簡單的函數 $f(x) = ax^2 + bx + c$，怎麼求它的極小值呢？

$$\min_x f(x) = \min_x \left\{ ax^2 + bx + c \right\}$$

這裡 $\min_x f(x)$ 的意思就是要找出一個 x 值叫 x^*，使得 $f(x)$ 出現極小值 $f(x^*)$，這問題可以靠微分的方式來解決。

在微積分中，要找方程式的極值需對選定的變數進行微分，並且令微分後的式子等於 0 來找解，找到的解若不是函數的極大值就是極小值 (以二次函數來說)。而結果是極大值還是極小值就看二次微分代入找出來的值，若結果是大於 0 則有極小值，若是小於 0 則有極大值。

範例：假設有一方程式 $f(x) = x^2 - 10x + 1$，求 $\min_x f(x)$ 的 x^*。

我們對 $f(x)$ 做微分，並令微分後的式子等於 0，即

$$f'(x) = \frac{df(x)}{dx} = 2x - 10 = 0 \quad \longleftarrow \multimap \quad \text{將 } f(x) \text{ 對 } x \text{ 做一次微分,令其為 } 0$$

$$\Rightarrow x = 5 \qquad\qquad \longleftarrow \multimap \quad \text{解出 } x \text{,此即為 } x^*$$

再對方程式做二次微分

$$f''(x) = \frac{d^2 f(x)}{dx^2} = 2 > 0 \quad \longleftarrow \multimap \quad \text{做二次微分}$$

二次微分大於 0,所以當 $x^* = 5$, $f(x)$ 有極小值 $f(5) = -24$。

上述範例是找到最小化解的方法,但若我們將問題改成要找出此方程式的極大值時,此問題還有解嗎?答案是沒有,因為答案在無窮大,見下圖。

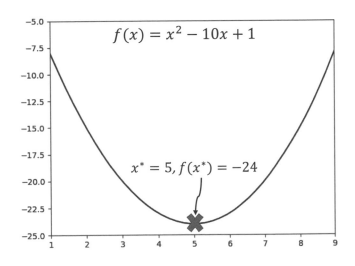

圖 11.1 上凹函數只有極小值

我們可以發現 $f(x) = x^2 - 10x + 1$ 是個上凹函數,所以只有極小值,而極大值在無窮大的地方繼續往上延伸。

 梯度下降法需要用到微分,如果您已經忘記微積分,可以閱讀書後的推薦書目 *Ref.*1《機器學習的數學基礎》一書。

11.1.2 離散資料用逼近的方式求解

以上是二次函數的求解方式，但在機器學習或是深度學習中，我們收集的訓練資料是離散的資料點，我們就需要利用歸納、訓練學習的方式去找出這些資料間的關係。

在此假設有一個迴歸模型如下：

$$y = \beta_0 + \beta_1 x$$

我們需要從訓練資料中找到迴歸模型的參數 β_0 和 β_1。

範例一：訓練資料只有一筆資料 $(x, y) = \{(2, 4)\}$，我們將此資料代入方程式內：

$$4 = \beta_0 + 2\beta_1$$

這時候只有一個方程式，但參數有兩個，我們希望這個式子成立，這時候就沒有唯一解，例如 $(\beta_0, \beta_1) = (4, 0), (2, 1), \ldots$ 代入此式子皆成立，因此有無窮多組解。

範例二：訓練資料只有兩筆資料 $(x, y) = \{(2, 4), (1, 3)\}$，我們將此資料代入方程式內：

$$\begin{cases} 4 = \beta_0 + 2\beta_1 \\ 3 = \beta_0 + 1\beta_1 \end{cases} \Rightarrow \begin{cases} \beta_0 = 2 \\ \beta_1 = 1 \end{cases}$$

兩筆資料、兩個參數可找到唯一解 $(\beta_0, \beta_1) = (2, 1)$。

範例三：訓練資料有三筆 $(x, y) = \{(2, 4), (1, 3), (3, 8)\}$，我們將三筆資料都代入方程式看看能否求唯一解：

$$\begin{cases} 4 = \beta_0 + 2\beta_1 \cdots (1) \\ 3 = \beta_0 + 1\beta_1 \cdots (2) \\ 8 = \beta_0 + 3\beta_1 \cdots (3) \end{cases}$$

$(1)-(2)\Rightarrow \beta_1 = 1$ 代入 (3)，求得 $\beta_0 = 5$，但此解只會在方程式 (3) 成立，在方程式 (1) 和 (2) 皆不成立，因此三個點就不一定能求得精確解了。

我們將例子一到三畫成下圖：

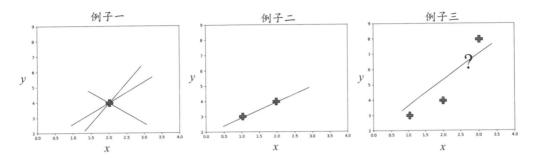

圖 11.2　迴歸模型的資料量與參數量的關係

由上述可以發現：

1. 範例一只有一個點，通過此點的線性方程式有無窮多組，也就是當資料量少於未知參數量 (模型參數)，有無窮多組解，表示資料量過少。

2. 範例二就是最常見的兩點可以求出唯一的線性方程式，但不太可能這麼剛好。

3. 範例三則是資料量多於未知參數量 (模型參數)，不一定有精確解。因此必須用逼近的方式求最佳解。

實務上，統計、機器和深度學習就是在處理範例一和三的問題，藉由不同演算法的限制 (先決條件) 來逼近一個線性方程式，例如迴歸分析是希望預測誤差最小化。而這個求解的過程最常見的方式就是用梯度下降法來找出近似解，去逼近演算法設定的損失函數的極值。

11.1.3 梯度與梯度方向

要利用梯度下降法，首先我們來瞭解梯度是什麼。

在 xy 平面上，只有一個參數 x 的函數 $y = f(x)$，其梯度就是 $f(x)$ 對 x 的微分，用 $f'(x) = \dfrac{df(x)}{dx}$ 來表示。當代入任何一點 $x = x_0$，則 $f'(x_0)$ 的值 (純量，也是一維向量) 就是 $f(x)$ 函數在 x_0 的斜率，也代表 $x = x_0$ 變動一點點時對 $f(x)$ 變動的影響程度。

如果是在三維空間，也就是有兩個參數 x、y 的函數 $z = f(x, y)$，則梯度會有 x 和 y 兩個方向的變動，此時梯度就是個二維向量，其分量分別是 $f(x, y)$ 對 x 與 y 的偏微分，此梯度向量用 *Nabla* 算子 (或稱 *Del* 算子) 來表示，寫為：

$$\nabla f(x, y) = \begin{bmatrix} \dfrac{\partial f(x, y)}{\partial x} \\ \dfrac{\partial f(x, y)}{\partial y} \end{bmatrix}$$

同理，假設一個多維函數有 d 個參數 x_1、x_2、…、x_d，我們將其寫為一個向量：

$$\mathbf{x} = \begin{bmatrix} x_1 \\ x_2 \\ \vdots \\ x_d \end{bmatrix}$$

其函數 $f(x_1, x_2, \cdots, x_d)$ 就用 $f(\mathbf{x})$ 來表示。
則 $f(\mathbf{x})$ 的梯度如右式：

$$\nabla f(\mathbf{x}) = \begin{bmatrix} \dfrac{\partial f(\mathbf{x})}{\partial x_1} \\ \dfrac{\partial f(\mathbf{x})}{\partial x_2} \\ \vdots \\ \dfrac{\partial f(\mathbf{x})}{\partial x_d} \end{bmatrix}$$

在函數上某一點與周圍其它點的梯度 (斜率) 變化有大有小，梯度向量的方向會朝向能使梯度變化最大的那個方向，也就是朝向能使「斜率絕對值」較大的方向。以下我們從範例來理解。

範例 1：假設 $f(x) = 5x^2 + x + 10$：

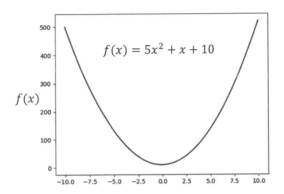

圖 11.3　凹向上的一元二次函數有極小值

其梯度為：

$$f'(x) = \frac{df(x)}{dx} = 10x + 1$$

我們取 x 值為 5，可得其對應到 $f(x)$ 函數的座標為 $(5, f(5)) = (5, 140)$。此點的梯度也就是 $f'(5) = 10 \cdot 5 + 1 = 51$，見下圖：

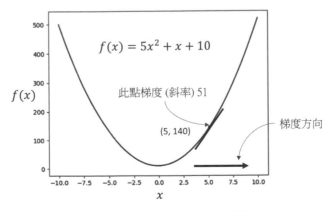

圖 11.4　梯度方向會朝向能使函數值增大的方向

我們可以由上圖看出，以 $x = 0.0$ 為中心，x 值朝右變動一點點，就能使梯度變化更大，因此梯度方向是朝向 x 變大的方向（朝右）。同理，在 $x = 0.0$ 左側的梯度變化是負數，取絕對值也是 x 越朝左的梯度變化越大，此時的梯度方向會朝向 x 變小的方向（朝左）。以此例來說，x 值越遠離 $x = 0.0$ 的兩側，其梯度變化都會變得越大。

範例 2： 假設 $f(\mathbf{x}) = x_1^2 + 2x_2^2 + 3x_1 + 10$，其梯度為：

$$\nabla f(\mathbf{x}) = \begin{bmatrix} \dfrac{\partial f(\mathbf{x})}{\partial x_1} \\ \dfrac{\partial f(\mathbf{x})}{\partial x_2} \end{bmatrix} = \begin{bmatrix} 2x_1 + 3 \\ 4x_2 \end{bmatrix}$$

如果我們將函數 $f(\mathbf{x})$ 利用矩陣來表示，即為：

$$\begin{aligned} f(\mathbf{x}) &= x_1^2 + 2x_2^2 + 3x_1 + 10 \\ &= \begin{bmatrix} x_1 & x_2 \end{bmatrix} \begin{bmatrix} 1 & 0 \\ 0 & 2 \end{bmatrix} \begin{bmatrix} x_1 \\ x_2 \end{bmatrix} + \begin{bmatrix} 3 & 0 \end{bmatrix} \begin{bmatrix} x_1 \\ x_2 \end{bmatrix} + 10 \\ &= \mathbf{x}^T \begin{bmatrix} 1 & 0 \\ 0 & 2 \end{bmatrix} \mathbf{x} + \begin{bmatrix} 3 & 0 \end{bmatrix} \mathbf{x} + 10 \end{aligned}$$

我們對上式 $f(\mathbf{x})$ 進行矩陣偏微分，可得：

$$\nabla f(\mathbf{x}) = 2 \begin{bmatrix} 1 & 0 \\ 0 & 2 \end{bmatrix} \mathbf{x} + \begin{bmatrix} 3 & 0 \end{bmatrix}^T = \begin{bmatrix} 2 & 0 \\ 0 & 4 \end{bmatrix} \begin{bmatrix} x_1 \\ x_2 \end{bmatrix} + \begin{bmatrix} 3 \\ 0 \end{bmatrix} = \begin{bmatrix} 2x_1 + 3 \\ 4x_2 \end{bmatrix}$$

其實，無論是對二元二次式的 $f(\mathbf{x})$ 偏微分，或是對矩陣形式的 $f(\mathbf{x})$ 偏微分，兩種偏微分的求法得到的答案都一樣，只是看讀者偏好哪種方式求解做偏微分。然後我們將偏微分產生的梯度以下圖呈現：

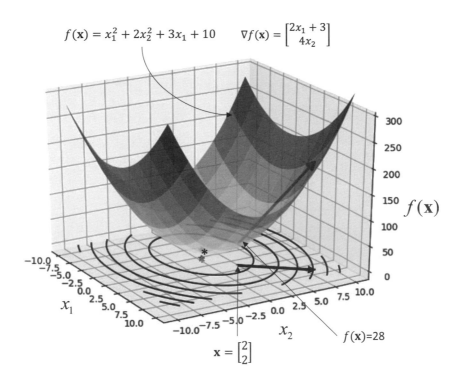

$$f(\mathbf{x}) = x_1^2 + 2x_2^2 + 3x_1 + 10 \qquad \nabla f(\mathbf{x}) = \begin{bmatrix} 2x_1 + 3 \\ 4x_2 \end{bmatrix}$$

圖 11.5 曲面函數與梯度方向

此範例極小值的位置在 $x^* = \begin{bmatrix} -1.5 \\ 0 \end{bmatrix}$（曲面底部在 x_1x_2 平面上的灰色 *），

有 最 小 值 $f(x^*) = f(x^* = \begin{bmatrix} -1.5 \\ 0 \end{bmatrix}) = x_1^2 + 2x_2^2 + 3x_1 + 10 = 2.25 + 0 - 4.5$

$+ 10 = 7.75$（曲面底部的黑色 *）。至於梯度方向，我們可以從曲面投影到

x_1x_2 平面上的等高線來看，由於梯度方向是朝能讓函數值增加最多的方

向，因此我們可以看到在 x_1x_2 平面上的那條黑色箭頭，就是當 $\boldsymbol{x} = \begin{bmatrix} 2 \\ 2 \end{bmatrix}$

時，能使函數值變化最大的方向。也就是說，那條 x_1x_2 平面上的黑色箭頭

就是當 $\boldsymbol{x} = \begin{bmatrix} 2 \\ 2 \end{bmatrix}$ 時的梯度方向。

11.2 梯度下降法的作法

梯度下降法是一種不斷去更新函數參數以找出使損失函數最小化的參數。因為在機器學習或是深度學習通常是希望最小化損失函數,所以在利用梯度下降法來找解的過程,參數修正的方向是要往梯度的反方向走才能朝極小值的方向,如此一來,參數解才會往損失函數最小化的地方前進,進而找到最佳參數解。

11.2.1 梯度下降法的運算方式

利用梯度下降法從當前位置移動到下一個位置的公式如下:

$$x^{(t+1)} = x^{(t)} - \gamma \nabla f \left(x^{(t)} \right)$$

其中 x 為參數的值,t 是更新的次數,所以 $x^{(t+1)}$ 為第 $t+1$ 次更新參數的參數值。而 γ 是學習率 (*learning rate*) 用來控制梯度下降的幅度,γ 的值一般來說是介於 0~1 之間,γ 越大則下降幅度越多,越小則下降幅度越小,通常需視情況調整。我們接下來用範例來說明如何用梯度下降法來找到函數的極小值。

範例 1:函數 $f(x) = x^2 - 10x + 1$,利用梯度下降法求極小值。

$f(x)$ 的梯度為 $f'(x) = 2x - 10$,初始值設定為 $x^{(0)} = 20$

梯度下降法公式:$x^{(t+1)} = x^{(t)} - \gamma \nabla f \left(x^{(t)} \right)$

> 這裡的 $\nabla f \left(x^{(t)} \right)$ 就是 $f' \left(x^{(t)} \right)$

假設學習率 γ 為 0.1。

已知 $x^{(0)} = 20$,則可如下迭代運算:

$$f'\left(x^{(0)}\right) = 2x^{(0)} - 10$$

$$x^{(1)} = x^{(0)} - 0.1\nabla f\left(x^{(0)}\right) = 20 - 0.1 \times \left(2 \times 20 - 10\right) = 20 - 3 = 17$$

$$x^{(2)} = x^{(1)} - 0.1\nabla f\left(x^{(1)}\right) = 17 - 0.1 \times \left(2 \times 17 - 10\right) = 17 - 2.4 = 14.6$$

$$x^{(3)} = x^{(2)} - 0.1\nabla f\left(x^{(2)}\right) = 14.6 - 0.1 \times \left(2 \times 14.6 - 10\right) = 14.6 - 1.92 = 12.68$$

…

$$x^{(100)} = x^{(99)} - 0.1\nabla f\left(x^{(99)}\right) = 5.00000$$

迭代 100 次後得到的 $x = 5.00000$ 可讓梯度 $f'(x)$ 下降到 0

如果當我們將學習率縮小為 0.01，則：

$$x^{(1)} = x^{(0)} - 0.01\nabla f\left(x^{(0)}\right) = 20 - 0.01 \times \left(2 \times 20 - 10\right) = 20 - 0.3 = 19.7$$

$$x^{(2)} = x^{(1)} - 0.01\nabla f\left(x^{(1)}\right) = 19.7 - 0.01 \times \left(2 \times 19.7 - 10\right) = 19.7 - 0.294 = 19.406$$

$$x^{(3)} = x^{(2)} - 0.01\nabla f\left(x^{(2)}\right) = 19.406 - 0.01 \times \left(2 \times 19.406 - 10\right) = 19.11788$$

…

$$x^{(100)} = x^{(99)} - 0.01\nabla f\left(x^{(99)}\right) = 6.98929$$

…

$$x^{(1000)} = x^{(999)} - 0.01\nabla f\left(x^{(999)}\right) = 5.0000$$

迭代 1000 次後得到的 $x = 5.00000$ 可讓梯度 $f'(x)$ 下降到 0

我們將不同學習率在此範例的梯度下降法過程作圖如下頁，可以發現學習率大一點可以更快找到極值 (此範例的極小值為 5)。在學習率為 0.1 時，經過學習 100 次後，解就收斂 (不再變動或是變動量差值非常小)；但當學習率為 0.01 時，學習的速度就非常的慢，要接近 1000 次的學習才能找到極小值，這兩個不同的學習率設定在求解的過程就差了 10 倍的學習次數。

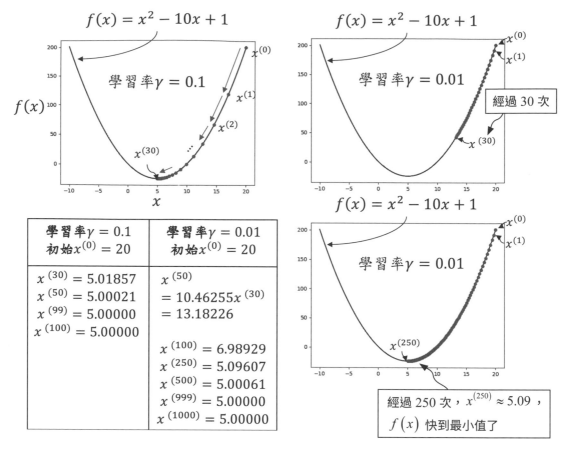

圖 11.6　學習率 0.1 與 0.01 收斂速度的差異

11.2.2　學習率過大會無法收斂

範例 2：我們嘗試把學習率放大為 1，看一下梯度下降法求解的過程：

$$x^{(1)} = x^{(0)} - \nabla f\left(x^{(0)}\right) = 20 - \left(2 \times 20 - 10\right) = 20 - 30 = -10$$

$$x^{(2)} = x^{(1)} - \nabla f\left(x^{(1)}\right) = -10 - \left(2 \times \left(-10\right) - 10\right) = -10 + 30 = 20$$

$$x^{(3)} = x^{(2)} - \nabla f\left(x^{(2)}\right) = 20 - \left(2 \times 20 - 10\right) = 20 - 30 = -10$$

$$x^{(4)} = x^{(3)} - \nabla f\left(x^{(3)}\right) = 10 - \left(2 \times (-10) - 10\right) = -10 + 30 = 20$$

...

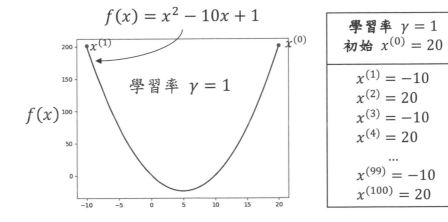

圖 11.7　學習率過大導致不能收斂

所以當學習率為 1 的時候，基本上解就是在 -10 和 20 兩個值之間跳來跳去而無法收斂，顯然學習率設定不佳有可能根本找不到解。

11.2.3　學習率過小有可能只找到局部低點

範例 3：函數 $f(x) = x^4 - 50x^3 - x + 1$，利用梯度下降法來求 $f(x)$ 極小值的梯度為 $f'(x) = 4x^3 - 150x^2 - 1$，初始值設定為 $x^{(0)} = -30$。

前面的範例已經寫過詳細的梯度下降法求解過程，依照同樣的演算方式，我們將學習率設定為 0.00001，由下頁圖我們看解的變化可以發現即使參數更新了一萬次，解似乎一直停在局部最低點，步子太小而無法跨越到有極小值的區域。

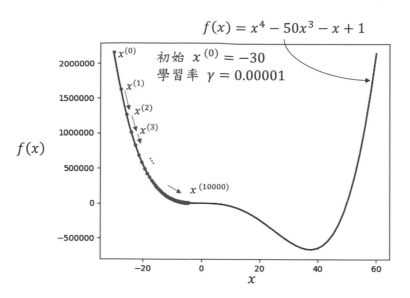

圖 11.8　學習率過小可能收斂到局部最低點。

但當我們將學習率設定為 0.0002，由下圖我們看解的變化，不但可以跨越局部最低點，參數也只需要更新 10 次就收斂了。

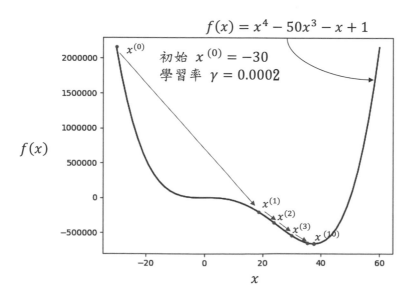

圖 11.9　適當的學習率可跨越局部最低點

針對上述學習率設定為 0.00001 看到的現象，我們稱為找到局部最小值 (*local minimum*，下圖曲線左方圓圈)，而在學習率設定為 0.0002 就可以找到此函數的極小值，我們稱為全域最小值 (*global minimum*，曲線右方圓圈)：

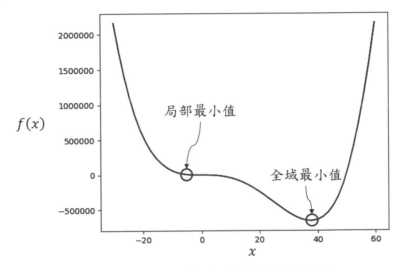

圖 11.10　函數的局部最小值與全域最小值

由前面的範例可以得知學習率的設定會影響找解的過程，當學習率過大可能無法收斂，而當學習率過小，有可能求解的次數要非常多才能走到最佳解，或者是落入局部最小值中。因此設定適當的學習率可以避免更新次數過多，也可以避免參數解掉入局部最小值。

此領域的研究不斷提出不同的方法想要克服學習率的影響，例如 *Momentum*、*Adagrad*、*RMSprop*、*Adam*、*Ranger* 或是二階最佳化 (牛頓法、擬牛頓法) 等，但這些方法是降低學習率的影響程度，不代表可以不要學習率，因此該如何設定適當的學習率，在深度學習也是很重要的調整參數的步驟之一。讀者需要注意目前神經網路任何找解的演算法都**無法保證**找到的解為全域最佳解，只能確保這些方法可以減低落入區域最佳解的可能。

MEMO

Chapter

12

倒傳遞學習法
Backpropagation

倒傳遞學習法 (*Backpropagation*，亦稱為反向傳播) 是神經網路中用來更新模型的權重 (參數)，以達成監督式學習的方法。其目的為利用損失函數 (見6.6 節) 來進行參數的更新。本章延續第 10 章介紹過的 3 層神經網路架構 (見下圖，輸入層有 d 個神經元，隱藏層有 p 個，輸出層有 m 個，隱藏層的激活函數為 f_1，輸出層的激活函數為 f_2)，來繼續介紹倒傳遞學習法 (反向傳播)。

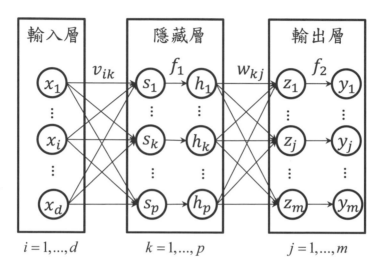

圖 12.1　三層感知機神經網路架構。

12.1　最小化損失函數以找出權重參數

我們在此要用誤差均方和 (*MSE*) 當作損失函數，並利用梯度下降法 (見第11 章) 找出能讓損失函數值極小化 (也就是收斂到損失函數最低點) 的權重參數值。假設我們有 n 筆訓練資料：

$$\left\{\left(\mathbf{x}^{(i)}, \mathbf{y}^{(i)}\right)\right\}, i = 1, 2, ..., n \ , \ \mathbf{x}^{(i)} = \begin{bmatrix} x_1^{(i)} \\ \vdots \\ x_d^{(i)} \end{bmatrix}, \ \mathbf{y}^{(i)} = \begin{bmatrix} y_1^{(i)} \\ \vdots \\ y_m^{(i)} \end{bmatrix}$$

注意！這裡的索引 *(i)* 是指第 i 筆資料，而不是圖 12.1 的輸入特徵索引 i。

每一筆資料 $\mathbf{x}^{(i)}$ 經由此 3 層神經網路的輸出為：

$$\hat{\mathbf{y}}^{(i)} = \begin{bmatrix} \hat{y}_1^{(i)} \\ \vdots \\ \hat{y}_j^{(i)} \\ \vdots \\ \hat{y}_m^{(i)} \end{bmatrix}$$

每一筆資料的神經網路輸出和實際值的誤差為：

$$\mathbf{e}^{(i)} = \hat{\mathbf{y}}^{(i)} - \mathbf{y}^{(i)} = \begin{bmatrix} \hat{y}_1^{(i)} - y_1^{(i)} \\ \vdots \\ y_j^{(i)} - y_j^{(i)} \\ \vdots \\ \hat{y}_m^{(i)} - y_m^{(i)} \end{bmatrix} = \begin{bmatrix} e_i^{(i)} \\ \vdots \\ e_j^{(i)} \\ \vdots \\ e_m^{(i)} \end{bmatrix}$$

所以每一筆資料的誤差平方和為：

$$E^{(i)} = \frac{1}{2} \sum_{j=1}^{m} \left(e_j^{(i)} \right)^2 = \frac{1}{2} \sum_{j=1}^{m} \left(\hat{y}_j^{(i)} - y_j^{(i)} \right)^2$$

 一般誤差平方和的損失函數大多前面會帶一個 $\frac{1}{2}$，原因是損失函數在進行後續相關推導大多採用偏微分的方式進行，所以加了 $\frac{1}{2}$ 的常數，在推導過程中可以剛好約分掉，但這並不影響整體尋找參數過程。

所有訓練資料的誤差均方和值為：

$$E = \frac{1}{n} \sum_{i=1}^{n} E^{(i)}$$

模型學習的目的就是希望讓「所有樣本的輸出誤差均方和」越小越好,也就是求:

$$\min_{v_{ik},w_{kj}}\{E\}$$

針對圖 12.1 的權重 v_{ik}、w_{kj} 找到最佳解,即找到最佳的 v_{ik}、w_{kj} 讓損失函數最小化。

 請參照圖 12.1 中 v_{ik}、w_{kj} 的索引,其中 $i = 1,...,d$、$k = 1,...,p$、$j = 1,...,m$,這和接下來一些運算的索引密切相關,最好隨時和圖 12.1 比對參照。

因此重點在於如何找到最佳解,讓損失函數最小化,最常用的方式為尋找模型中損失函數對權重參數的梯度,然後利用梯度下降法來求得近似最佳解(見第 11 章)。也就是用目前的權重參數值去推算該參數的新值,直到參數收斂:

$$w_{kj} \leftarrow w_{kj} + \Delta w_{kj} = w_{kj} - \lambda \frac{\partial E}{\partial w_{kj}}$$

$$v_{ik} \leftarrow v_{ik} + \Delta v_{ik} = v_{ik} - \lambda \frac{\partial E}{\partial v_{ik}}$$

λ 為學習率 (learning rate)

由於梯度方向是朝向能使損失函數增加最多的方向,為了能讓梯度往損失函數最小值的方向移動,因此在上式中的梯度前面乘上 $-\lambda$,將梯度方向反過來,並用 λ 來控制每次移動的值。此外,損失函數 E 相對於各層權重參數的梯度:

E 相對於輸入層到隱藏層 v_{ik} 的梯度:$\dfrac{\partial E}{\partial v_{ik}}$

E 相對於隱藏層到輸出層 w_{kj} 的梯度:$\dfrac{\partial E}{\partial w_{kj}}$

其中，計算梯度 $\dfrac{\partial E}{\partial w_{kj}}$ 是先計算單一樣本 $\dfrac{\partial E^{(i)}}{\partial w_{kj}}$ 的梯度，最後將所有樣本計算出的梯度加總再除以 n 算平均值：

$$\frac{\partial E}{\partial w_{kj}} = \frac{\partial \dfrac{1}{n}\displaystyle\sum_{i=1}^{n} E^{(i)}}{\partial w_{kj}} = \frac{1}{n}\sum_{i=1}^{n}\frac{\partial E^{(i)}}{\partial w_{kj}}$$

同樣地，$\dfrac{\partial E}{\partial v_{ik}}$ 也是用這種方式計算。

12.2　隱藏層到輸出層 w_{kj} 的梯度（$\frac{\partial E}{\partial w_{kj}}$）

以下我們要來計算損失函數 E 相對於隱藏層到輸出層權重參數 w_{kj} 的梯度，也就是算出 $\dfrac{\partial E}{\partial w_{kj}}$。

以下先計算單一樣本 $E^{(i)}$ 的誤差平方和：

$$E^{(i)} = \frac{1}{2}\sum_{j=1}^{m}\left(e_j^{(i)}\right)^2 = \frac{1}{2}\sum_{j=1}^{m}\left(\hat{y}_j^{(i)} - y_j^{(i)}\right)^2$$

在此要利用微積分鏈鎖律（*Chain rule*）來將 $\dfrac{\partial E^{(i)}}{\partial w_{kj}}$ 拆解成下式：

$$\frac{\partial E^{(i)}}{\partial w_{kj}} = \frac{\partial E^{(i)}}{\partial z_j^{(i)}}\frac{\partial z_j^{(i)}}{\partial w_{kj}}$$

因此，只要分別求出 $\dfrac{\partial E^{(i)}}{\partial z_j^{(i)}}$ 與 $\dfrac{\partial z_j^{(i)}}{\partial w_{kj}}$，就能得到 $\dfrac{\partial E^{(i)}}{\partial w_{kj}}$。最後加總所有樣本的 $\dfrac{\partial E^{(i)}}{\partial w_{kj}}$ 再除以 n 就能算出 $\dfrac{\partial E}{\partial w_{kj}}$。

$$\frac{\partial E^{(i)}}{\partial z_j^{(i)}} = \frac{1}{2} \frac{\partial \sum_{j=1}^{m} \left(\hat{y}_j^{(i)} - y_j^{(i)} \right)^2}{\partial z_j^{(i)}}$$

$$= \frac{1}{2} \frac{\partial \sum_{j=1}^{m} \left(f_2\left(z_j^{(i)}\right) - y_j^{(i)} \right)^2}{\partial z_j^{(i)}}$$

$$= \sum_{j=1}^{m} \left(f_2(z_j^{(i)}) - y_j^{(i)} \right) f_2'(z_j^{(i)})$$

$$= \sum_{j=1}^{m} e_j^{(i)} f_2'(z_j^{(i)}) \quad \longleftarrow \quad f_2' \text{ 為激活函數 } f_2 \text{ 對 } z_j^{(i)} \text{ 的微分}$$

觀念引導：計算第 (i) 筆資料時，所有資料變數 $x^{(i)}$、$s^{(i)}$、$\mathbf{h}^{(i)}$、$y^{(i)}$、$E^{(i)}$ 都和 (i) 有關。而模型參數和激活函數 v_{ik}、w_{kj}、f_1、f_2 則是和模型結構有關，單筆資料無關。雖然 v_{ik} 和 w_{kj} 會因資料的前向傳遞、倒傳遞而修正，但它是依 E 的梯度而非 $E^{(i)}$ 的梯度修正。

由 10.3.2 節已知 $z_j^{(i)} = \sum_{k=1}^{p} w_{kj} h_k^{(i)}$，因此：$\dfrac{\partial z_j^{(i)}}{\partial w_{kj}} = \dfrac{\partial \sum_{k=1}^{p} w_{kj} h_k^{(i)}}{\partial w_{kj}} = h_k^{(i)}$

將前兩項得到的式子相乘可得：$\dfrac{\partial E^{(i)}}{\partial w_{kj}} = \dfrac{\partial E^{(i)}}{\partial z_j^{(i)}} \dfrac{\partial z_j^{(i)}}{\partial w_{kj}} = \left(\sum_{j=1}^{m} e_i^{(i)} f_2'\left(z_j^{(i)}\right) \right) h_k^{(i)}$

所有 (i) 筆資料算完，就可用 $\dfrac{\partial E}{\partial w_{kj}} = \dfrac{1}{n} \sum_{i=1}^{n} \dfrac{\partial E^{(i)}}{\partial w_{kj}}$ 算出平均。

12.3 輸入層到隱藏層 v_{ik} 的梯度 ($\frac{\partial E}{\partial v_{ik}}$)

現在要計算輸入層到隱藏層權重參數 v_{ik} 的梯度,同樣利用鏈鎖律可得:

$$\frac{\partial E^{(i)}}{\partial v_{ik}} = \frac{\partial E^{(i)}}{\partial s_k^{(i)}} \frac{\partial s_k^{(i)}}{\partial v_{ik}}$$

其中 $s_k^{(i)}$ 由 10.3.1 節而來。這邊我們需要再做一次鏈鎖律,將上式的 $\frac{\partial E^{(i)}}{\partial s_k^{(i)}}$ 再拆分如下:

$$\frac{\partial E^{(i)}}{\partial s_k^{(i)}} = \frac{\partial E^{(i)}}{\partial z_j^{(i)}} \frac{\partial z_j^{(i)}}{\partial s_k^{(i)}}$$

所以可知:

$$\frac{\partial E^{(i)}}{\partial v_{ik}} = \frac{\partial E^{(i)}}{\partial z_j^{(i)}} \frac{\partial z_j^{(i)}}{\partial s_k^{(i)}} \frac{\partial s_k^{(i)}}{\partial v_{ik}}$$

接下來,只要分別算出上式等號右邊的三項,就可以得到 $\frac{\partial E^{(i)}}{\partial v_{ik}}$。

計算第一項 ($\frac{\partial E^{(i)}}{\partial z_j^{(i)}}$)

這一項在前面 12.2 節已經算過,直接寫出來:

$$\frac{\partial E^{(i)}}{\partial z_j^{(i)}} = \sum_{j=1}^{m} e_j^{(i)} f_2'\left(z_j^{(i)} \right)$$

計算第二項 ($\frac{\partial z_j^{(i)}}{\partial s_k^{(i)}}$)

接下來算第二項,此處將 $z_j^{(i)} = \sum_{k=1}^{p} w_{kj} h_k^{(i)}$ 與 $h_k^{(i)} = f_1(s_k^{(i)})$ 代入得可:

$$\frac{\partial z_j^{(i)}}{\partial s_k^{(i)}} = \frac{\partial \sum_{k=1}^{p} w_{kj} h_k^{(i)}}{\partial s_k^{(i)}} = \frac{\partial \sum_{k=1}^{p} w_{kj} f_1(s_k^{(i)})}{\partial s_k^{(i)}} = w_{kj} f_1'(s_k^{(i)})$$

將 $s_k^{(i)} = \displaystyle\sum_{i=1}^{d} v_{ik} x_i^{(i)}$ 代入可得：$\dfrac{\partial s_k^{(i)}}{\partial v_{ik}} = \dfrac{\partial \displaystyle\sum_{i=1}^{d} v_{ik} x_i^{(i)}}{\partial v_{ik}} = x_i^{(i)}$

得到 $\dfrac{\partial E^{(i)}}{\partial v_{ik}}$

將上面三個偏微分式代回去可得：

$$\frac{\partial E^{(i)}}{\partial v_{ik}} = \frac{\partial E^{(i)}}{\partial z_j^{(i)}} \frac{\partial z_j^{(i)}}{\partial s_k^{(i)}} \frac{\partial s_k^{(i)}}{\partial v_{ik}} = \left(\sum_{j=1}^{m} e_j^{(i)} f_2'\left(z_j^{(i)}\right) \right) \left(w_{kj} f_1'\left(s_k^{(i)}\right) \right) x_i^{(i)}$$

小結

隱藏層到輸出層 w_{kj} 的梯度： $\dfrac{\partial E^{(i)}}{\partial w_{kj}} = \left(\displaystyle\sum_{j=1}^{m} e_j^{(i)} f_2'\left(z_j^{(i)}\right) \right) h_k^{(i)}$ ·················· (12.1)

輸入層到隱藏層 v_{ik} 的梯度： $\dfrac{\partial E^{(i)}}{\partial v_{ik}} = \left(\displaystyle\sum_{j=1}^{m} e_j^{(i)} f_2'\left(z_j^{(i)}\right) \right) \left(w_{kj} f_1'\left(s_k^{(i)}\right) \right) x_i^{(i)}$··(12.2)

而且 $\dfrac{\partial E}{\partial w_{kj}} = \dfrac{1}{n} \displaystyle\sum_{i=1}^{n} \dfrac{\partial E^{(i)}}{\partial w_{kj}}$ ，$\dfrac{\partial E}{\partial v_{ik}} = \dfrac{1}{n} \displaystyle\sum_{i=1}^{n} \dfrac{\partial E^{(i)}}{\partial v_{ik}}$ ⟵ 此處是對 $E^{(i)}$ 的 (i) 做加總，不是對 v_{ik} 的 i

所以我們可以看出，隱藏層到輸出層的權重參數 w_{kj} 的梯度 $\dfrac{\partial E}{\partial w_{kj}}$ 是由輸出層預測值與實際值的誤差 $e_j^{(i)} = \hat{y}_j^{(i)} - y_j^{(i)}$ 倒推而來。而輸入層到隱藏層的權重參數 v_{ik} 的梯度 $\dfrac{\partial E}{\partial v_{ik}}$ 又是由 w_{kj} 倒推而來。像這樣從最後一層的損失函數誤差往前面一層一層倒推，藉以修正各層權重參數的作法，就是倒傳遞學習法（亦稱反向傳播）。可看下圖的兩個粗箭頭幫助瞭解：

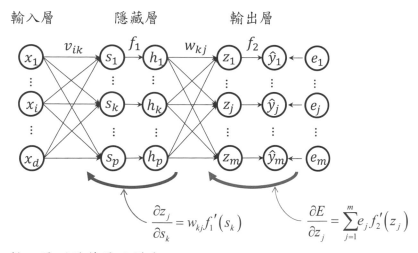

輸入層到隱藏層的梯度　　　隱藏層到輸出層的梯度

$$\frac{\partial E}{\partial v_{ik}} = \boxed{\frac{\partial E}{\partial z_j}}\boxed{\frac{\partial z_j}{\partial s_k}}\frac{\partial s_k}{\partial v_{ik}} \qquad \frac{\partial E}{\partial w_{kj}} = \boxed{\frac{\partial E}{\partial z_j}}\frac{\partial z_j}{\partial w_{kj}}$$

圖 12.2　倒傳遞學習法是從輸出層回推，並更新前面層的參數。

其次，我們從求得參數梯度的過程中可發現，不論在哪一層的參數，都需要算激活函數的微分，例如上圖的 $f_1'(s_k)$ 和 $f_2'(z_j)$，所以這也是為什麼激活函數唯一的要求就是需要可微分的原因。

12.4　用範例實作前向傳遞與倒傳遞

至此，我們已經學過神經網路的前向傳遞 (10.3 節) 以及倒傳遞學習法 (12.3 節)，要找出一個神經網路中的各層權重參數，就必須結合上面兩個過程：

(1) **前向傳遞**：先用預設權重參數算出預測值與實際值的誤差。

(2) **倒傳遞**：若誤差超過容許範圍，則從輸出層的誤差開始倒推，並更新各層權重參數。

(3) **前向傳遞**：用更新後的權重參數算出新的預測值，並判斷誤差是否在設定的容許範圍內。

(4) **倒傳遞：** 若誤差還是超過容許範圍，則從輸出層的誤差開始倒推，並更新各層權重參數。

⋯⋯不斷執行以上過程直到誤差到達容許範圍內⋯⋯

舉例： 有一個進行迴歸預測的神經網路，輸入層有三個變數（x_1, x_2, x_3），只有一層隱藏層有兩個節點（分別為s_1, s_2）且激活函數 f_1 設為 $ReLU$（激活函數輸出為h_1, h_2），最後只有一個輸出（y，為了簡化起見，取消激活函數 f_2），模型結構圖如下：

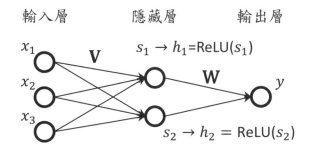

輸入層 → 隱藏層權重

$$\mathbf{V} = \begin{bmatrix} \mathbf{V_1} & \mathbf{V_2} \end{bmatrix} = \begin{bmatrix} v_{1,1} & v_{1,2} \\ v_{2,1} & v_{2,2} \\ v_{3,1} & v_{3,2} \end{bmatrix}$$

隱藏層 → 輸出層權重

$$\mathbf{W} = \begin{bmatrix} w_1 \\ w_2 \end{bmatrix}$$

圖 12.3　求此神經網路中的 **V** 與 **W** 權重值。

假設我們有兩筆輸入資料和神經網路對應的權重 **V** 與 **W** 的初值如下：

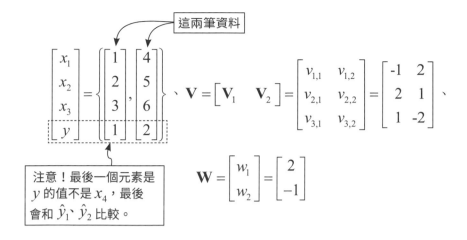

我們將各權重對應的位置標示在下圖中：

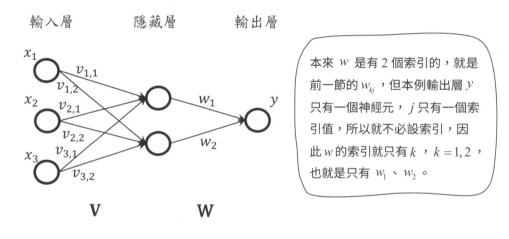

圖 12.4 　各權重在神經網路上對應的位置。

本範例我們接下來要做兩件事：

1. **前向傳遞**：將資料代入輸入層與 **V** 權重計算乘積和，再經由 *ReLU* 激活
   函數運算並與 **W** 權重計算乘積和，得到輸出層的預測值 $\hat{y}$，算出與實際
   值 y 的誤差。

2. **倒傳遞**：由輸出層的誤差反向推導回輸入層，其方法是利用梯度下降法
   最小化損失函數，以達到修正權重參數的目的。

12.4.1 前向傳遞計算預測值

此神經網路的前向傳遞要用的公式就是 10.3.1、10.3.2 節的式子，只是改用矩陣形式呈現，並採用 *ReLU* 函數做為激活函數，如下推導：

由 10.3.1 節：

$$s_k = \sum_{i=1}^{d} v_{ik} x_i$$

$$\Rightarrow s_k = \begin{bmatrix} x_1 & x_2 & \cdots & x_d \end{bmatrix} \begin{bmatrix} v_{1k} \\ v_{2k} \\ \vdots \\ v_{dk} \end{bmatrix}$$

$$\Rightarrow \mathbf{s} = \mathbf{x}^T \mathbf{V}$$

再由 10.3.2 節：

$$z_j = \sum_{k=1}^{p} w_{kj} h_k$$

$$\Rightarrow z_j = \begin{bmatrix} h_1 & h_2 & \cdots & h_p \end{bmatrix} \begin{bmatrix} w_{1j} \\ w_{2j} \\ \vdots \\ w_{pj} \end{bmatrix}$$

$$\Rightarrow \mathbf{z} = \mathbf{h} \mathbf{W}$$

由 10.3.2 節知道 $\hat{y}_j = f_2\left(z_j\right)$，因為此簡化的範例是取消激活函數 f_2 的作用，也就是 $f_2\left(z_j\right) = z_j$，因此上式可得：

$$\hat{y} = f_2(\mathbf{z}) = \mathbf{z} = \mathbf{h}\mathbf{W}$$
$$\Rightarrow \hat{y} = \mathbf{h}\mathbf{W}$$

而 $\mathbf{h}$ 是由輸入層到隱藏層經過 *ReLU* 激活函數而來，因此：

$$\hat{y} = \mathbf{h}\mathbf{W} = \left[\mathrm{ReLU}\left(\mathbf{x}^T \mathbf{V}\right) \right] \mathbf{W} \quad \cdots\cdots\cdots\cdots\cdots\cdots\cdots\cdots\cdots\cdots (12.3)$$

推導至此，已得到我們需要的前向傳遞運算的通式。

也就是說，我們要先算出輸入層到隱藏層的 $\mathbf{x}^T\mathbf{V}$，接著套用 *ReLU* 激活函數再與權重 $\mathbf{W}$ 相乘，得到輸出的預測值。

本例的輸入資料 $\mathbf{x}$ 共有兩筆：$\mathbf{x}^{(1)} = \begin{bmatrix} 1 & 2 & 3 \end{bmatrix}^T$、$\mathbf{x}^{(2)} = \begin{bmatrix} 4 & 5 & 6 \end{bmatrix}^T$，接下來要分別代入前向傳遞式子中算出預測值 $\hat{y}$：

$$\mathbf{s}^{(i)} = \begin{bmatrix} s_1^{(i)} & s_2^{(i)} \end{bmatrix} = \mathbf{x}^{(i)^T}\mathbf{V}$$

$$\mathbf{h}^{(i)} = \begin{bmatrix} h_1^{(i)} & h_2^{(i)} \end{bmatrix} = \mathrm{Re\,LU}(\mathbf{s}^{(i)}) \quad\cdots\cdots\cdots\cdots\cdots\cdots\cdots\cdots\cdots\cdots (12.4)$$

將第一筆資料 $\mathbf{x}^{(1)} = \begin{bmatrix} 1 & 2 & 3 \end{bmatrix}^T$ 代入 (12.4) 式：

$h_1^{(1)}$：大於 0 的元素經 *ReLU* 運算後不變

$$\mathbf{h}^{(1)} = \mathrm{ReLU}(\mathbf{x}^{(1)^T}\mathbf{V}) = \mathrm{ReLU}\left(\begin{bmatrix} 1 \\ 2 \\ 3 \end{bmatrix}^T \begin{bmatrix} -1 & 2 \\ 2 & 1 \\ 1 & -2 \end{bmatrix} \right) = \mathrm{ReLU}\left(\begin{bmatrix} 6 \\ -2 \end{bmatrix}^T \right) = \begin{bmatrix} 6 \\ 0 \end{bmatrix}^T$$

$h_2^{(1)}$：小於 0 的元素則變 0

再將第二筆資料 $\mathbf{x}^{(2)} = \begin{bmatrix} 4 & 5 & 6 \end{bmatrix}^T$ 代入 (12.4) 式：

$h_1^{(2)}$

$$\mathbf{h}^{(2)} = \mathrm{ReLU}(\mathbf{x}^{(2)^T}\mathbf{V}) = \mathrm{ReLU}\left(\begin{bmatrix} 4 \\ 5 \\ 6 \end{bmatrix}^T \begin{bmatrix} -1 & 2 \\ 2 & 1 \\ 1 & -2 \end{bmatrix} \right) = \mathrm{ReLU}\left(\begin{bmatrix} 12 \\ 1 \end{bmatrix}^T \right) = \begin{bmatrix} 12 \\ 1 \end{bmatrix}^T$$

$h_2^{(2)}$

接下來將激活函數運算的結果乘上隱藏層到輸出層的權重 $\mathbf{W}$，即可得到預測值：

$$\hat{y}^{(i)} = \mathbf{h}^{(i)}\mathbf{W}$$

$$\mathbf{W} = \begin{bmatrix} w_1 \\ w_2 \end{bmatrix} = \begin{bmatrix} 2 \\ -1 \end{bmatrix}$$

第一筆資料算出來的預測值：$\hat{y}^{(1)} = \begin{bmatrix} 6 \\ 0 \end{bmatrix}^T \begin{bmatrix} 2 \\ -1 \end{bmatrix} = 12$

第二筆資料算出來的預測值：$\hat{y}^{(2)} = \begin{bmatrix} 12 \\ 1 \end{bmatrix}^T \begin{bmatrix} 2 \\ -1 \end{bmatrix} = 23$

經由前向傳遞算過一輪之後，兩筆輸入資料得到第一次的預測結果是 12、23。然而此預測值與給定的正確值 1、2 有誤差 (還不小呢！)，表示一開始設定的權重初值不好，怎麼辦？此時我們就要利用倒傳遞學習法來修正權重。

12.4.2 用倒傳遞學習法反推以更新權重

現在我們要開始做倒傳遞了，請再回頭看圖 12.2。上方由左而右的箭頭就是前向傳遞「輸入層 → 隱藏層 → 輸出層」的計算方向，而下方由右而左的曲線箭頭就是倒傳遞「輸出層 → 隱藏層 → 輸入層」的計算方向，兩者方向相反。如此一來一往稱為一輪 (epoch) 運算，就可以做到權重更新。

倒傳遞需要用到梯度下降法以最小化損失函數，本例採用的損失函數即為 MSE (誤差均方和)，因為只有兩筆輸入資料，於是將損失函數訂為：

$$loss_{MSE} = \frac{1}{2} \sum_{i=1}^{2} E^{(i)}$$

$$E^{(i)} = \frac{1}{2}(e^{(i)})^2 = \frac{1}{2}\left(\hat{y}^{(i)} - y^{(i)}\right)^2$$

接著，我們要算出每一筆資料的 $e^{(i)}$ 值 (即誤差)：

第一筆資料的誤差：$e^{(1)} = \hat{y}^{(1)} - y^{(1)} = 12 - 1 = 11$

第二筆資料的誤差：$e^{(2)} = \hat{y}^{(2)} - y^{(2)} = 23 - 2 = 21$

前面有提過最後的梯度是所有樣本計算出的梯度進行平均數計算,所以我們一筆一筆資料來計算梯度,當然也可以全部資料擺成矩陣形式直接一起來算,因為此例的樣本數很少,所以此處用一筆一筆算的方式。

隱藏層到輸出層 W 的梯度

我們要由輸出層反向到隱藏層,計算損失函數 E 相對於 **W** 權重的梯度,由於此例的 **W** 只有 w_1、w_2,且 f_2 不做轉換,因此將 (12.1) 式調整為:

$$\frac{\partial E^{(i)}}{\partial w_1} = e^{(i)} f_2^{'}\left(z^{(i)}\right) h_1^{(i)} = e^{(i)} \cdot 1 \cdot h_1^{(i)} = e^{(i)} h_1^{(i)}$$

$$\frac{\partial E^{(i)}}{\partial w_2} = e^{(i)} f_2^{'}\left(z^{(i)}\right) h_2^{(i)} = e^{(i)} \cdot 1 \cdot h_2^{(i)} = e^{(i)} h_2^{(i)}$$

合併在一起可寫為:

$$\frac{\partial E^{(i)}}{\partial \mathbf{W}} = \begin{bmatrix} \dfrac{\partial E^{(i)}}{\partial w_1} \\[2mm] \dfrac{\partial E^{(i)}}{\partial w_2} \end{bmatrix} = \begin{bmatrix} e^{(i)} h_1^{(i)} \\ e^{(i)} h_2^{(i)} \end{bmatrix} = e^{(i)} \begin{bmatrix} h_1^{(i)} \\ h_2^{(i)} \end{bmatrix} = e^{(i)} \mathbf{h}^{(i)^T}$$

將數值代入上式可得:

第一筆資料此層的梯度:

$$\frac{\partial E^{(1)}}{\partial \mathbf{W}} = \begin{bmatrix} \dfrac{\partial E^{(1)}}{\partial w_1} \\[2mm] \dfrac{\partial E^{(1)}}{\partial w_2} \end{bmatrix} = \underset{e^{(1)}}{11} \underset{\mathbf{h}^{(1)^T}}{\begin{bmatrix} h_1^{(1)} \\ h_2^{(1)} \end{bmatrix}} = \begin{bmatrix} 11 \times 6 \\ 11 \times 0 \end{bmatrix} = \begin{bmatrix} 66 \\ 0 \end{bmatrix}$$

第二筆資料此層的梯度：

$$\frac{\partial E^{(2)}}{\partial \mathbf{W}} = \begin{bmatrix} \dfrac{\partial E^{(2)}}{\partial w_1} \\[2mm] \dfrac{\partial E^{(2)}}{\partial w_2} \end{bmatrix} = \overset{e^{(2)}}{21} \overset{\mathbf{h}^{(2)^T}}{\begin{bmatrix} h_1^{(2)} \\ h_2^{(2)} \end{bmatrix}} = \begin{bmatrix} 21 \times 12 \\ 21 \times 1 \end{bmatrix} = \begin{bmatrix} 252 \\ 21 \end{bmatrix}$$

兩筆資料此層的平均梯度為：

$$\frac{\partial E}{\partial \mathbf{W}} = \frac{1}{2}\left(\frac{\partial E^{(1)}}{\partial \mathbf{W}} + \frac{\partial E^{(2)}}{\partial \mathbf{W}} \right) = \frac{1}{2}\left(\begin{bmatrix} 66 \\ 0 \end{bmatrix} + \begin{bmatrix} 252 \\ 21 \end{bmatrix} \right) = \begin{bmatrix} 159 \\ 10.5 \end{bmatrix}$$

輸入層到隱藏層 V 的梯度

接著，我們要從隱藏層反向到輸入層，計算 **V** 權重的梯度：

$$\frac{\partial E^{(i)}}{\partial \mathbf{V}} = e^{(i)}\left(f_1'\left(s_k^{(i)}\right)\mathbf{W} \right)x_i^{(i)}$$

$$= e^{(i)} \cdot \text{ReLU}'\left(s^{(i)}\right)\mathbf{W}x_i^{(i)}$$

為了接下來的計算方便，在此將上式會用到的數值再列出來：

$$e^{(1)} = 11 \text{、} e^{(2)} = 21$$

$$\mathbf{s}^{(1)} = \begin{bmatrix} s_1^{(1)} \\ s_2^{(1)} \end{bmatrix}^T = \begin{bmatrix} 6 \\ -2 \end{bmatrix}^T \text{、} \mathbf{s}^{(2)} = \begin{bmatrix} s_1^{(2)} \\ s_2^{(2)} \end{bmatrix}^T = \begin{bmatrix} 12 \\ 1 \end{bmatrix}^T$$

$$\mathbf{W} = \begin{bmatrix} w_1 \\ w_2 \end{bmatrix} = \begin{bmatrix} 2 \\ -1 \end{bmatrix}$$

$$\mathbf{x}^{(1)} = \begin{bmatrix} x_1^{(1)} \\ x_2^{(1)} \\ x_3^{(1)} \end{bmatrix} = \begin{bmatrix} 1 \\ 2 \\ 3 \end{bmatrix} \text{，} \mathbf{x}^{(2)} = \begin{bmatrix} x_1^{(2)} \\ x_2^{(2)} \\ x_3^{(2)} \end{bmatrix} = \begin{bmatrix} 4 \\ 5 \\ 6 \end{bmatrix}$$

第一筆資料此層的梯度：

$$\frac{\partial E^{(1)}}{\partial \mathbf{V}} = \begin{bmatrix} \dfrac{\partial E^{(1)}}{\partial v_{1,1}} & \dfrac{\partial E^{(1)}}{\partial v_{1,2}} \\[2mm] \dfrac{\partial E^{(1)}}{\partial v_{2,1}} & \dfrac{\partial E^{(1)}}{\partial v_{2,2}} \\[2mm] \dfrac{\partial E^{(1)}}{\partial v_{3,1}} & \dfrac{\partial E^{(1)}}{\partial v_{3,2}} \end{bmatrix} = \begin{bmatrix} 11 \times \text{ReLU}'\!\left(s_1^{(1)}\right) w_1 x_1^{(1)} & 11 \times \text{ReLU}'\!\left(s_2^{(1)}\right) w_2 x_1^{(1)} \\[2mm] 11 \times \text{ReLU}'\!\left(s_1^{(1)}\right) w_1 x_2^{(1)} & 11 \times \text{ReLU}'\!\left(s_2^{(1)}\right) w_2 x_2^{(1)} \\[2mm] 11 \times \text{ReLU}'\!\left(s_1^{(1)}\right) w_1 x_3^{(1)} & 11 \times \text{ReLU}'\!\left(s_2^{(1)}\right) w_2 x_3^{(1)} \end{bmatrix}$$

$$= \begin{bmatrix} 11 \times \text{ReLU}'(6) \times 2 \times 1 & 11 \times \text{ReLU}'(-2) \times (-1) \times 1 \\ 11 \times \text{ReLU}'(6) \times 2 \times 2 & 11 \times \text{ReLU}'(-2) \times (-1) \times 2 \\ 11 \times \text{ReLU}'(6) \times 2 \times 3 & 11 \times \text{ReLU}'(-2) \times (-1) \times 3 \end{bmatrix}$$

$$= \begin{bmatrix} 22 & 0 \\ 44 & 0 \\ 66 & 0 \end{bmatrix}$$

ReLU 的微分當 x < 0 時為 0

ReLU 的微分當 x > 0 時為 1

第二筆資料此層的梯度：

$$\frac{\partial E^{(2)}}{\partial \mathbf{V}} = \begin{bmatrix} \dfrac{\partial E^{(2)}}{\partial v_{1,1}} & \dfrac{\partial E^{(2)}}{\partial v_{1,2}} \\[2mm] \dfrac{\partial E^{(2)}}{\partial v_{2,1}} & \dfrac{\partial E^{(2)}}{\partial v_{2,2}} \\[2mm] \dfrac{\partial E^{(2)}}{\partial v_{3,1}} & \dfrac{\partial E^{(2)}}{\partial v_{3,2}} \end{bmatrix} = \begin{bmatrix} 21 \times \text{ReLU}'\!\left(s_1^{(2)}\right) w_1 x_1^{(2)} & 21 \times \text{ReLU}'\!\left(s_2^{(2)}\right) w_2 x_1^{(2)} \\[2mm] 21 \times \text{ReLU}'\!\left(s_1^{(2)}\right) w_1 x_2^{(2)} & 21 \times \text{ReLU}'\!\left(s_2^{(2)}\right) w_2 x_2^{(2)} \\[2mm] 21 \times \text{ReLU}'\!\left(s_1^{(2)}\right) w_1 x_3^{(2)} & 21 \times \text{ReLU}'\!\left(s_2^{(2)}\right) w_2 x_3^{(2)} \end{bmatrix}$$

$$= \begin{bmatrix} 21 \times \text{ReLU}'(12) \times 2 \times 4 & 21 \times \text{ReLU}'(1) \times (-1) \times 4 \\ 21 \times \text{ReLU}'(12) \times 2 \times 5 & 21 \times \text{ReLU}'(1) \times (-1) \times 5 \\ 21 \times \text{ReLU}'(12) \times 2 \times 6 & 21 \times \text{ReLU}'(1) \times (-1) \times 6 \end{bmatrix}$$

$$= \begin{bmatrix} 168 & -84 \\ 210 & -105 \\ 252 & -126 \end{bmatrix}$$

兩筆資料此層的平均梯度為：

$$\frac{\partial E}{\partial \mathbf{V}} = \frac{1}{2}\left(\frac{\partial E^{(1)}}{\partial \mathbf{V}} + \frac{\partial E^{(2)}}{\partial \mathbf{V}}\right) = \frac{1}{2}\left(\begin{bmatrix} 22 & 0 \\ 44 & 0 \\ 66 & 0 \end{bmatrix} + \begin{bmatrix} 168 & -84 \\ 210 & -105 \\ 252 & -126 \end{bmatrix}\right) = \begin{bmatrix} 95 & -42 \\ 127 & -52.5 \\ 159 & -63 \end{bmatrix}$$

因此當 $\begin{bmatrix} x_1 \\ x_2 \\ x_3 \\ y \end{bmatrix} = \left\{ \begin{bmatrix} 1 \\ 2 \\ 3 \\ 1 \end{bmatrix}, \begin{bmatrix} 4 \\ 5 \\ 6 \\ 2 \end{bmatrix} \right\}$、$\mathbf{V} = \begin{bmatrix} -1 & 2 \\ 2 & 1 \\ 1 & -2 \end{bmatrix}$、$\mathbf{W} = \begin{bmatrix} 2 \\ -1 \end{bmatrix}$ 時，

兩層權重參數的梯度分別為：

$$\frac{\partial E}{\partial \mathbf{V}} = \begin{bmatrix} 95 & -42 \\ 127 & -52.5 \\ 159 & -63 \end{bmatrix}、\frac{\partial E}{\partial \mathbf{W}} = \begin{bmatrix} 159 \\ 10.5 \end{bmatrix}$$

用梯度下降法更新權重

接下來要更新權重參數，利用梯度下降法的公式（見 11.2.1 節）：

$$\mathbf{V} \leftarrow \mathbf{V} - \lambda\frac{\partial E}{\partial \mathbf{V}} = \begin{bmatrix} -1 & 2 \\ 2 & 1 \\ 1 & -2 \end{bmatrix} - \lambda\begin{bmatrix} 95 & -42 \\ 127 & -52.5 \\ 159 & -63 \end{bmatrix} = \begin{bmatrix} -1-95\lambda & 2+42\lambda \\ 2-127\lambda & 1+52.5\lambda \\ 1-159\lambda & -2+63\lambda \end{bmatrix}$$

$$\mathbf{W} \leftarrow \mathbf{W} - \lambda\frac{\partial E}{\partial \mathbf{W}} = \begin{bmatrix} 2 \\ -1 \end{bmatrix} - \lambda\begin{bmatrix} 159 \\ 10.5 \end{bmatrix} = \begin{bmatrix} 2-159\lambda \\ -1-10.5\lambda \end{bmatrix}$$

其中 λ 為學習率（*learning rate*），這邊可以看出來學習率會影響到求解的效率，例如當 $\lambda = 0.01$：

$$\mathbf{V} \leftarrow \mathbf{V} - 0.01\frac{\partial E}{\partial \mathbf{V}} = \begin{bmatrix} -1 & 2 \\ 2 & 1 \\ 1 & -2 \end{bmatrix} - \begin{bmatrix} 0.95 & -0.42 \\ 1.27 & -0.525 \\ 1.59 & -0.63 \end{bmatrix} = \begin{bmatrix} -1.95 & 2.42 \\ 0.73 & 1.525 \\ -0.59 & -1.37 \end{bmatrix}$$

更新後的 **V** 參數

$$\mathbf{W} \leftarrow \mathbf{W} - 0.01\frac{\partial E}{\partial \mathbf{W}} = \begin{bmatrix} 2 \\ -1 \end{bmatrix} - \begin{bmatrix} 1.59 \\ 0.105 \end{bmatrix} = \begin{bmatrix} 0.41 \\ -1.105 \end{bmatrix}$$

更新後的 **W** 參數

如此就完成第 1 輪 (*epoch*) 的權重更新。

12.4.3　用更新後的權重參數再做前向傳遞

然後再進行第 2 輪的前向傳遞，此時我們要換用更新過的權重參數 **V**、**W**。

將第一筆資料 $\mathbf{x}^{(1)} = \begin{bmatrix} 1 & 2 & 3 \end{bmatrix}^T$ 代入 (12.4) 式：

$$\mathbf{h}^{(1)} = \begin{bmatrix} \text{ReLU}\left(\mathbf{x}^{(1)T}\mathbf{V}\right) \end{bmatrix} = \text{ReLU}\left(\begin{bmatrix} 1 \\ 2 \\ 3 \end{bmatrix}^T \begin{bmatrix} -1.95 & 2.42 \\ 0.73 & 1.525 \\ -0.59 & -1.37 \end{bmatrix}\right) = \text{ReLU}\left(\begin{bmatrix} -2.26 \\ 1.36 \end{bmatrix}^T\right) = \begin{bmatrix} 0 \\ 1.36 \end{bmatrix}^T$$

再將第二筆資料 $\mathbf{x}^{(2)} = \begin{bmatrix} 4 & 5 & 6 \end{bmatrix}^T$ 代入 (12.4) 式：

$$\mathbf{h}^{(2)} = \begin{bmatrix} \text{ReLU}\left(\mathbf{x}^{(2)T}\mathbf{V}\right) \end{bmatrix} = \text{ReLU}\left(\begin{bmatrix} 4 \\ 5 \\ 6 \end{bmatrix}^T \begin{bmatrix} -1.95 & 2.42 \\ 0.73 & 1.525 \\ -0.59 & -1.37 \end{bmatrix}\right) = \text{ReLU}\left(\begin{bmatrix} -7.69 \\ 8.22 \end{bmatrix}^T\right) = \begin{bmatrix} 0 \\ 8.22 \end{bmatrix}^T$$

接下來將激活函數運算的結果乘上隱藏層到輸出層的權重 **W**，即可得到新的預測值：

$$\hat{\mathbf{y}} = \mathbf{h}\mathbf{W}$$

$$\mathbf{W} = \begin{bmatrix} w_1 \\ w_2 \end{bmatrix} = \begin{bmatrix} 0.41 \\ -1.105 \end{bmatrix}$$

第一筆資料算出來的預測值：$\hat{y}^{(1)} = \mathbf{h}^{(1)}\mathbf{W} = \begin{bmatrix} 0 \\ 1.36 \end{bmatrix}^T \begin{bmatrix} 0.41 \\ -1.105 \end{bmatrix} \approx -1.50$

第二筆資料算出來的預測值：$\hat{y}^{(2)} = \mathbf{h}^{(2)}\mathbf{W} = \begin{bmatrix} 0 \\ 8.22 \end{bmatrix}^T \begin{bmatrix} 0.41 \\ -1.105 \end{bmatrix} \approx -9.08$

然後再回到 12.4.2 節開頭，計算新預測值的誤差：

第一筆資料的誤差：$e^{(1)} = \hat{y}^{(1)} - y^{(1)} = -1.50 - 1 = -2.50$

第二筆資料的誤差：$e^{(2)} = \hat{y}^{(2)} - y^{(2)} = -9.08 - 2 = -11.08$

顯然調整過權重參數後的預測值與實際值的誤差縮小了。

倒傳遞法反覆迭代以更新權重

做一次前向傳遞與倒傳遞的步驟稱為一輪 (1 個 *epoch*) 運算，並將權重更新一遍。然後就可以將輸入資料用更新後的權重再進行前向傳遞以算出新的預測值。然後再用倒傳遞學習法去反向計算權重梯度以更新權重，如此經過多輪迭代運算，直到損失函數的值 (也就是誤差) 小到符合我們設定的誤差大小為止。當然，需要迭代的次數與設定的學習率有密切關係，這我們在第 11 章已經介紹過了。

上例將 λ 值設為 0.01 是為了手算方便，本節有另外提供 *Python* 範例程式檔 "*Bonus*-12.4.2 *ForwardBackward_example.ipynb*" 讓讀者下載 (請看本書最前面的「本書補充資料」)，可利用 *Jupyter Notebook* 或 *Colab* 開啟執行，並自行調整 λ 值以及要執行多少輪看結果有何差異。筆者將 λ 設定為 0.006，且執行 200 *epochs* 時，可以將第一筆資料的誤差值降低到 $e^{(1)} = 0.34594267$，第二筆資料的誤差值降低到 $e^{(2)} = -0.15822298$。此時的兩個權重參數約為：

$$\mathbf{V} = \begin{bmatrix} -1.255 & 1.947 \\ 1.405 & 0.934 \\ 0.065 & -2.080 \end{bmatrix}$$

$$\mathbf{W} = \begin{bmatrix} 0.769 \\ -0.803 \end{bmatrix}$$

此即為圖 12.4 中每個權重參數的值了。

12.5　梯度消失與梯度爆炸

倒傳遞學習是藉由梯度下降法來運算，當神經網路的層數很多時，在大量計算梯度偏微分時可能會發生梯度不穩定的情形，也就是**梯度消失**（*Vanishing gradient*）或是**梯度爆炸**（*Exploding gradient*），原因在於最前面的層，參數的梯度會用到所有層的激活函數微分後相乘。以上面的範例為例子，層數為 3，輸入層到隱藏層的參數梯度就會用到兩個激活函數的微分相乘，

$$\frac{\partial E}{\partial v_{ik}} = \left(\sum_{j=1}^{m} e_j f_2'(z_j) \right) \left(w_{kj} f_1'(s_k) \right) x_i$$

傳統神經網路大多採用 *Sigmoid* 函數為激活函數，*Sigmoid* 函數的微分如下：

$$\sigma(x) = \frac{1}{1 + e^{-x}}$$

$$\sigma'(x) = \sigma(x)\left(1 - \sigma(x)\right)$$

$$\max\left\{\sigma'(x)\right\} = \max\left\{\sigma(x)\left(1 - \sigma(x)\right)\right\} = \max\left\{\frac{1}{1 + e^{-x}} \cdot \frac{e^{-x}}{1 + e^{-x}}\right\}$$

$$= \max\left\{\frac{e^{-x}}{\left(1 + e^{-x}\right)^2}\right\}$$

上式分子的 e^{-x} 越大越好，分母的 $1+e^{-x}$ 越小越好，所以 $e^{-x}=1$ 有最大值（當 $x=0$ 時），可得：

$$\frac{e^{-x}}{\left(1+e^{-x}\right)^2} = \frac{1}{\left(1+1\right)^2} = 0.25$$

因為 Sigmoid 函數微分最大為 0.25 (見上式)，所以當層數多一些，例如層數到達 1000 層，這時候假設每一層參數的激活函數都是 Sigmoid 函數時，999 次的 Sigmoid 函數微分值相乘，假設每一次 Sigmoid 函數微分值都是最大值 0.25，則第一層激活函數的梯度為 $0.25^{999} \approx 0$，所以會讓這層的梯度為 0，這就是**梯度消失**。這也是傳統神經網路無法做得很深層的原因。

同樣的問題當找到一個激活函數其微分的值大於 1，假設每一層激活函數的梯度都是 1.1，則第一層激活函數的梯度連乘為 1.1^{999} 則趨近無窮大，也就是**梯度爆炸**的問題。為了避免這個問題發生，可以透過下列方式進行處理：

1. 梯度截斷 (Gradient clipping) 的方式，將梯度的最大值進行限制，避免梯度爆炸。

2. 透過常規化 (Regularization) 的方式避免梯度爆炸和消失。

3. 採用其他的激活函數 (例如 ReLU) 來取代 Sigmoid 函數。

4. 在模型中加入批次正規化 (Batch normalization)，將資料進行限制避免梯度消失或是梯度爆炸。

對於以上這些做法有興趣的讀者，可參閱本書最後所列參考書目 Ref.2、Ref.3、Ref.7。

13

參數常規化
Parameter Regularization

13.1 訓練擬合(*fitting*)的問題

訓練模型的過程中常常會發生一種情況,利用訓練資料訓練出來的模型通常有很好的表現,但在測試集資料上往往無法得到類似的結果,尤其是在利用神經網路方式進行訓練。因為神經網路龐大的參數在模型訓練完後,可以完美的抓到訓練資料的特性,將訓練資料完美分類或是預測。

因為龐大的參數讓模型變得更為複雜,基於損失函數一昧的讓模型去學習到「完美區隔 / 預測」訓練資料,此方式在訓練過程中往往忽略了未見過的數據特性,這樣訓練出來的模型沒有足夠的**普適化能力** (*Generalization ability*),因此就可能在測試資料集上表現得很差,這樣的現象也稱為訓練**過擬合** (*Overfitting*,或稱過度配適),見下圖。反之,若是訓練資料分類 / 迴歸問題較為複雜,但我們採用非常簡單的分類 / 預測模型,則無法將資料分類 / 預測的很好,此現象稱為**擬合不足** (*Under-fitting*)。

過擬合或是擬合不足都不是好的結果,類似下圖範例如何找到**適當擬合** (*Appropriate-fitting*) 模型,對於訓練資料和測試資料而言都能有較合適的模型來分類 / 預測。

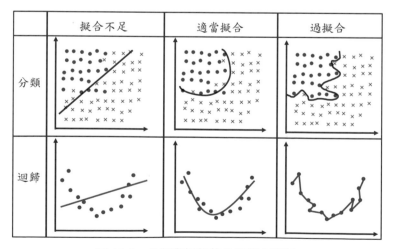

圖 13.1　分類與迴歸的 3 種擬合狀況

對於擬合不足的問題，最簡單的方式是採用更複雜的模型即可，例如增加神經網路隱藏層數量或是神經元數量。而當模型過擬合時，可以降低模型複雜度，但如何手動減低模型複雜度，然後找到較合適的模型並非一件容易達成的事情，因此對於此類問題較有效的方式為針對模型參數進行**常規化** (*Regularization*，或稱正則化))，利用常規化的方式減低模型過擬合的問題。

13.2　損失函數加上懲罰項可避免過擬合

所謂參數常規化就是在損失函數加上一個懲罰項 (*Penalty*)，利用這樣的方式可以限制模型參數的範圍避免過擬合。以下我們以迴歸範例作為參數常規化的介紹。假設迴歸線如下：

$$y = \beta_0 + \beta_1 x$$

我們要找出能讓 *MSE* 產生最小值的參數值：

$$\underset{\beta_0, \beta_1}{\arg\min} \{ MSE(y, \hat{y}) \}$$

參數常規化的作法是在損失函數 *MSE* 加上參數懲罰項 β_0、β_1：

$$MSE(y, \hat{y}) + \lambda \times penalty_{\beta_0, \beta_1}$$

我們稱之為目標函數 (或者當成修正過的損失函數)，也就是要求出能讓目標函數的值最小化的參數：

$$\underset{\beta_0, \beta_1}{\arg\min} \{ MSE(y, \hat{y}) + \lambda \times penalty_{\beta_0, \beta_1} \}$$

$penalty_{\beta_0, \beta_1}$ 為參數懲罰項，$\lambda \geq 0$ 為手動設定的參數，用來調整參數懲罰項在目標函數當中的比重，λ 越小表示懲罰項的影響力越小，當 $\lambda = 0$ 則目標

函數就成為原始損失函數。 $penalty_{\beta_0, \beta_1}$ 的設計一般採用 $L_1\text{-}norm$ 或 $L_2\text{-}norm$。

$L_1\text{-}norm$(取參數的絕對值)：

$$\underset{\beta_0, \beta_1}{\arg\min}\left\{MSE(y, \hat{y}) + \lambda L_1 norm(\beta_0, \beta_1)\right\}$$

$$L_1 norm(\beta_0, \beta_1) = \sum_{i=0,1}\left|\beta_i\right| \quad \cdots\cdots\cdots\cdots\cdots\cdots\cdots (13.1)$$

$L_2\text{-}norm$(取參數平方和開根號)：

$$\underset{\beta_0, \beta_1}{\arg\min}\left\{MSE(y, \hat{y}) + \lambda L_2 norm(\beta_0, \beta_1)\right\}$$

$$L_2 norm(\beta_0, \beta_1) = \sqrt{\sum_{i=0,1}\beta_i^2} \quad \cdots\cdots\cdots\cdots\cdots\cdots\cdots (13.2)$$

基於 $L_1\text{-}norm$ 常規化迴歸又稱為 **LASSO 迴歸** (*Least absolute shrinkage and selection operator regression*)，基於 $L_2\text{-}norm$ 常規化迴歸又稱為**脊迴歸** (*Ridge regression*)。

13.2.1 損失函數未加入懲罰項的範例

我們先來複習一下損失函數在未加入懲罰項時的做法，到 13.2.2 節再看加入懲罰項的做法。

假設函數為 $f(x_1, x_2) = (x_1 - 10)^2 + (x_2 - 10)^2 + x_1 x_2 + 4x_2$，在未考慮懲罰項時要求出能讓此函數最小化的 x_1 與 x_2，也就是計算下式：

$$\min_{x_1, x_2}\left\{f(x_1, x_2) = (x_1 - 10)^2 + (x_2 - 10)^2 + x_1 x_2 + 4x_2\right\}$$

我們可以利用偏微分等於 0 求解來找到極小值：

$$\frac{\partial f\left(x_1, x_2\right)}{\partial x_1} = 2\left(x_1 - 10\right) + x_2 = 0$$

$$\frac{\partial f\left(x_1, x_2\right)}{\partial x_2} = 2\left(x_2 - 10\right) + x_1 + 4 = 0$$

$$\begin{cases} 2\left(x_1 - 10\right) + x_2 = 0 \\ 2\left(x_2 - 10\right) + x_1 + 4 = 0 \end{cases} \Rightarrow \begin{cases} 2x_1 + x_2 - 20 = 0 \\ x_1 + 2x_2 - 16 = 0 \end{cases} \Rightarrow \begin{cases} x_1 = 8 \\ x_2 = 4 \end{cases}$$

下圖我們以顏色來表示 $f\left(x_1, x_2\right)$ 的值，你可以由最右邊的色條對照出 f 的值，函數出現最小值的位置為 $\begin{cases} x_1 = 8 \\ x_2 = 4 \end{cases}$。

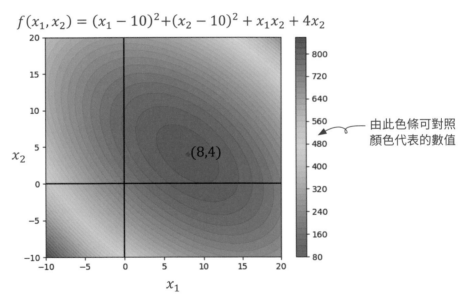

$$f(x_1, x_2) = (x_1 - 10)^2 + (x_2 - 10)^2 + x_1 x_2 + 4x_2$$

由此色條可對照
顏色代表的數值

圖 13.2　此函數最小化的位置 (x_1, x_2) 是在 $(8,4)$

當我們採用 L_1-*norm* 進行參數常規化，前例函數值最小化的問題就成為：

$$\underset{x_1,x_2}{\arg\min}\left\{\left(x_1-10\right)^2+\left(x_2-10\right)^2+x_1 x_2+4x_2+\underbrace{\lambda L_1 norm(x_1,x_2)}\right\}$$

加入這一項

當我們採用 L_2-*norm* 進行參數常規化，前例函數值最小化的問題就成為：

$$\underset{x_1,x_2}{\arg\min}\left\{\left(x_1-10\right)^2+\left(x_2-10\right)^2+x_1 x_2+4x_2+\underbrace{\lambda L_2 norm(x_1,x_2)}\right\}$$

加入這一項

在 λ 設定上，我們嘗試用不同的值（ $\lambda=1,2,4,8,12,16$ ）進行運算，以下是利用電腦算出來的結果。下面各圖中，箭頭指到的座標是不同 λ 下的最佳解 $\left(x_1,x_2\right)$ 值。

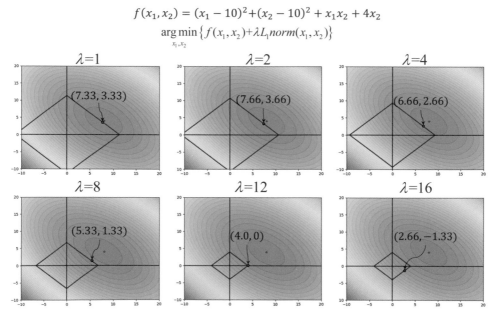

$$f(x_1,x_2)=(x_1-10)^2+(x_2-10)^2+x_1 x_2+4x_2$$
$$\underset{x_1,x_2}{\arg\min}\left\{f(x_1,x_2)+\lambda L_1 norm(x_1,x_2)\right\}$$

圖 13.3　L_1-*norm* 對函數 $f\left(x_1,x_2\right)$ 進行參數常規化

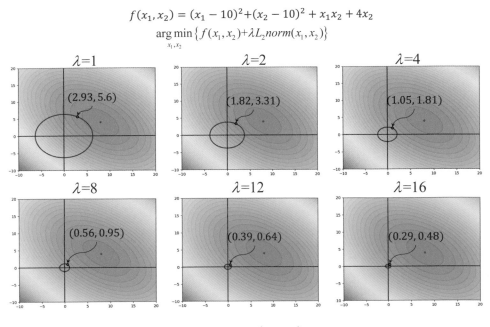

$$f(x_1, x_2) = (x_1 - 10)^2 + (x_2 - 10)^2 + x_1 x_2 + 4x_2$$
$$\underset{x_1,x_2}{\arg\min}\left\{f(x_1,x_2) + \lambda L_2 norm(x_1,x_2)\right\}$$

圖 13.4　L_2-*norm* 對函數 $f\left(x_1, x_2\right)$ 進行參數常規化

13.2.3　λ 值對於常規化的影響

從 13.2.2 節的圖中可以清楚發現當 λ 值越大的時候,所求的解會越接近 0 點。原因在於 λ 值越大,懲罰項的影響會越大於原本的損失函數項 (*MSE*),例如當 $\lambda \to \infty$,則 *MSE* 相比之下形同沒有影響:

MSE 沒影響力了

$$\underset{\beta_0,\beta_1}{\arg\min}\left\{MSE\left(y, \hat{y}\right) + \lambda\, penalty_{\beta_0,\beta_1}\right\} \to \underset{\beta_0,\beta_1}{\arg\min}\left\{penalty_{\beta_0,\beta_1}\right\}$$

這時只要 $penalty_{\beta_0,\beta_1}$ 為 0,整個目標函數就會最小。所以當 $\lambda \to \infty$,不論是在 L_1-*norm* 或 L_2-*norm* 的常規化下,參數皆為 0 即可讓目標函數有最小值,請見 (13.1) 及 (13.2) 式。

所以調整 λ 值即是限制模型參數 β_0、β_1 的值，λ 越大就表示 β_0、β_1 的值越小；若 λ 越小 (例如越接近 0)，則 β_0、β_1 的值越不受限制。換句話說，當 λ 越接近 0，β_0、β_1 可越不受限制任意的來配適 (*fit*) 訓練資料，因此模型訓練越容易發生過擬合。同理，當 λ 越大，模型越容易發生擬合不足，因此如何找到合適的 λ，使之介於過擬合與擬合不足之間最好的位置，目前仍沒有最好的答案。在深度學習中，懲罰項也是可人為調整的超參數 (*hyperparameters*) 之一。

> 這一段是 *penalty* 的基本觀念，請仔細體會！

13.3　用懲罰項限制損失函數的求解範圍

懲罰項即為最佳化問題 (損失函數) 中的限制項，是讓損失函數的求解範圍被懲罰項給侷限在限定範圍內。從圖例 (L_1-*norm* 和 L_2-*norm* 進行參數常規化) 可以清楚發現在不同懲罰項時，限制範圍的型態不同。在基於 L_1-*norm* 下的懲罰項，因為 L_1-*norm* 是參數取絕對值設為其範圍，所以 L_1-*norm* 在 λ 的限制範圍為菱形 (見下圖)；在基於 L_2-*norm* 下的懲罰項，因為 L_2-*norm* 是參數平方和開根號設為其範圍，所以 L_2-*norm* 在 λ 的限制範圍為圓形 (見下圖)：

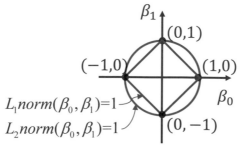

圖 13.5　L_1-*norm* 與 L_2-*norm* 在 λ 的限制範圍

從 L_1-*norm* / L_2-*norm* 對函數 $f(x_1, x_2)$ 進行參數常規化範例 (見圖 13.3 與 13.4)，可以清楚發現相較於 L_2-*norm*，在 L_1-*norm* 的 λ 調整過程中較容易讓單一參數趨近於 0，此範例為當 $\lambda = 12$ 會有一個函數值 (x_2) 被壓為 0 但 x_1 依然有值 (請看圖 13.3，$\lambda = 12$)。因為 L_1-*norm* 的函數為菱形，所以採用 L_1-*norm* 作為懲罰項較容易讓損失函數的解交於 L_1-*norm* 函數的菱形頂點部分，讓找出的參數解會有些參數為 0。

在 L_2-*norm* 因為懲罰項限制式為平方函數 (圖為圓形)，所以較難讓某些參數解為 0。因此選擇用 L_1-*norm* 在進行常規化參數的學習過程中，較能讓尋求的解變得稀疏化 (*sparsity*)，而在 L_2-*norm* 較不容易讓解成為稀疏解。

 稀疏化是指一個向量中多數的元素都會變成 0，藉由降維的方式可減低模型的複雜度，可降低過擬合的情況。在 *LASSO* 迴歸上則常採用此方式，使得迴歸係數不為 0 的部分即為我們要選取的資料特徵 (*features*)。

13.4　常規化實際的解空間

圖 13.5 是最常被用來解釋常規化的圖解方式，其原因為：

$$\underset{\beta_0, \beta_1}{\arg\min} \left\{ MSE(y, \hat{y}) + \lambda\, penalty_{\beta_0, \beta_1} \right\}$$

$$\Rightarrow \quad \begin{array}{c} \underset{\beta_0, \beta_1}{min} \left\{ MSE(y, \hat{y}) \right\} \\ subject\ to\ penalty_{\beta_0, \beta_1} \end{array}$$

實際上我們在觀察目標函數的解空間為 $\underset{\beta_0, \beta_1}{min}\left\{ MSE(y, \hat{y}) \right\}$，然後加上限制函數 $penalty_{\beta_0, \beta_1}$。

若是以 $\underset{\beta_0, \beta_1}{\arg\min}\left\{ MSE(y, \hat{y}) + \lambda \times penalty_{\beta_0, \beta_1} \right\}$ 為求解函數，實際上原始的目標函數 ($\underset{\beta_0, \beta_1}{min}\left\{ MSE(y, \hat{y}) \right\}$) 已經因為常規化而改變，所以實際在找解的目

標空間已經改變。下圖則呈現在 L_1-norm 和 L_2-norm 常規化方法 (λ 為 1、10 和 100) 下的目標空間和最佳解的位置：

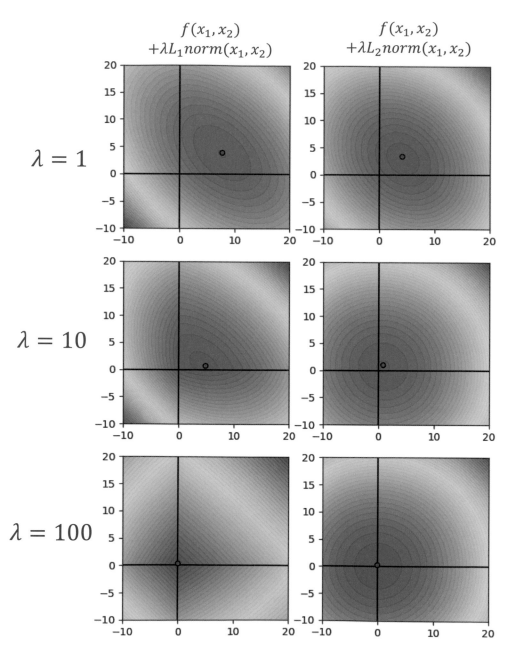

圖 13.6　L_1-norm 與 L_2-norm 在 λ 為 1、10 和 100 的目標空間與最佳解

由上頁圖可清楚觀察到加了懲罰項的目標函數，其最佳化的目標空間和最佳解 (黑點) 也會跟著改變。原始目標的解空間為 $f(x_1, x_2)$ 的橢圓形空間，當 λ 越大，則目標空間越趨近於常規化項的空間 (L_1-*norm* 是菱形、L_2-*norm* 是圓形)，呼應到 13.2.3 節的介紹，λ 的調整代表懲罰項和原本損失函數項之間誰的影響較大，當 λ 值過大則懲罰項影響大於原損失函數，所以其目標空間會趨向懲罰項的空間。

當模型出現過擬合的情況，通常的作法有兩種，其中一種是第 9 章介紹的統計降維法，將不重要的特徵事先排除掉，另一種方法是本章介紹的參數常規化，將損失函數加上懲罰項，藉由調控懲罰項的大小，讓某些貢獻度微小但卻會造成過擬合的特徵參數儘可能降低到 0。

MEMO

模型評估
Model Validation

在完成訓練與產生模型後，都需要建立一個機制來評估模型的好與壞，並且基於此機制來進行改進，直到研究人員認為這個模型已經達到最理想的狀態，此評估機制即為本章要介紹的重點。

模型評估指標 (*Model Evaluation Metrics*) 為最直接了解模型表現狀況的方式，基於不同的應用會採用不同類型的指標來評估訓練出來的模型，採用的指標完全取決於研究人員要實現的目標。

本章會依據模型輸出類型來探討不同模型輸出所採用的評估指標，基本上可分為：**分類指標** (*Classification Metrics*) 與**迴歸指標** (*Regression Metrics*)。以下會分別介紹。

14.1　二元分類模型評估指標

除了機器、深度學習之外，許多臨床研究或是統計研究也會用到分類指標，在分類問題上初步可以分成**二元分類** (*binary case*) 和**多元分類** (*multiclass case*)，所有的分類問題從最終模型輸出的結果，都可以和真實答案比對而計算出一個**混淆矩陣** (*Confusion matrix*)，然後再從混淆矩陣去算出分類模型評估指標，藉以判斷這個分類模型的好壞。

二元分類基本上就是區分「有」和「沒有」、「真」跟「偽」、「正」和「負」，醫學臨床和統計學用得比較多，原因在於醫學研究上較容易探討病因「陽性 (*Positive*)」和「陰性 (*Negative*)」的二分類問題。

14.1.1　二元分類的混淆矩陣

下表是二元分類的混淆矩陣，實際狀況就是資料集的真實答案，預測狀況就是模型預測出來的結果。

表 14.1

| 總個數
(T) | 真實狀況 (True Condition) | |
	陽性 (Positive)	陰性 (Negative)
預測狀況 **(Predicted** **outcome)**　陽性 (Positive)	真陽性個數 (True Positive, TP)	偽陽性個數 (False Positive, FP)
陰性 (Negative)	偽陰性個數 (False Negative , FN)	真陰性個數 (True Negative, TN)

- **陽性 (*Positive*)**：就是「有」、「真」或「正」，在醫學上代表「有生病」。
- **陰性 (*Negative*)**：就是「沒有」、「假」或「負」，醫學上代表「沒有生病」。
- **真陽性 (*True Positive*, TP)**：真實情況是「有」，模型說「有」的個數。
- **真陰性 (*True Negative*, TN)**：真實情況是「沒有」，模型說「沒有」的個數。
- **偽陽性 (*False Positive*, FP)**：真實情況是「沒有」，模型說「有」的個數。
- **偽陰性 (*False Negative*, FN)**：真實情況是「有」，模型說「沒有」的個數。

混淆矩陣範例：假設有一組 10 筆資料，真實狀況、醫師診斷與電腦診斷結果如下表：

	真實狀況	醫師診斷	電腦診斷
*S*1	生病	生病	生病
*S*2	生病	生病	生病
*S*3	生病	生病	沒生病
*S*4	生病	生病	生病
*S*5	沒生病	沒生病	沒生病
*S*6	沒生病	沒生病	生病
*S*7	沒生病	沒生病	沒生病
*S*8	沒生病	沒生病	沒生病
*S*9	生病	生病	沒生病
*S*10	生病	生病	生病

我們先將資料數值化
(也就是轉換為虛擬變數
(*dummy variable*))，設
生病為 1，沒生病為 0，

	真實狀況	醫師診斷	電腦診斷
S1	1	1	1
S2	1	1	1
S3	1	1	0
S4	1	1	1
S5	0	0	0
S6	0	0	1
S7	0	0	0
S8	0	0	0
S9	1	1	0
S10	1	1	1

醫師診斷和實際情況的判斷，真陽性 (TP) 共有 6 個，真陰性 (TN) 共有 4 個，偽陽性 False Positive (FP) 和偽陰性 False Negative (FN) 皆為 0：

		實際情況	
	(T＝10 個人)	生病	沒生病
醫師診斷	生病	TP = 6	FP = 0
	沒生病	FN = 0	TN = 4

電腦診斷和實際狀況比較，真陽性 (TP) 共有 4 個，真陰性 (TN) 共有 3 個，偽陽性 False Positive (FP) 共有 1 個和偽陰性 False Negative (FN) 共有 2 個：

		實際情況	
	(T＝10 個人)	生病	沒生病
電腦診斷	生病	TP = 4	FP = 1
	沒生病	FN = 2	TN = 3

觀察上面兩個表格，可知醫生診斷要比電腦診斷來得正確。但是否有量化指標來說明，哪個診斷方式比較好呢？

下表為二元分類會用到的所有評斷指標名稱和計算方式：

表 14.2

	總個數 (T)	實際狀況			
		陽性 (Positive)	陰性 (Negative)		
預測狀況	陽性 (Positive)	真陽性個數 (True Positive, TP)	偽陽性個數 (False Positive, FP)（型一錯誤）	陽性預測值 (Positive predictive value, PPV)，精確性 (Precision) 計算方式：$\dfrac{TP}{TP+FP}$	錯誤發現率 (False discovery rate, FDR) 計算方式：$\dfrac{FP}{TP+FP}$
	陰性 (Negative)	偽陰性個數 (False Negative, FN)（型二錯誤）	真陰性個數 (True Negative, TN)	錯誤遺漏率 (False omission rate, FOR) 計算方式：$\dfrac{FN}{FN+TN}$	陰性預測值 (Negative predictive value, NPV) 計算方式：$\dfrac{TN}{FN+TN}$
		真陽性率 (True Positive Rate, TPR) 靈敏度 (Sensitivity)，召回率 (Recall) 計算方式：$\dfrac{TP}{TP+FN}$	偽陽性率 (False Positive Rate, FPR) 計算方式：$\dfrac{FP}{FP+TN}$	正確率 (Accuracy) 計算方式：$\dfrac{TP+TN}{Total}$	
		偽陰性率 (False Negative Rate, FNR) 計算方式：$\dfrac{FN}{TP+FN}$	真陰性率 (True negative rate, TNR)，特異度 (Specificity) 計算方式：$\dfrac{TN}{FP+TN}$		

陽性概似比 (Positive likelihood ratio, LR+) = TPR / FPR

陰性概似比 (Negative likelihood ratio, LR −) = FNR / TNR

診斷勝算比 (Diagnostic odds ratio, DOR) = LR+ / LR −

$$F_1\text{score} = 2\frac{\text{Precision} \times \text{Recall}}{\text{Precision} + \text{Recall}} = 2\frac{\text{PPV} \times \text{TPR}}{\text{PPV} + \text{TPR}}$$

$$F_\beta\text{score} = \left(1+\beta^2\right)\frac{\text{Precision} \times \text{Recall}}{\left(\beta^2\,\text{Precision}\right) + \text{Recall}} = \frac{\left(1+\beta^2\right)\text{TP}}{\left(1+\beta^2\right)\text{TP} + \left(\beta^2\text{FN}\right) + \text{FP}}$$

$$\text{G-mean} = \sqrt{\text{Precision} \times \text{Recall}} = \sqrt{\text{PPV} \times \text{TPR}}$$

14.1.2　評估指標－正確率

在分類任務上最常採用的指標為**正確率** (*Accuracy*)，有時候也稱為**整體正確率** (*overall accuracy*)，正確率越高越好，是最有效評估模型能力的指標。

$$\text{正確率：} Accuracy = \frac{\text{TP} + \text{TN}}{\text{Total}}$$

但這邊要注意一點，當資料的類別不平衡 (*class imbalance*) 時，此指標會變得不公平，例如實際陽性的資料有 10 筆，但陰性的資料有 990 筆，這時候模型判斷只需要將資料都判給陰性，則可以得到 99% 的正確率。

因此除了正確率，我們還要用下面介紹的**靈敏度** (*Sensitivity*) 和**特異度** (*Specificity*) 來做為二元分類的評估指標。

14.1.3　評估指標－靈敏度、特異度

靈敏度也稱為**真陽性率** (True Positive Rate, TPR) 或**召回率** (Recall)，為「有病的偵測率」，所以是越高越好。**特異度**也稱為**真陰性率** (True negative rate, TNR)，為「沒病的偵測率」，也是越高越好。

$$\text{靈敏度 (真陽性率)：} \text{TPR} = \frac{\text{TP}}{\text{TP} + \text{FN}}$$

$$\text{特異度 (真陰性率)：} \text{TNR} = \frac{\text{TN}}{\text{FP} + \text{TN}}$$

最好的狀況為靈敏度和特異度皆為 1，也就是 TP = TP + FN $\Rightarrow$ FN = 0 和 TN = FP + TN $\Rightarrow$ FP = 0。然而現實狀況很難做到完美分類，通常模型判斷的結果都會類似下頁圖那樣呈現，兩類的機率輸出會有重疊的部分，此部分就是錯誤判斷的區塊 FP 和 FN，這兩個指標會因為決策閾值的選擇產生負相關的變化。

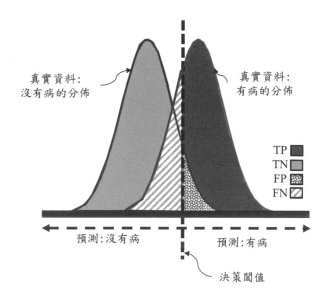

圖 14.1　二元分類重疊的部分表示判斷錯誤

注意！通常在機器學習分類的模型會假設為高斯函數 (例如：*LDA* 線性區別分析)，因此模型輸出機率的分佈通常為高斯函數，因此一般在介紹二元分類，我們都會假設模型預測後的結果會趨近於常態分佈。但如果模型是採用交叉熵來進行訓練或是邏輯斯迴歸的 *sigmoid* 函數輸出訓練，則輸出的分佈可能會變成集中在當下類別的指數分佈 (見下圖)。

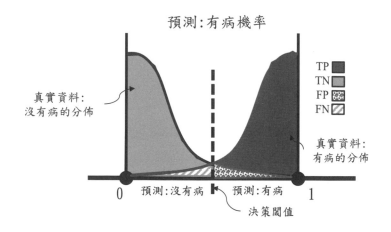

圖 14.2　用 *sigmoid* 函數分類的輸出分佈

評估指標－偽陰性率、偽陽性率

偽陰性率 (False Negative Rate, FNR) 為模型預測沒病，但實際上有病的比率，此值越小越好。**偽陽性率** (False Positive Rate, FPR) 為模型預測有病，但實際上沒有病的比率，此值越小越好。

偽陰性率：$FNR = \dfrac{FN}{TP + FN}$

偽陽性率：$FPR = \dfrac{FP}{FP + TN}$

14.1.5 **評估指標－陽性預測值、陰性預測值**

陽性預測值 (Positive predictive value, PPV) 也稱為**精確性** (Precision)，在臨床上也是很常用的指標，模型診斷結果呈現有病且確實有病者的比率，越高越好，深度學習常看到的 precision 也是指這項。**陰性預測值** (Negative predictive value, NPV) 為模型診斷為沒病且實際上也沒病的比率，此值越高越好。

陽性預測值：$PPV = \dfrac{TP}{TP + FP}$

陰性預測值：$NPV = \dfrac{TN}{FN + TN}$

14.1.6 **評估指標－陽性概似比、陰性概似比**

陽性概似比 (Positive likelihood ratio, LR＋) 為真正有病的個案其模型判斷結果為陽性之比例，除以真正沒病的個案但模型判斷結果為陽性之比例。

白話說法為「當模型判斷為陽性時，個案有病機率是沒病機率的幾倍」。

陰性概似比 (Negative likelihood ratio, LR－) 為真正有病的個案其模型判斷結果為陰性之比例，除以真正沒病的個案且模型判斷結果為陰性之比例。白話說法為「當模型判斷為陰性時，個案有病機率是沒病機率的幾倍」。

診斷勝算比 (Diagnostic odds ratio, DOR) 為陽性概似比和陰性概似比的比例，從概似比的定義可以得知勝算比越大，代表模型越好。

陽性概似比：$LR+ = \dfrac{TPR}{FPR}$

陰性概似比：$LR- = \dfrac{FNR}{TNR}$

診斷勝算比：$DOR = \dfrac{LR+}{LR-}$

14.1.7　評估指標－ F_1score 與 $F_\beta$score

F_1score

F_1score 在計算真陽性率 (即靈敏度，TPR) 與陽性預測值 (PPV) 的調和平均數 (*Harmonic mean*)，即在評估真陽性率與陽性預測值之間的平衡。當真陽性率與陽性預測值平衡的狀態下，F_1score 才會高。若一個指標高、一個指標低則會造成 F_1score 降低。

$$F_1\text{score} = \frac{1}{0.5\,\dfrac{1}{PPV} + 0.5\,\dfrac{1}{TPR}} = 2\,\frac{PPV \times TPR}{PPV + TPR}$$

> 調和平均數（又稱倒數平均數），例如 2、3 的算術平均數是 $\dfrac{2+3}{2} = 2.5$，而其調和平均數則是將 2、3 取倒數先算出倒數的算術平均數 $(\dfrac{1}{2} + \dfrac{1}{3})/2 = \dfrac{5}{12}$，然後再倒數回來變成 $\dfrac{12}{5} = 2.4$。

以下我們用 4 個例子來說明 $F_1 score$ 的性質。

範例一

例如前面提到「實際陽性的資料有 10 筆，陰性的資料有 990 筆」，若實際陽性只有 1 個樣本被判定成陽性，另外 9 個被判定成陰性：

總個數 (T) =1000		實際狀況	
		陽性 (Positive)	陰性 (Negative)
預測狀況	陽性 (Positive)	1	0
	陰性 (Negative)	9	990

則陽性預測值 (PPV) 為 $1/(1 + 0)=1$，真陽性率 (TPR) 為 $1/(1 + 9)=0.1$，則：

$$F_1 score = 2 \frac{1 \times 0.1}{1 + 0.1} = 0.1818$$

(PPV → , ← TPR 標示於分子的 1 與 0.1)
(PPV → , ← TPR 標示於分母的 1 與 0.1)

範例二

「實際陽性的資料有 10 筆，陰性的資料有 990 筆」，若 10 個陽性樣本皆被判定成陽性，但 990 筆陰性樣本也有 490 筆被判定成陽性：

總個數 (T) =1000		實際狀況	
		陽性 (Positive)	陰性 (Negative)
預測狀況	陽性 (Positive)	10	490
	陰性 (Negative)	0	500

則陽性預測值 (PPV) 為 $10/(10 + 490)=0.02$，真陽性率 (TPR) 為 $10/(10 + 0)=1$：

$$F_1 score = 2 \frac{0.02 \times 1}{0.02 + 1} = 0.0392$$

範例三

「實際陽性的資料有 10 筆，陰性的資料有 990 筆」，若 10 個陽性樣本被判定成陽性，但有 10 筆陰性樣本被判定成陽性：

總個數 (T) =1000	實際狀況	
	陽性 (Positive)	陰性 (Negative)
預測狀況 陽性 (Positive)	10	10
陰性 (Negative)	0	980

則陽性預測值 (PPV) 為 10/(10 + 10)=0.5，真陽性率 (TPR) 為 10/(10 + 0)=1：

$$F_1 \text{score} = 2\frac{0.5 \times 1}{0.5 + 1} = 0.6667$$

範例四

「實際陽性的資料有 10 筆，陰性的資料有 990 筆」，若全部都判定正確：

總個數 (T) =1000	實際狀況	
	陽性 (Positive)	陰性 (Negative)
預測狀況 陽性 (Positive)	10	0
陰性 (Negative)	0	990

則陽性預測值 (PPV) 為 10/(10 + 0)=1，真陽性率 (TPR) 為 10/(10 + 0)=1：

$$F_1 \text{score} = 2\frac{1 \times 1}{1 + 1} = 1$$

從上面 4 個範例可以看出 F_1score 為介於 0~1 的值，且越接近 1，表示模型判斷得越好。

F_1score 在計算真陽性率與陽性預測值的調和平均數時，真陽性率與陽性預測值的權重是一樣的 (皆為 0.5)，但我們可以賦予不同的變數不同的權重，即可改變我們希望觀察的指標，當然權重的和依舊要為 1，因此將 F_1score 的一般式 $F_\beta$score 定義如下

$$F_\beta\text{score} = \cfrac{1}{\cfrac{1}{1+\beta^2}\cfrac{1}{\text{PPV}} + \cfrac{\beta^2}{1+\beta^2}\cfrac{1}{\text{TPR}}}$$

$$= \left(1+\beta^2\right)\frac{\text{PPV}\times\text{TPR}}{\left(\beta^2\text{PPV}\right)+\text{TPR}} = \frac{\left(1+\beta^2\right)\text{TP}}{\left(1+\beta^2\right)\text{TP}+\left(\beta^2\text{FN}\right)+\text{FP}}$$

$F_\beta$score 是 F_1score 的一般化寫法，當 $\beta = 1$，$F_\beta\text{score} = F_1\text{score}$。

F_1score 在評估真陽性率與陽性預測值之間的平衡，而 $F_\beta$score 可藉由設定 β 進行加權衡量真陽性率與陽性預測值，希望 TPR 相比於 PPV 有 β 倍的重要度。當 $\beta > 1$，表示希望預測是陽性且實際為陽性比例高一點 (PPV 高一點)。若 $0 < \beta < 1$，表示希望真實是陽性且偵測為陽性的比率高一點 (TPR 高一點)。

 在生物統計學中會比較希望陽性診斷率高一點，因此會因應不同研究而去調整 β 值。而在機器學習中是將 β 設為 1，表示不偏向某個指標。

以上是一般式 $F_\beta$score 的計算公式，但這個公式怎麼來的呢？我們可以為 PPV 與 TPR 的倒數加上權重 (α 和 $1-\alpha$)，即 $F = \cfrac{1}{\alpha\cfrac{1}{\text{PPV}} + (1-\alpha)\cfrac{1}{\text{TPR}}}$，

接著將 PPV 和 TPR 當作參數來進行函數 F 的偏微分，可得：

$$F = \frac{1}{\alpha \dfrac{1}{\text{PPV}} + (1-\alpha) \dfrac{1}{\text{TPR}}}$$

對 PPV 偏微分，$\dfrac{\partial F}{\partial \text{PPV}} = \dfrac{\alpha}{\left(\dfrac{\alpha}{\text{PPV}} + \dfrac{(1-\alpha)}{\text{TPR}} \right)^2 \text{PPV}^2}$

對 TPR 偏微分，$\dfrac{\partial F}{\partial \text{TPR}} = \dfrac{1-\alpha}{\left(\dfrac{\alpha}{\text{PPV}} + \dfrac{(1-\alpha)}{\text{TPR}} \right)^2 \text{TPR}^2}$

如果我們設定 $\dfrac{\partial F}{\partial \text{PPV}} = \dfrac{\partial F}{\partial \text{TPR}}$ (真陽性率與陽性預測值的變化率一致)，就代表我們限制了 $\dfrac{\text{PPV}}{\text{TPR}}$ 和 α 之間的關係，因此：

$$\frac{\partial F}{\partial \text{PPV}} = \frac{\partial F}{\partial \text{TPR}} \Rightarrow \frac{\alpha}{\text{PPV}^2} = \frac{1-\alpha}{\text{TPR}^2} \Rightarrow \frac{\text{PPV}}{\text{TPR}} = \sqrt{\frac{\alpha}{1-\alpha}}$$

如果 β 表示 TPR 比 PPV 重要 β 倍，也就是：

$$\frac{\text{PPV}}{\text{TPR}} = \sqrt{\frac{\alpha}{1-\alpha}} = \frac{1}{\beta} \Rightarrow \beta^2 = \frac{1-\alpha}{\alpha} \Rightarrow \alpha\beta^2 + \alpha = 1 \Rightarrow \alpha = \frac{1}{1+\beta^2}$$

$$1 - \alpha = 1 - \frac{1}{1+\beta^2} = \frac{\beta^2}{1+\beta^2}$$

將 α、$1-\alpha$ 代回去 F，如此即可推導出：

$$F_\beta \text{score} = \frac{1}{\dfrac{1}{1+\beta^2} \dfrac{1}{\text{PPV}} + \dfrac{\beta^2}{1+\beta^2} \dfrac{1}{\text{TPR}}}$$

可得

$$F_\beta \text{score} = \left(1+\beta^2\right) \frac{\text{PPV} \times \text{TPR}}{\left(\beta^2 \text{PPV}\right) + \text{TPR}} = \frac{\left(1+\beta^2\right)\text{TP}}{\left(1+\beta^2\right)\text{TP} + \left(\beta^2 \text{FN}\right) + \text{FP}}$$

14.1.8 評估指標— G-mean

G-means (*geometric mean of sensitivity and precision*) 代表真陽性率與陽性預測值兩指標間的平衡，所以 G-mean 值越高 (越接近 1) 就代表真陽性率與陽性預測值兩者都很高，表示模型的判斷越好。若有一個高一個低，兩者差異越大則 G-mean 值越低，表示模型判斷越差。

$$G\text{-mean} = \sqrt{PPV \times TPR}$$

我們用前面 14.1.7 節的範例二來試算看看：

	總個數 (T) =1000	實際狀況	
		陽性 (Positive)	陰性 (Negative)
預測狀況	陽性 (Positive)	10	490
	陰性 (Negative)	0	500

$$陽性預測值\ PPV = \frac{10}{10+490} = 0.02$$

$$真陽性率\ TPR = \frac{10}{10+0} = 1$$

則 $$G\text{-mean} = \sqrt{1 \times 0.02} = 0.1414$$

我們發現此例的 G-mean 值偏低，因為指標 PPV = 0.02 但 TPR = 1 差異太大。所以綜合兩個指標後得到的 G-mean，可以進行模型整體性能的評估，避免單一指標過高，導致在解釋模型成效時有所偏誤。如上例可能只報告模型的陽性預測值達到 100%，但實際上卻還有 490 筆偽陽性的資料沒有判斷出來，所以看 G-mean 即可得知整個模型在真陽性率與陽性預測值的高低。G-mean 最小為 0，最大為 1，越接近 1 代表模型越好。

14.1.9　算出所有的評估指標

回到前面 14.1.1 節醫師診斷和電腦模型診斷的範例：

醫師診斷	(T=10 個人)	實際情況	
		生病	沒生病
	生病	TP = 6	FP = 0
	沒生病	FN = 0	TN = 4

電腦診斷	(T=10 個人)	實際情況	
		生病	沒生病
	生病	TP = 4	FP = 1
	沒生病	FN = 2	TN = 3

我們將所有指標算出得到下表。從大部份指標都可看出醫師診斷比較好：

	醫師診斷	電腦診斷	
TPR (Sensitivity)	100% (勝)	67%	← 越大越好
TNR (Specificity)	100% (勝)	75%	← 越大越好
FNR	0% (勝)	33%	← 越小越好
FPR	0% (勝)	25%	← 越小越好
PPV	100% (勝)	80%	← 越大越好
NPV	100% (勝)	60%	← 越大越好
FDR	0% (勝)	20%	← 越小越好
FOR	0% (勝)	40%	← 越小越好
LR +	Not computable	2.67	← 越大越好
LR-	0.00 (勝)	0.44	← 越小越好
DOR	Not computable	13.50	← 越大越好
F_1 score	100% (勝)	73%	← 越大越好
G-mean	100% (勝)	73%	← 越大越好
Accuracy	100% (勝)	70%	← 越大越好

前面內容已經提到靈敏度 (*sensitivity*，TPR) 和特異度 (*specificity*，TNR) 兩個指標，會因為決策閾值的選擇產生負相關的變化，而 *ROC* 曲線 (*Receiver operating characteristic curve*) 則是用來評估這兩個指標因為決策閾值改變而產生變化的評估方法。

在每個不同的閾值設定下，可以得到一組靈敏度和特異度的值 (對應於曲線的一個點)，所以我們將二元分類模型的輸出進行不同閾值的設定，可以得到一條由多個點組成的曲線，此曲線則為 *ROC* 曲線，如下圖 (橫軸是 1- 特異度，縱軸是靈敏度)。

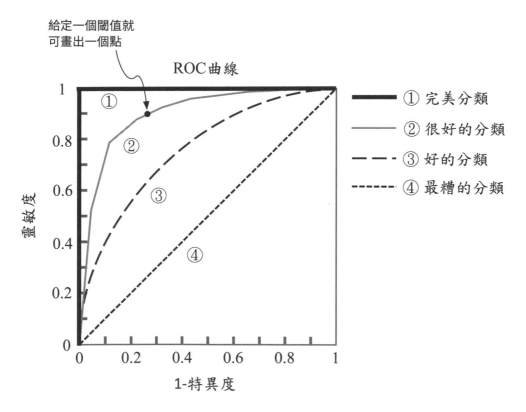

圖 14.3　*ROC* 曲線圖，曲線下面積越接近 1 越好

ROC 曲線解讀方式會以對角線為基準，若是算出來的 *ROC* 曲線等於對角線的話，代表你的模型完全沒有鑑別性。若 *ROC* 往左上角移動，代表模型對疾病的靈敏度 (真陽性率) 越高，即偽陽性率 (1 - 特異度) 越低，代表模型的鑑別力越好。

一般在判別檢驗工具的好壞時，除了看 *ROC* 曲線的圖形之外，也可以利用曲線下的面積 (*Area Under Curve; AUC*) 來判別 *ROC* 曲線的鑑別力，*AUC* 數值的範圍從 0 到 1，數值愈大愈好，所以如果以上圖的結果來看，

$$① 的 AUC > ② 的 AUC > ③ 的 AUC > ④ 的 AUC$$

以下為 *AUC* 數值一般的判別規則：

- *AUC* = 0.5 (*no discrimination* 無鑑別力)，*ROC* 剛好是對角線。

- 0.7 $\leqq$ *AUC* $\leqq$ 0.8 (*acceptable discrimination* 可接受的鑑別力)。

- 0.8 $\leqq$ *AUC* $\leqq$ 0.9 (*excellent discrimination* 優良的鑑別力)。

- 0.9 $\leqq$ *AUC* $\leqq$ 1.0 (*outstanding discrimination* 極佳的鑑別力)。

所以 *AUC* 也可以當作不同模型之間比較的指標，*AUC* 越大就代表那個模型越好。

14.2　多元分類評估指標

如同二元分類，多元分類的指標也是從混淆矩陣來進行運算，只是將類別數量從二類別擴張成多類別。下表是多元分類的混淆矩陣，其中實際狀況就是資料集的真實答案，預測狀況就是模型預測出來的結果。

表 14.3

類別 1		實際狀況				精確性 (Precision)
		類別 1	類別 2	...	類別 C	
預測狀況	類別 1	$n_{1,1}$	$n_{1,2}$	...	$n_{1,C}$	Precision(1) $= \dfrac{n_{1,1}}{\sum_{i=1}^{C} n_{1,i}}$
	類別 2	$n_{2,1}$	$n_{2,2}$	...	$n_{2,C}$	Precision(2) $= \dfrac{n_{2,2}}{\sum_{i=1}^{C} n_{2,i}}$
	$\vdots$	$\vdots$	$\vdots$	$\ddots$	$\vdots$	
	類別 C	$n_{C,1}$	$n_{C,2}$	...	$n_{C,C}$	Precision(C) $= \dfrac{n_{C,C}}{\sum_{i=1}^{C} n_{C,i}}$
	召回率 (Recall)	Recall(1) $= \dfrac{n_{1,1}}{\sum_{i=1}^{C} n_{i,1}}$	Recall(2) $= \dfrac{n_{2,2}}{\sum_{i=1}^{C} n_{i,2}}$	...	Recall(C) $= \dfrac{n_{C,C}}{\sum_{i=1}^{C} n_{i,C}}$	$N = \sum_{i=1}^{C} \sum_{j=1}^{C} n_{i,j}$

正確率 (*Accuracy*)

$$acc = \frac{\sum_{i=1}^{C} n_{i,i}}{N}$$

Cohen's Kappa 係數

$$\kappa = \frac{\left(p_0 - p_c\right)}{\left(1 - p_c\right)} \qquad p_0 = acc$$

$$p_c = \sum_{j=1}^{C} \frac{\left(\sum_{i=1}^{C} n_{j,i}\right) \times \left(\sum_{i=1}^{C} n_{i,j}\right)}{N^2}$$

14.2.1 評估指標說明

多元分類的評估指標如下：

- 正確率 (*Accuracy*)：$0 \leq acc \leq 1$，越接近 1 表示此模型整體判斷越正確。

- 精確性 (*Precision*)：$0 \leq precision \leq 1$，$precision(i)$ 越接近 1 表示此模型判斷第 i 類的結果實際是第 i 類越正確。

- 召回率 (*Recall*)：$0 \leq recall \leq 1$，$recall(i)$ 越接近 1 表示此資料實際是類別 i，且模型判斷第 i 類的結果越正確。

- *Cohen's Kappa* 係數：此係數必小於等於 1，數字越接近 1 代表模型越好，此係數最適合用來評估當每類樣本數不平衡的狀況，下面會說明。

Cohen's Kappa 係數小於等於 1

此處是推導 *Cohen's Kappa* 係數 p_c 會小於等於 1，重點是要記得 *Cohen's Kappa* 係數的值越接近 1 表示模型越好。讀者也可以先跳到 14.2.2 節看幾個多元分類評估指標的範例會更容易理解。

下面我們利用柯西不等式 (*Cauchy's inequality*) 證明 $p_c \leq 1$，

$$\sum_{j=1}^{C}\left[\left(\sum_{i=1}^{C}n_{j,i}\right) \times \left(\sum_{i=1}^{C}n_{i,j}\right)\right] \leq \left(\sum_{j=1}^{C}\sum_{i=1}^{C}n_{j,i}\right) \times \left(\sum_{j=1}^{C}\sum_{i=1}^{C}n_{i,j}\right)$$

$$\because N^2 = \sum_{i=1}^{C}\sum_{j=1}^{C}n_{i,j} \times \sum_{i=1}^{C}\sum_{j=1}^{C}n_{i,j}$$

$$\therefore \sum_{j=1}^{C}\left[\left(\sum_{i=1}^{C}n_{j,i}\right) \times \left(\sum_{i=1}^{C}n_{i,j}\right)\right] \leq N^2$$

$$\Rightarrow p_c = \sum_{j=1}^{C}\frac{\left(\sum_{i=1}^{C}n_{j,i}\right) \times \left(\sum_{i=1}^{C}n_{i,j}\right)}{N^2} \leq 1$$

因為正確率介於 0~1，也就是 $0 \leq p_0 \leq 1$，從上述柯西不等式的結果可知道 $p_c \leq 1$，同時 $p_c \geq 0$ 必定成立，所以 $0 \leq p_c \leq 1$。

因此 *Cohen's Kappa* 係數的最大值為當正確率（p_0）為 1 的時候：

$$\kappa = \frac{(p_0 - p_c)}{(1 - p_c)} = \frac{(1 - p_c)}{(1 - p_c)} = 1$$

因此 *Cohen's Kappa* 係數小於等於 1。

Cohen's Kappa 係數通常是正數，當 $p_0 = p_c$，$\kappa = \frac{(p_c - p_c)}{(1 - p_c)} = 0$；當 $p_0 < p_c$，*Cohen's Kappa* 係數就為負數，雖然 $p_0 < p_c$ 鮮少出現，但還是有機會 $p_0 < p_c$，下述的範例四就會舉例什麼情況 *Cohen's Kappa* 係數會出現負數。

14.2.2 多元評估指標範例

範例一：類別數量平衡

假設我們有一個三類別的分類問題，分別為 *Class* 1~3，這個測試資料類別數量很平衡，測試資料的混淆矩陣計算如下：

		實際狀況		
		Class 1	*Class* 2	*Class*3
預測狀況	*Class* 1	50	0	0
	Class 2	0	48	0
	Class 3	0	2	50

- 正確率 (*Accuracy*)

$$acc = \frac{\sum_{i=1}^{3} n_{i,i}}{N} = \frac{50+48+50}{50+0+0+0+48+0+0+2+50} = \frac{148}{150} = 0.9867$$

- 精確性

$$\text{Precision}(\text{Class1}) = \frac{n_{1,1}}{\sum_{i=1}^{3} n_{1,i}} = \frac{50}{50+0+0} = 1$$

$$\text{Precision}(\text{Class 2}) = \frac{n_{2,2}}{\sum_{i=1}^{3} n_{2,i}} = \frac{48}{0+48+0} = 1$$

$$\text{Precision}(\text{Class 3}) = \frac{n_{3,3}}{\sum_{i=1}^{3} n_{3,i}} = \frac{50}{0+2+50} = 0.9615$$

- 召回率

$$\text{Recall}(\text{Class1}) = \frac{n_{1,1}}{\sum_{i=1}^{3} n_{i,1}} = \frac{50}{50+0+0} = 1$$

$$\text{Recall}(\text{Class 2}) = \frac{n_{2,2}}{\sum_{i=1}^{3} n_{i,2}} = \frac{48}{0+48+2} = 0.96$$

$$\text{Recall}(\text{Class 3}) = \frac{n_{3,3}}{\sum_{i=1}^{3} n_{i,3}} = \frac{50}{0+0+50} = 1$$

- *Cohen's Kappa* 係數

$$p_c = \sum_{j=1}^{3} \frac{\left(\sum_{i=1}^{3} n_{j,i}\right) \times \left(\sum_{i=1}^{3} n_{i,j}\right)}{N^2} = \frac{50 \times 50 + 48 \times 50 + 52 \times 50}{150^2} = 0.3333$$

$$\kappa = \frac{(p_0 - p_c)}{(1 - p_c)} = \frac{(0.9867 - 0.3333)}{(1 - 0.3333)} = \frac{0.6534}{0.6667} = 0.9800$$

可看出各項評估數字都很好，表示模型預測結果良好。

範例二：測試資料數量少，且類別數量不平衡

假設我們有一個三類的分類問題，分別為 *Class* 1~3，這個測試資料類別數量不平衡，測試資料的混淆矩陣計算如下：

		實際狀況		
		Class 1	*Class* 2	*Class*3
預測狀況	*Class* 1	81	3	6
	Class 2	1	0	2
	Class 3	8	0	2

● 正確率 (*Accuracy*)

$$acc = \frac{\sum_{i=1}^{3} n_{i,i}}{N} = \frac{81+0+2}{81+3+6+1+0+2+8+0+2} = \frac{83}{103} = 0.8058$$

● 精確性

$$\text{Precision}\left(\text{Class1}\right) = \frac{n_{1,1}}{\sum_{i=1}^{3} n_{1,i}} = \frac{81}{81+3+6} = 0.9$$

$$\text{Precision}\left(\text{Class 2}\right) = \frac{n_{2,2}}{\sum_{i=1}^{3} n_{2,i}} = \frac{0}{1+0+2} = 0$$

$$\text{Precision}\left(\text{Class 3}\right) = \frac{n_{3,3}}{\sum_{i=1}^{3} n_{3,i}} = \frac{2}{8+0+2} = 0.2$$

● 召回率

$$\text{Recall}(\text{Class1}) = \frac{n_{1,1}}{\sum_{i=1}^{3} n_{i,1}} = \frac{81}{81+1+8} = 0.9$$

$$\text{Recall}(\text{Class 2}) = \frac{n_{2,2}}{\sum_{i=1}^{3} n_{i,2}} = \frac{0}{3+0+0} = 0$$

$$\text{Recall}(\text{Class 3}) = \frac{n_{3,3}}{\sum_{i=1}^{3} n_{i,3}} = \frac{2}{6+2+2} = 0.2$$

● *Cohen's Kappa* 係數

$$p_c = \sum_{j=1}^{3} \frac{\left(\sum_{i=1}^{3} n_{j,i}\right) \times \left(\sum_{i=1}^{3} n_{i,j}\right)}{N^2} = \frac{90 \times 90 + 3 \times 3 + 10 \times 10}{103^2} = 0.7738$$

$$\kappa = \frac{(p_0 - p_c)}{(1 - p_c)} = \frac{(0.8058 - 0.7738)}{(1 - 0.8058)} = 0.1648$$

分類正確率頗高，但 *Cohen's Kappa* 係數卻很低，可看出類別數量不平衡。

範例三：測試資料數量多，且類別數量極度不平衡

假設針對我們有一個三類的分類問題，分別為 *Class* 1~3，這個測試資料類別數量極度不平衡，測試資料的混淆矩陣計算如下：

		實際狀況		
		Class 1	*Class* 2	*Class*3
預測狀況	*Class* 1	9929	20	50
	Class 2	0	0	0
	Class 3	1	0	0

- 正確率 (*Accuracy*)

$$acc = \frac{\sum_{i=1}^{3} n_{i,i}}{N} = \frac{9929 + 0 + 0}{9929 + 20 + 50 + 0 + 0 + 0 + 1 + 0 + 0} = \frac{9929}{10000} = 0.9929$$

- 精確性

$$\text{Precision}\left(\text{Class1}\right) = \frac{n_{1,1}}{\sum_{i=1}^{3} n_{1,i}} = \frac{9929}{9929 + 20 + 50} = 0.9930$$

$$\text{Precision}\left(\text{Class 2}\right) = \frac{n_{2,2}}{\sum_{i=1}^{3} n_{2,i}} = \frac{0}{0 + 0 + 0} = 0 \;\longleftarrow\; \boxed{\text{見下頁說明}}$$

$$\text{Precision}\left(\text{Class 3}\right) = \frac{n_{3,3}}{\sum_{i=1}^{3} n_{3,i}} = \frac{0}{1 + 0 + 0} = 0$$

- 召回率

$$\text{Recall}\left(\text{Class1}\right) = \frac{n_{1,1}}{\sum_{i=1}^{3} n_{i,1}} = \frac{9929}{9929 + 0 + 1} = 1.0000$$

$$\text{Recall}\left(\text{Class 2}\right) = \frac{n_{2,2}}{\sum_{i=1}^{3} n_{i,2}} = \frac{0}{20 + 0 + 0} = 0$$

$$\text{Recall}\left(\text{Class 3}\right) = \frac{n_{1,1}}{\sum_{i=1}^{3} n_{i,3}} = \frac{0}{50 + 0 + 0} = 0$$

- *Cohen's Kappa* 係數

$$p_c = \sum_{j=1}^{3} \frac{\left(\sum_{i=1}^{3} n_{j,i}\right) \times \left(\sum_{i=1}^{3} n_{i,j}\right)}{N^2} = \frac{9999 \times 9930 + 0 \times 20 + 1 \times 50}{10000^2} = 0.9929$$

$$\kappa = \frac{\left(p_0 - p_c\right)}{\left(1 - p_c\right)} = \frac{\left(0.9929 - 0.9929\right)}{\left(1 - 0.9929\right)} = 0$$

雖然正確率非常高，但 *Cohen's Kappa* 係數卻低到 0，可看出類別數量極不平衡。

0 除以 0 的情況如何處理？

在前頁精確性的 Precision (Class 2) 計算時會出現分母為 0 的狀況。我們回憶一下 precision 公式的分母項是模型預測資料為此類別的數量，也就是說此案模型沒有判斷出任何一個樣本給類別 2。我們單純從判斷的方式來看，「模型偵測實際為類別 2 的資料數為 0，且模型偵測資料為類別 2 的個數為 0」，有些讀者可能會認為這樣的 precision 應該為 100%，因為模型並沒有任何的判斷錯誤。但實際上模型是完全無法將資料判斷出類別 2，如果我們從 *ROC* 曲線 (假設類別只有 2 類) 來看 recall 和 precision 的關係，

		實際狀況	
		Class 1	*Class* 2
預測狀況	*Class* 1	9929 (TP)	20 (FP)
	Class 2	0 (FN)	0 (TN)

ROC 曲線的 *x* 軸為 1- 特異度，*y* 軸為靈敏度 (見圖 14.3)，且

$$特異度 = \frac{TN}{FP + TN} \text{ , 靈敏度} = \frac{TP}{TP + FN}$$

假設模型無法有效預測類別 2，因此 FN 和 TN 恆等於 0，這時候特異度恆等於 0，所以這樣的結果只會讓 *ROC* 曲線的 x 軸 (1- 特異度) 恆等於 1，如此一來 *AUC* 面積為 0，所以用 0% 來表示會比用 100% 來得好。同樣的事情如果發生在召回率 (靈敏度) 的分母，也一樣用 0% 比較合適。

範例四：分類判斷完全錯誤

假設針對我們有一個三類的分類問題，分別為 *Class* 1~3，這個分類完全判斷錯誤，測試資料的混淆矩陣計算如下：

		實際狀況		
		Class 1	Class 2	Class 3
預測狀況	Class 1	0	40	40
	Class 2	40	0	0
	Class 3	40	0	40

- 正確率 (*Accuracy*)

$$acc = \frac{\sum_{i=1}^{3} n_{i,i}}{N} = \frac{0+0+40}{0+40+40+40+0+0+40+0+40} = \frac{40}{200} = 0.2$$

- 精確性

$$\text{Precision}(\text{Class} 1) = \frac{n_{1,1}}{\sum_{i=1}^{3} n_{1,i}} = \frac{0}{0+40+40} = 0$$

$$\text{Precision}(\text{Class} 2) = \frac{n_{2,2}}{\sum_{i=1}^{3} n_{2,i}} = \frac{0}{40+0+0} = 0$$

$$\text{Precision}(\text{Class} 3) = \frac{n_{1,1}}{\sum_{i=1}^{3} n_{3,i}} = \frac{40}{40+0+40} = 0.5$$

- 召回率

$$\text{Recall}(\text{Class} 1) = \frac{n_{1,1}}{\sum_{i=1}^{3} n_{i,1}} = \frac{0}{0+40+40} = 0$$

$$\text{Recall}(\text{Class} 2) = \frac{n_{2,2}}{\sum_{i=1}^{3} n_{i,2}} = \frac{0}{40+0+0} = 0$$

$$\text{Recall}(\text{Class} 3) = \frac{n_{3,3}}{\sum_{i=1}^{3} n_{i,3}} = \frac{40}{40+0+40} = 0.5$$

● *Cohen's Kappa* 係數

$$p_c = \sum_{j=1}^{3} \frac{\left(\sum_{i=1}^{3} n_{j,i}\right) \times \left(\sum_{i=1}^{3} n_{i,j}\right)}{N^2} = \frac{80 \times 80 + 40 \times 40 + 80 \times 80}{200^2} = 0.36$$

$$\kappa = \frac{(p_0 - p_c)}{(1 - p_c)} = \frac{(0.2 - 0.36)}{(1 - 0.36)} = -0.25$$

小結

我們由前面的幾個範例可以清楚得知，範例一的分類器分類做得好，則所有指標都會很好 (各指標都會接近於 1)；從範例二和三可以得知，當資料類別之間數量開始不平衡的時候，只要將少數資料類別的資料判給多數資料的類別，這時候就可以有很高的分類正確率，但使用 *Cohen's Kappa* 係數則會反應出資料量不平衡的現象 (偏向 0)。

以上三個範例中的 *Cohen's Kappa* 係數都還是正數，然而從範例四可以觀察到，當分類器無法有效正確判斷資料，這時候的 *Cohen's Kappa* 係數就會出現負數。所以通常我們在看多類別分類的問題時，用 *Cohen's Kappa* 係數作為分類指標會比看整體正確率來得有效。

Cohen's Kappa 係數通常會用以下區間做為判斷好壞的依據：

● κ <0.2 稱作非常差，
● κ 介於 0.21-0.40 稱作差，
● κ 介於 0.41-0.60 稱作普通，
● κ 介於 0.61-0.80 稱作好，
● κ 介於 0.81-1 稱作非常好。

但這並非絕對標準，所以在進行分類問題的研究時，除了觀察 *Cohen's Kappa* 係數之外，至少還要考慮其他指標作為輔助，以得到較合適的解釋結果。

14.3 迴歸模型評估指標(Regression Metrics)

迴歸的輸出為預測一個連續的值，目標是希望預測的值和真實的值要盡量吻合，模型若是訓練得好，預測值和真實值的數字差值就越小。

14.3.1 三種評估指標－ MSE、MAE、MSLE

迴歸通常採用的模型評估指標有三個：

1. 均方誤差 (Mean Squared Error，MSE)、

2. 平均絕對誤差 (Mean Absolute Error，MAE)、

3. 均方對數誤差 (Mean Squared Logarithmic Error，MSLE)。

假設迴歸的輸出值為 $\hat{y}$，真實資料的值為 y，n 為樣本數：

1. 均方誤差 (Mean Squared Error，MSE)

$$MSE(y, \hat{y}) = \frac{1}{n} \sum_{i=1}^{n} (y_i - \hat{y}_i)^2$$

有時候統計上會視需要將均方誤差取根號，得到均方根誤差 (Root Mean Squared Error，RMSE)，$RMSE(y, \hat{y}) = \sqrt{MSE(y, \hat{y})}$。

2. 平均絕對誤差 (Mean Absolute Error，MAE)

$$MAE(y, \hat{y}) = \frac{1}{n} \sum_{i=1}^{n} |y_i - y_i|$$

MSE 和 MAE 都是希望預測值和真實值的數字差值越小越好，最好每個差值都接近 0，這兩個指標在前面損失函數章節 (6.6.1) 已經詳細介紹過。

3. 均方對數誤差 (*Mean Squared Logarithmic Error*，*MSLE*)

$$MSLE\left(y, \hat{y}\right) = \frac{1}{n} \sum_{i=1}^{n} \left(\ln\left(1 + y_i\right) - \ln\left(1 + \hat{y}_i\right)\right)^2$$

在 6.6.1 節已經提過 *MSE* 受離群值影響很大，在極大的離群值存在下，*MSE* 因為平方的關係使得差值會被拉到非常大，但在 *MSLE* 取對數的計算方法下，離群值則會被強制壓低，使得其影響就相對小很多。

範例

第一張表的 6 筆輸入資料 (*ID*1~*ID*6) 沒有離群值，第二張表的 6 筆資料有 1 個 (*ID*6) 明顯的離群值，我們分別算出 *MAE*、*MSE*、*MSLE* 的值：

ID	y_i	$\hat{y}_i$	$\left|y_i - \hat{y}_i\right|$	$\left(y_i - \hat{y}_i\right)^2$	$\ln\left(1 + y_i\right)$	$\ln\left(1 + \hat{y}_i\right)$	$\left(\ln\left(1 + y_i\right) - \ln\left(1 + \hat{y}_i\right)\right)^2$
1	70	71	1	1	1.8451	1.8513	0.00004
2	75	72	3	9	1.8751	1.8573	0.00031
3	80	85	5	25	1.9031	1.9294	0.00069
4	85	82	3	9	1.9294	1.9138	0.00024
5	90	88	2	4	1.9542	1.9445	0.00010
6	95	91	4	16	1.9777	1.9590	0.00035
			MAE=3	*MSE*=10.67			*MSLE*=0.000288878

ID	y_i	$\hat{y}_i$	$\left|y_i - \hat{y}_i\right|$	$\left(y_i - \hat{y}_i\right)^2$	$\ln\left(1 + y_i\right)$	$\ln\left(1 + \hat{y}_i\right)$	$\left(\ln\left(1 + y_i\right) - \ln\left(1 + \hat{y}_i\right)\right)^2$
1	70	71	1	1	1.8451	1.8513	0.00004
2	75	72	3	9	1.8751	1.8573	0.00031
3	80	85	5	25	1.9031	1.9294	0.00069
4	85	82	3	9	1.9294	1.9138	0.00024
5	90	88	2	4	1.9542	1.9445	0.00010
6	1000	10	990	980100	3.0000	1.0000	4.00000
			MAE=167.33	*MSE*=163358			*MSLE*=0. 666897374

由這個範例可以清楚看到，*MSE* 和 *MAE* 會因為第二張表 *ID*6 的離群值，使整體的評估度量指標都被放大：*MSE* 由 10.67 變成 163358，而 *MAE* 從

3 變成 167.33，但 *MSLE* 都還是在 1 以下，表示 *MSLE* 對於資料中出現離群值時有很好的穩健性。

我們將 *MSLE* 公式調整一下

$$MSLE\left(y,\hat{y}\right) = \frac{1}{n}\sum_{i=1}^{n}\left(\ln\left(1+y_i\right) - \ln\left(1+\hat{y}_i\right)\right)^2 = \frac{1}{n}\sum_{i=1}^{n}\left(\ln\left(\frac{1+y_i}{1+\hat{y}_i}\right)\right)^2$$

可看出 *MSLE* 是實際值和預測值的相對比例後取上自然對數，由此可見，*MSLE* 可以廣泛地看作是預測值與實際值之間的相對誤差。

14.3.2 *MSLE* 的優勢

我們用以下範例來說明 *MSLE* 比 *MSE*、*MAE* 好的地方，

範例一			範例二		
ID	y_i	$\hat{y}_i$	*ID*	y_i	$\hat{y}_i$
1	10	15	1	100	150
2	15	20	2	150	200
3	20	20	3	200	200
4	30	30	4	300	300
5	10	20	5	100	200
6	10	20	6	100	200
MAE=5 *MSE*=14.67 *MSLE*=0.03798			*MAE*=50 *MSE*=1466.67 *MSLE*=0.03798		

從範例一和二可以清楚觀察到，範例二的輸入、輸出值是範例一放大 10 倍，計算完 *MSE*、*MAE* 和 *MSLE* 後，我們發現 *MAE* 放大了 10 倍，*MSE* 則放大 100 倍，但 *MSLE* 完全一樣。這是因為 *MSLE* 考慮實際值和預測值之間相對誤差的特性，使得 *MSLE* 不會受到倍率影響。

假設我們將範例一的題目改為體脂肪預測，範例二的題目改為年收入預測，我們想比較範例一模型預測得比較好，還是範例二模型預測得比較好？這時候用 *MAE* 或是 *MSE* 都無法比較 (單位不同不能比較)。

但如果用 *MSLE* 就可以評估比較兩個模型預測的結果，因為 *MSLE* 已將數值的單位相除消去了，故即使單位不同的模型仍可做比較。因此當兩個模型預測值的單位不同，卻需要比較哪個模型比較好的時候，就需要採用 *MSLE* 來進行評估。

14.4　交叉驗證：如何選取模型與模型評估

在進行機器學習或是統計建模的時候，通常資料會被分成「訓練資料集 (*Training Dataset*)」和「測試資料集 (*Testing Dataset*)」，訓練資料集是用來訓練機器學習或是統計建模使用的，測試資料集是用來驗證這個模型的好壞。

但大多數的情況，資料庫 (*database*) 不會先分好「訓練資料集」和「測試資料集」，因此需要採用一些策略來進行資料的分割，但訓練模型最終想做的事情是希望模型在最後應用的時候可以達到普適化的能力，也就是新數據 (非訓練資料集和非測試資料集的資料) 在模型上的表現也可以有一定的水準，因此會採用**交叉驗證** (*Cross-Validation*，*CV*) 的方法來進行模型驗證。

另外，若資料庫已經分好「訓練資料集」和「測試資料集」，但你採用的模型內有很多參數需要選擇，例如支援向量機 (*Support Vector Machine*，*SVM*) 的 *RBF kernel* 函數的參數選擇和懲罰函數項等，這時候我們就會在訓練資料集內進行交叉驗證，看看哪個參數最適合模型用。

> 在機器學習和統計方法最忌諱的是將「測試資料」拿進模型內訓練或是找參數，因此在評估模型成效的過程中，「測試資料」是絕對不能進到模型內訓練或是找參數，最大的原因是你實際在應用的時候，應用的資料也不可能馬上讓你再拿去訓練模型，但後續這些資料如果有判讀錯誤或是不準確預測，是可以透過「主動學習 (Activate learning)」進行模型調整。
>
> 如果應用時的資料可以再拿去訓練，屬於主動學習的範疇，因為實際應用的資料可能和訓練資料集的資料屬性稍微不符 (收集資料過程中沒有收集到這樣的訓練資料)，因此在實際應用上若發現這樣的情況，此時的錯誤判讀資料就可以透過收集後進行人工標註讓模型繼續訓練，這樣的模型在應用時就可以更準確。

交叉驗證依據特性可分為下列四種方法。

(1) *Resubstitution*

(2) *Holdout CV*

(3) *k-fold CV*

(4) *Leave-one-out CV*

以下介紹會用圖例說明，並假設有一組數據共 20 筆資料 (兩個類別)，其中 12 筆淺灰色的資料 {G1,G2,…,G12}，8 筆深灰色的資料 {R1,R2,…,R8} 如下：

圖 14.4　交叉驗證的範例資料集

14.4.1 *Resubstitution*

Resubstitution 可以稱為自我一致性評估法，是用「全部的資料」進行模型訓練，然後再用「同一筆全部的資料」進行測試，如下頁圖。

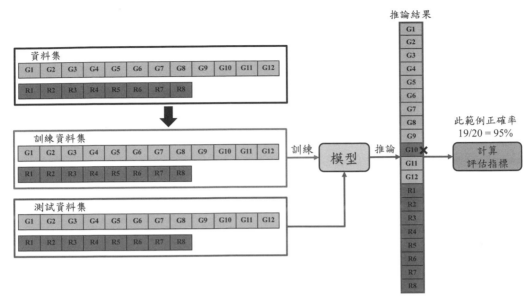

圖 14.5 *Resubstitution* 評估方法

但這樣的作法因為訓練和測試是同一份資料，因此達到的正確率會相對較高，不過此方法會牴觸剛剛提到機器學習最忌諱的事情，所以通常只用在「從訓練資料集找參數用」。

其他交叉驗證法就需要將資料切成好幾份，然後同一個參數在不同份的資料下訓練，例如後面要介紹的 *k-fold CV*，每個模型參數則需要被訓練 k 次。

14.4.2 *Holdout CV*

為了避免 *Resubstitution* 這種校長兼撞鐘狀況發生，因此最直接的方法就是將資料隨機分成「訓練資料 (*Training data*)」和「測試資料 (*Testing data*)」，此方法稱為 *Holdout CV*。

Holdout CV 是從資料集中「**隨機**」取得 $p\%$ ($p \in [0,100]$) 資料當作「訓練資料」和剩下的 $(100-p)\%$ 當做「測試資料」。

注意！這個「隨機」通常也會考慮資料的類別 (除非資料沒有類別訊息)，也就是說 *Holdout* 是從每一類都取 $p\%$ 資料當作「訓練資料」，從每一類剩下的 $(100-p)\%$ 當做「測試資料」，如圖所示。

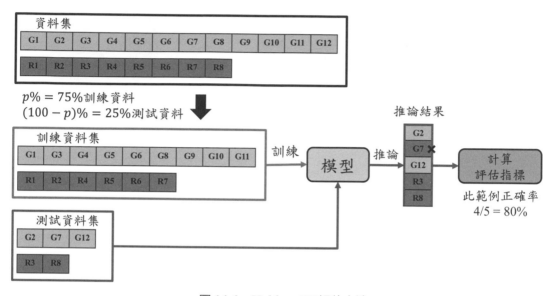

圖 14.6　*Holdout CV* 評估方法

Holdout CV 的設計可以讓訓練資料和測試資料完全不同，因此這樣計算出來的正確率較客觀，但實際上如果資料不夠多，如上此範例共 20 筆資料，利用 *Holdout CV* 切出來的測試資料數量只有 5 筆，這樣的情況只要錯一筆資料，整體的正確率就會降低非常多。

14.4.3 *k-fold CV*

k-fold CV 是 *Holdout CV* 的衍生，要避免上述 *Holdout CV* 的問題，*k-fold CV* 也是機器學習和統計方法上比較常採用的交叉驗證方法。其做法是將資料集隨機平均分成 *k* 個集合 (*fold*)，然後將其中一個集合當做「測試資料」，剩下的 *k*-1 個集合做為「訓練資料」，如此重複進行直到每一個集合都被當做過「測試資料」為止。

注意！這個隨機分 k 個集合如同 *Holdout CV* 一樣，若是有類別資料也是要考慮資料的類別訊息，也就是說 *k-fold* 要從每一類都隨機分割成 k 個集合，如圖所示。

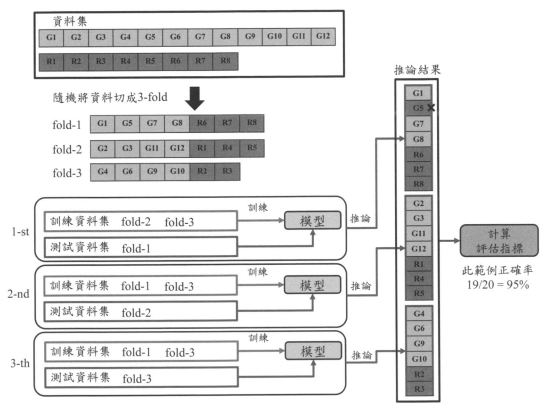

圖 14.7　*k-fold CV* 評估方法

當 *k-fold* 的 k 越來越大時，需要重複訓練模型的次數就越多，運算的時間也會被拉長，因此在設計 *k-fold* 時必須考慮資料量的大小，或是每個類別的資料和模型的運算時間來決定 k 要多少。比如說有某一類的資料只有 3 個資料，結果我們用了 *5-fold CV*，這時候隨機切割的有些 *fold* 就不會有這類的訓練資料，因此我們可以視實際情況來決定 k 的值。

注意！通常在用 *k-fold CV* 或是 *Holdout CV* 來驗證模型時，我們會重複執行 *n* 次，看 *n* 次的正確率的平均和標準差，*n* 次 *k-fold* 的平均正確率足以代表模型的平均表現，如果 *k-fold* 的標準差太大就代表模型的穩定性不夠好，反之代表模型的穩定性足夠。

Leave-one-out CV

當 *k-fold CV* 的 *k* 等於樣本數，此時的 *k-fold CV* 就稱為 *Leave-one-out CV*。做法是每次都將一筆資料視為「測試資料」，其他 *k-1* 筆做為「訓練資料」，如此重複進行直到每一筆都被當做過「測試資料」為止，最後再將所有測試的結果進行正確率評估，如圖所示。

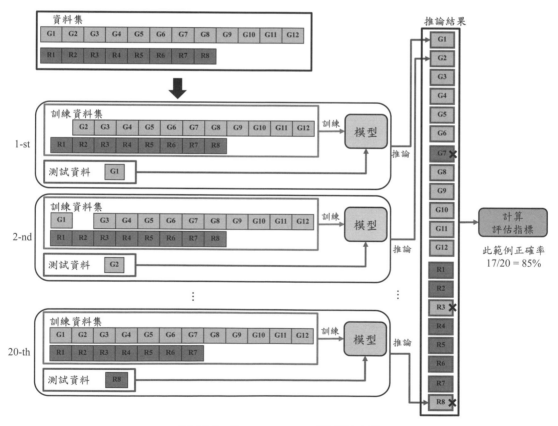

圖 14.8　*Leave-one-out CV* 評估方法

這樣的程序可讓每一筆資料都能單獨當作測試資料。但也因為如此的評估方式，導致模型需要被重複訓練到樣本數量的次數，因此若樣本數非常大的時候，此方式就不太合適。

假設樣本數有 1000 筆資料，如果採用 *Leave-one-out CV* 的方式進行評估，這樣模型會被訓練 1000 次才能得到最後的結果，如果採用 5-*fold CV* 重複 200 次實驗，模型也才被重複訓練 200 次，遠小於 *Leave-one-out CV* 的 1000 次。因此採用 *Leave-one-out CV* 會非常消耗計算成本，一般我們大多採用 *k-fold CV* 當做交叉驗證，且多數的研究者都採用 5-*fold CV* 或是 10-*fold CV* 這兩種設定。

k-fold CV 不同於深度學習的批次學習

深度神經網路的批次學習 (*batch learning*) 感覺上很像 *k-fold*，作法也是將資料切成很多 *batch*，但實際上在 *k-fold CV* 是用來評估模型或是找類似 *SVM RBF* 要用的參數等。而深度學習將資料切成 *batch* 來學習的原因，是在於現今電腦的效率或記憶空間無法吃下所有的資料進行模型訓練。因此 *k-fold CV* 與 *batch learning* 雖然作法相同，但概念是沒有關係的。

參考書目

Ref.1　機器學習的數學基礎：AI、深度學習打底必讀 (西內啟, 旗標)

Ref.2　深度學習的數學地圖 - 用 Python 實作神經網路的數學模型
　　　 (Masanori Akaishi, 旗標)

Ref.3　決心打底！Python 深度學習基礎養成 (我妻幸長, 旗標)

Ref.4　GAN 對抗式生成網路 (Jakub Langr、Vladimir Bok, 旗標)

Ref.5　深度強化式學習 (Alexander Zai、Brandon Brown, 旗標)

Ref.6　資料科學的建模基礎 - 別急著 coding！你知道模型的陷阱嗎？
　　　 (江崎貴裕, 旗標)

Ref.7　tf.keras 技術者們必讀！深度學習攻略手冊 (施威銘研究室, 旗標)

Ref.8　Introduction to statistical pattern recognition 2nd edition
　　　 (Keinosuke Fukunaga)

Ref.9　An Introduction to Statistical Learning with Applications in R, 2nd
　　　 ed. (Gareth James, Daniela Witten, Trevor Hastie, Robert
　　　 Tibshirani)

Ref.10　Deep Learning (Ian Goodfellow, Yoshua Bengio, Aaron Courville)